21 世纪高职高专新概念规划教材

概率论与数理统计

（第二版）

主　编　牛　莉

副主编　张翠莲　翟秀娜

中国水利水电出版社
www.waterpub.com.cn

内 容 提 要

本书在第一版的基础上，根据编者近几年的教学改革实践，并结合各兄弟院校使用本教材的反馈意见，按照最新教学大纲要求，对个别章节内容、例题以及习题做了相应的修订，使教师教学、学生自学更为方便。

本书重点介绍概率论的基本知识和常用的数理统计方法。全书共分6章，内容包括：随机事件及其概率、随机变量及其概率分布、随机变量的数字特征、大数定律和中心极限定理、数理统计初步、方差分析与回归分析。每章末附有本章小结、习题与自测题。书末附有常用分布数值表、习题与自测题参考答案。

本书带有"*"号部分内容可根据不同专业选用。全书叙述简明，力求通俗易懂，淡化理论推导，便于自学，可作为高职高专院校文、理科各专业的教材，也可供高等师范学校非数学专业的学生使用。

本书为授课教师免费提供电子教案，此教案用 PowerPoint 制作，可以任意修改。读者可以从中国水利水电出版社网站以及万水书苑下载，网址为：http://www.waterpub.com.cn/softdown/或 http://www.wsbookshow.com。

图书在版编目（CIP）数据

概率论与数理统计 / 牛莉主编. -- 2版. -- 北京 ：中国水利水电出版社，2012.6
21世纪高职高专新概念规划教材
ISBN 978-7-5084-9721-1

I. ①概… II. ①牛… III. ①概率论－高等职业教育－教材②数理统计－高等职业教育－教材 IV. ①O21

中国版本图书馆CIP数据核字(2012)第094559号

策划编辑：雷顺加　　责任编辑：李　炎　　加工编辑：郭　赏　　封面设计：李　佳

书　　名	21世纪高职高专新概念规划教材 概率论与数理统计（第二版）
作　　者	主　编　牛　莉　副主编　张翠莲　翟秀娜
出版发行	中国水利水电出版社 （北京市海淀区玉渊潭南路1号D座　100038） 网址：www.waterpub.com.cn E-mail：mchannel@263.net（万水） sales@waterpub.com.cn 电话：（010）68367658（发行部）、82562819（万水）
经　　售	北京科水图书销售中心（零售） 电话：（010）88383994、63202643、68545874 全国各地新华书店和相关出版物销售网点
排　　版	北京万水电子信息有限公司
印　　刷	北京蓝空印刷厂
规　　格	184mm×260mm　16开本　11.75印张　287千字
版　　次	2006年3月第1版　2006年3月第1次印刷 2012年6月第2版　2012年6月第1次印刷
印　　数	0001—4000册
定　　价	20.00元

参编学校名单

（按第一个字笔划排序）

万博科技职业学院
三门峡职业技术学院
三联职业技术学院
山东大学
山东交通学院
山东农业大学
山东建工学院
山东省电子工业学校
山东省农业管理干部学院
山东省教育学院
山东商业职业技术学院
山西运城学院
山西经济管理干部学院
广东技术师范学院天河学院
广东金融学院
广东科贸职业学院
广州市职工大学
广州城市职业技术学院
广州铁路职业技术学院
广州康大职业技术学院
中山火炬职业技术学院
中华女子学院山东分院
中国人民解放军军事经济学院
中国人民解放军第二炮兵学院
中国矿业大学
中南大学
中南林业科技大学
中原工学院
内蒙古工业大学职业技术学院
内蒙古民族高等专科学校
内蒙古警察职业学院
天津职业技术师范学院
太原城市职业技术学院
太原理工大学阳泉学院
长沙大学
长沙民政职业技术学院
长沙交通学院
长沙航空职业技术学院
长春汽车工业高等专科学校
兰州资源环境职业技术学院
包头轻工职业技术学院
北华航天工业学院
北京对外经济贸易大学
北京科技大学成人教育学院
北京科技大学职业技术学院
四川托普职业技术学院
宁波城市职业技术学院
石家庄学院
辽宁交通高等专科学校
辽宁经济职业技术学院
华中科技大学
华东交通大学
华北电力大学
安徽水利水电职业技术学院
安徽交通职业技术学院
安徽行政学院
安徽国防科技职业学院
安徽职业技术学院
安徽新闻出版职业技术学院
扬州江海职业技术学院
江汉大学
江西大宇职业技术学院
江西工业职业技术学院
江西服装职业技术学院
江西城市职业学院
江西渝州电子工业学院

江西赣西学院
西北大学软件职业技术学院
西安文理学院
西安外事学院
西安欧亚学院
西安铁路职业技术学院
杨陵职业技术学院
国家林业局管理干部学院
昆明冶金高等专科学校
武汉大学
武汉工业学院
武汉工程大学
武汉工程职业技术学院
武汉广播电视大学
武汉电力职业技术学院
武汉软件职业学院
武汉科技大学工贸学院
武汉科技大学外语外事职业学院
武汉铁路职业技术学院
武汉商业服务学院
河南济源职业技术学院
南昌大学共青学院
南昌工程学院
哈尔滨金融专科学校
济南大学
济南交通高等专科学校
济南铁道职业技术学院
荆门职业技术学院
贵州无线电工业学校
贵州电子信息职业技术学院
重庆工业职业技术学院
重庆正大软件职业技术学院
恩施职业技术学院
浙江工业职业技术学院
浙江水利水电高等专科学校
浙江国际海运职业技术学院
黄冈职业技术学院
黄石理工学院
湖北工业大学
湖北水利水电职业技术学院
湖北长江职业学院
湖北交通职业技术学院
湖北汽车工业学院
湖北经济学院
湖北药检高等专科学校
湖北教育学院
湖北第二师范学院
湖北职业技术学院
湖北鄂州大学
湖南大众传媒职业技术学院
湖南大学
湖南工业职业技术学院
湖南工学院
湖南信息科学职业学院
湖南涉外经济学院
湖南郴州职业技术学院
湖南商学院
湖南税务高等专科学校
黑龙江司法警官职业学院
黑龙江农业工程职业学院
福建水利电力职业技术学院
福建林业职业技术学院
蓝天学院

序

根据 1999 年 8 月教育部高教司制定的《高职高专教育基础课程教学基本要求》（以下简称《基本要求》）和《高职高专教育专业人才培养目标及规格》（以下简称《培养规格》）的精神，由中国水利水电出版社北京万水电子信息有限公司精心策划，聘请我国长期从事高职高专教学、有丰富教学经验的教师执笔，在充分汲取了高职高专和成人高等学校在探索培养技术应用性人才方面取得的成功经验和教学成果的基础上，撰写了此套《21 世纪高职高专新概念规划教材》。

为了编写本套教材，出版社进行了广泛的调研，走访了全国百余所具有代表性的高等专科学校、高等职业技术学院、成人教育高等院校以及本科院校举办的二级职业技术学院，在广泛了解情况、探讨课程设置、研究课程体系的基础上，经过学校申报、征求意见、专家评选等方式，确定了本套书的主编，并成立了编委会。每本书的编委会聘请了多所学校主要学术带头人或主要从事该课程教学的骨干，教学大纲的确定以及教材风格的定位均经过编委会多次认真讨论。

本套《21 世纪高职高专新概念规划教材》有如下特点：

（1）面向 21 世纪人才培养的需求，结合高职高专学生的培养特点，具有鲜明的高职高专特色。本套教材的作者都是长期在第一线从事高职高专教育的骨干教师，对学生的基本情况、特点和认识规律等有深入的了解，在教学实践中积累了丰富的经验。因此可以说，每一本书都是教师们长期教学经验的总结。

（2）以《基本要求》和《培养规格》为编写依据，内容全面，结构合理，文字简练，实用性强。在编写过程中，作者严格依据教育部提出的高职高专教育“以应用为目的，以必需、够用为度”的原则，力求从实际应用的需要（实例）出发，尽量减少枯燥、实用性不强的理论概念，加强了应用性和实际操作性强的内容。

（3）采用“问题（任务）驱动”的编写方式，引入案例教学和启发式教学方法，便于激发学习兴趣。本套书的编写思路与传统教材的编写思路不同：先提出问题，然后介绍解决问题的方法，最后归纳总结出一般规律或概念。我们把这个新的编写原则比喻成“一棵大树、问题驱动”的原则。即：一方面遵守先见（构建）“树”（每本书就是一棵大树），再见（构建）“枝”（书的每一章就是大树的一个分枝），最后见（构建）“叶”（每章中的若干小节及知识点）的编写原则；另一方面采用问题驱动方式，每一章都尽量用实际中的典型实例开头（提出问题、明确目标），然后逐渐展开（分析解决问题），在讲述实例的过程中将本章的知识点融入。这种精选实例，并将知识点融于实例中的编写方式，可读性、可操作性强，非常适合高职高专的学生阅读和使用。本书读者通过学习构建本书中的“树”，由“树”找“枝”，顺“枝”摸“叶”，最后达到构建自己所需要的“树”的目的。

（4）部分教材配有实验指导和实训教程，便于学生练习提高。

（5）部分教材配有动感电子教案。为顺应教育部提出的教材多元化、多媒体化发展的要求，大部分教材都配有电子教案，以满足广大教师进行多媒体教学的需要。电子教案用PowerPoint制作，教师可根据授课情况任意修改。相关教案的具体情况请到中国水利水电出版社网站www.waterpub.com.cn下载。

（6）提供相关教材中所有程序的源代码，方便教师直接切换到系统环境中教学，提高教学效果。

总之，本套教材凝聚了数百名高职高专一线教师多年的教学经验和智慧，内容新颖，结构完整，概念清晰，深入浅出，通俗易懂，可读性、可操作性和实用性强。

本套教材适用于高等职业学校、高等专科学校、成人及本科院校举办的二级职业技术学院和民办高校。

新的世纪吹响了我国高职高专教育蓬勃发展的号角，新世纪对高职教育提出了新的要求，高职教育占据了全面素质教育中所不可缺少的地位，在我国高等教育事业中占有极其重要的位置，在我国社会主义现代化建设事业中发挥着日趋显著的作用，是培养新世纪人才所不可缺少的力量。相信本套《21 世纪高职高专新概念规划教材》的出版能为高职高专的教材建设和教学改革略尽绵薄之力，因为我们提供的不仅是一套教材，更是自始至终的教育支持，无论是学校、机构培训还是个人自学，都会从中得到极大的收获。

当然，本套教材肯定会有不足之处，恳请专家和读者批评指正。

21 世纪高职高专新概念规划教材编委会

2001 年 3 月

第二版前言

本书在第一版的基础上，根据我们近几年的教学改革实践，并结合各兄弟院校使用本教材的反馈意见，按照最新教学大纲要求，对个别章节内容、例题以及习题做了相应的修订，使教师教学、学生自学更为方便。

负责本教材修订工作的有牛莉、张翠莲、翟秀娜，仍由牛莉担任主编，张翠莲、翟秀娜担任副主编。各章编写人员分工如下：绪论、第1章、第2章、第5章由牛莉编写，第3章、第4章由张翠莲编写，第6章由翟秀娜编写，参加本书部分章节编写的还有何春江、毕亚军、曾大友、张文治、张钦礼、张京轩、毕晓华、邓凤茹、赵艳、王晓威、张斌、李一夫、赵悦、史建芳、陈磊等。

兄弟院校的同行以及部分读者，对本书的修订工作提出了许多宝贵意见和建议，对此，我们对关心本教材修订工作的专家、同行及热心读者表示衷心的谢意。同时，我们对使用本书的兄弟院校也表示感谢！

欢迎广大专家、同行及读者继续对书中存在的不足给予批评指正。

编 者

2012年3月

第一版前言

本书根据教育部制定的《高职高专教育基础课程教学基本要求》和《高职高专教育专业人才培养目标及规格》的要求，严格依据教育部提出的高职高专教育“以应用为目的，以必需、够用为度”的原则，结合多年的教学实践和体会，广泛汲取各版本教材改革之所长，并兼顾高职高专教学及本学科自身特点而编写的。

“概率论与数理统计”是高等院校各专业普通开设的一门重要的基础课程，也是学生首次接触的用数学方法以研究随机现象的统计规律为主的一门数学分支，其理论严谨，应用广泛，发展迅速。也正是因为它具有自己独特的概念和逻辑思维方法，使得初学者常常感到困惑和茫然。其原因诸多，一是从过去研究“确定性现象”转到研究“随机现象”需要有一个适应的过程；二是本课程所涉猎的应用领域极其广泛，又与其他数学分支有着密切的联系，而所涉及的数学工具如排列、组合、集合及其运算、分段函数、广义积分等又是初学者容易忽视或不被重视的内容；三是本内容概念较多，甚至有些概念彼此相近，容易混淆，加之目前大多院校面临着教学内容多、学时少以及教学要求不断提高的状况，使得很多学生很难掌握其基本理论，更谈不上应用了。所以本书对教材内容及结构方面做了必要的调整，使内容更紧凑、系统性更强，在编写过程中力求做到由浅入深，语言简练，通俗易懂，便于教师教学和学生自学。但也不失对基本理论的要求，这样可为学生进一步学习概率统计更高一级的课程打下必要而扎实的基础。另外，本书还大量引用了应用于各个领域的随机现象的实际例题，特别是有典型应用价值的例题，以体现本书的实用性特点。

本书参考学时为 58 学时，其中带“*”号部分内容可根据专业的不同需求酌情删减。本书每章都有学习目标、小结，对所学知识进行简单归纳和整理，便于学生复习与提高；每章都配有适量习题及自测题，便于学生复习巩固，提高学习质量；书末附有习题和自测题的提示及答案。

全书共分 6 章，主要介绍随机事件及其概率、随机变量及其概率分布、随机变量的数字特征、大数定律和中心极限定理、数理统计初步、方差分析与回归分析。

本书由牛莉任主编，张翠莲、翟秀娜任副主编，各章主要编写人员分工如下：第 1 章、第 2 章、第 5 章由牛莉编写，第 3 章、第 4 章由张翠莲编写，第 6 章由翟秀娜编写，参加本书部分章节编写的还有何春江、毕亚军、曾大友、张文治、张钦礼、张京轩、邓凤茹、王晓威、王明研、赵艳、张斌、李一夫、赵悦、史建芳、陈磊等。

本书的问世得到了系领导及同行们的热情关心与大力支持，编写过程中参阅了大量书籍，引用了一些典型例子等，恕不一一指明出处及相关作者，在此一并向他们表示衷心的感谢！

鉴于编者水平有限，疏漏与不当之处在所难免，恳切希望同行及学生给予批评指正。

编 者

2006 年 1 月

目　录

绪论　概率论与数理统计发展简介

一、概率论发展简史

1．20 世纪以前的概率论

概率论起源于博弈问题．15～16 世纪，意大利数学家帕乔利（L.Pacioli，1445～1517）、塔塔利亚（N.Tartaglia，1499～1557）和卡尔丹（G.cardano，1501～1576）的著作中都曾讨论过两人赌博的赌金分配等概率问题．1657 年，荷兰数学家惠更斯（C.Huygens，1629～1695）发表了《论赌博中的计算》，这是最早的概率论著作．这些数学家的著述中所出现的第一批概率论概念与定理，标志着概率论的诞生　而概率论作为一门独立的数学分支，真正的奠基人是雅格布• 伯努利（Jacob Bernoulli，1654～1705）．他在遗著《猜度术》中首次提出了后来以“伯努利定理”著称的极限定理，在概率论发展史上占有重要地位．

伯努利之后，法国数学家棣莫弗（A.de Moivre，1667～1754）对概率论又作了巨大推进，他提出了概率乘法法则、正态分布和正态分布率的概念，并给出了概率论的一些重要结果．之后法国数学家蒲丰（C.de Buffon，1707～1788）提出了著名的“蒲丰问题”，引进了几何概率．另外，拉普拉斯、高斯和泊松（S.D.Poisson，1781～1840）等对概率论做出了进一步奠基性工作．特别是拉普拉斯，他是严密的、系统的科学概率论的最卓越的创建者，在 1812 年出版的《概率的分析理论》中，拉普拉斯以强有力的分析工具处理了概率论的基本内容，实现了从组合技巧向分析方法的过渡，使以往零散的结果系统化，开辟了概率论发展的新时期．泊松则推广了大数定理，提出了著名的泊松分布．

19 世纪后期，极限理论的发展成为概率论研究的中心课题，俄国数学家切比雪夫对此做出了重要贡献．他建立了关于独立随机变量序列的大数定律，推广了棣莫弗—拉普拉斯的极限定理．切比雪夫的成果后被其学生马尔可夫发扬光大，影响了 20 世纪概率论发展的进程．

19 世纪末，一方面概率论在统计物理等领域的应用提出了对概率论基本概念与原理进行解释的需要，另一方面，科学家们在这一时期发现的一些概率论悖论也揭示出古典概率论中基本概念存在的矛盾与含糊之处．这些问题却强烈要求对概率论的逻辑基础做出更加严格的考察．

2．概率论的公理化

俄国数学家伯恩斯坦和奥地利数学家冯• 米西斯（R.von Mises，1883～1953）对概率论的严格化做了最早的尝试．但他们提出的公理理论并不完善．事实上，真正严格的公理化概率论只有在测度论和实变函数理论的基础上才可能建立．测度论的奠基人，法国数学家博雷尔（E.Borel，1781～1956）首先将测度论方法引入概率论重要问题的研究，并且他的工作激起了数学家们沿着这一崭新方向的一系列搜索．特别是前苏联数学家科尔莫戈罗夫的工作最为卓著．他在 1926 年推倒了弱大数定律成立的充分必要条件．后又对博雷尔提出的强大数定律问题给出了最一般的结果，从而解决了概率论的中心课题之一——大数定律，成为以测度论为基础的概率论公理化的前奏．

1933 年，科尔莫戈罗夫出版了他的著作《概率论基础》，这是概率论的一部经典性著作．其中，科尔莫戈罗夫给出了公理化概率论的一系列基本概念，提出了六条公理，整个概率论大厦可以从这六条公理出发建筑起来．科尔莫戈罗夫的公理体系逐渐得到数学家们的普遍认可．由于公理化，概率论成为一门严格的演绎科学，并通过集合论与其他数学分支密切地联系着．科尔莫戈罗夫是20世纪最杰出的数学家之一，他不仅是公理化概率论的建立者，在数学和力学的众多领域都做出了开创或奠基性的贡献，同时，他还是出色的教育家．由于概率论等其他许多领域的杰出贡献，科尔莫戈罗夫荣获1980年的沃尔夫奖．

3．进一步的发展

在公理化基础上，现代概率论取得了一系列理论突破．公理化概率论首先使随机过程的研究获得了新的起点．1931年，科尔莫戈罗夫用分析的方法奠定了一类普通的随机过程——马尔可夫过程的理论基础．

科尔莫戈罗夫之后，对随机过程的研究做出重大贡献而影响着整个现代概率论的重要代表人物有莱维（P.Levy，1886～1971）、辛钦、杜布（J.L.Dob）和伊藤清等．1948年莱维出版的著作《随机过程与布朗运动》提出了独立增量过程的一般理论，并以此为基础极大地推进了作为一类特殊马尔可夫过程的布朗运动的研究．1934年，辛钦提出平稳过程的相关理论．1939年，维尔（J.Ville）引进“鞅”的概念，1950年起，杜布对鞅概念进行了系统的研究而使鞅论成为一门独立的分支．从1942年开始，日本数学家伊藤清引进了随机积分与随机微分方程，不仅开辟了随机过程研究的新道路，而且为随机分析这门数学新分支的创立和发展奠定了基础．

像任何一门公理化的数学分支一样，公理化的概率论的应用范围被大大拓广．

二、数理统计发展简史

在18、19世纪就出现了统计推断思想的萌芽并有了一定发展，但以概率论为基础、以统计推断为主要内容的现代意义上的数理统计学，则到20世纪才告成熟．

1763年，自学成材的英国数学家贝叶斯（T.Bayes，1702～1761）给出的“贝叶斯定理”（贝叶斯公式）可以看作是一种最早的统计推断程序，在现代概率论和数理统计中仍有重要作用．拉普拉斯和高斯等人利用贝叶斯公式进行参数估计，高斯由于计算行星轨道的需要而建立了以“最小二乘法”为基础的误差分析．这些都促使统计学摆脱对观测数据的单纯描述而向强调推断的阶段过渡．

英国统计学家K• 皮尔逊对现代数理统计的建立起了重要作用．他在19世纪末、20世纪初发展了他的老师高尔顿首先提出的“相关”与“回归”的理论，成功地建立了生物统计学．皮尔逊明确指出统计学不是研究样本本身，而是要根据样本对总体进行推断，并据此提出了“拟合优度检验”．皮尔逊的工作是所谓“大样本统计”的前驱，他的学生戈塞特（S.Gosset）1908年发表的“学生分布”著述则开创了小样本统计理论，从而使统计学研究对象从群体现象转变为随机现象．

现代数理统计学作为一门独立学科的奠基人是英国数学家费希尔（R.A.Fisher，1890～1962）．20世纪20和30年代，费希尔提出了许多重要的统计方法，开辟了一系列的统计学的分支领域．他发展了正态总体下的各种统计量的抽样分布，将已有的相关、回归理论建造为系统的相关分析和回归分析．1923年，费希尔提出了方差分析这一重要的数据分析方法．1925年，他与叶茨合作创立了试验设计这一重要的统计分支，他还是假设检验和多元统计分析等重要统计分支的先驱．费希尔做过中学教员，曾长期在农业试验站工作，并致力于数理统计在农业科学和遗传学中的应用．在 20 世纪 20～50 年代，费希尔是数理统计学研究的中心人物．

1928 年，维夏特（J.Wishart）将费希尔的狭义的多员分析发展为统计学中的一个独立分支．中国数学家许宝禄和美国数学家霍太林（H.Hotelling）也是多元统计分析的奠基人．

1946 年，瑞典数学家克拉默（H.Cramer）的著作《统计学的数学方法》，用测度论系统总结了数理统计的发展，标志着现代数理统计学的成熟．

第二次世界大战期间，数理统计学的研究出现了一些重要的动向，这些新的动向在很大程度上决定了战后数理统计学的发展方向．其中最有影响的是沃尔德（A.Wald，1902～1950）提出的序贯分析和统计决策理论．

序贯分析的主旨是以“序贯抽样方案”代替统计推断中的传统的固定抽样方案．为了解决二战中军方提出的实际问题，沃尔德提出序贯分析这一崭新的统计方法．1947 年，沃尔德发表了《序贯分析》专著，使序贯分析在战后发展为数理统计中的一个重要分支．

1950 年，沃尔德出版了著作《统计决策函数》．他的统计决策理论用博弈的观点看待数理统计问题，对于推断所获得的论断会产生什么后果，应采取何种对策或行动等这些不属于经典统计的内容，统计决策理论也将其纳入统计的范畴．沃尔德的思想方法对 20 世纪下半叶整个数理统计学的发展有着重要影响．

数理统计在近些年来有所发展，但理论上突破不大，最引人注目的是它的普及和广泛的应用．它几乎渗透到一切学科之中，哪里有试验，哪里有数据，哪里就少不了数理统计．它已成为现代最基本的工具之一，没有数理统计就无法应付大量的数据和信息．数理统计还将为社会的进步作出更大贡献．

第 1 章　随机事件及其概率

- 了解随机事件的概念，掌握事件的关系与运算
- 理解概率的统计定义和古典定义，掌握概率的加法法则
- 掌握条件概率的概念，掌握乘法公式、全概率公式
- 理解事件的独立性的定义，掌握独立试验序列概型的计算

1.1　随机事件

1.1.1　随机试验与随机事件

1．随机现象

自然界与人类社会所能观察到的现象多种多样，若从结果能否预测的角度来分，大致可分为两类，即确定性现象和非确定性现象——**随机现象**.

确定性现象　在一定条件下必然发生或必然不发生的现象，称为确定性现象. 例如，水在标准大气压下加热到 100℃必然沸腾；上抛的石子必然落下；同性电荷必然互斥；函数在间断点处不存在导数等都为确定性现象.

确定性现象的特征：条件完全决定结果.

随机现象（偶然现象）　在一定条件下可能发生也可能不发生的现象称为随机现象. 例如，在相同条件下掷一枚均匀的硬币，落地后可能正面（指币值面）朝上，也可能反面朝上；用同一门炮向同一目标发射多发同一种炮弹，弹着点会各不相同；抛掷一枚质地均匀的骰子，观察出现的点数；出生的婴儿可能是男，也可能是女；明天的天气可能是晴，也可能是多云或雨；过马路交叉口时，可能遇上各种颜色的交通指挥灯；从一批含有正品和次品的产品中任意抽取一件产品，可能抽到正品，也可能抽到次品等都为随机现象.

随机现象的特征：条件不能完全决定结果.

2．随机试验

在概率论中，把具有以下三个特征的试验称为随机试验.

（1）可以在相同条件下重复地进行；

（2）每次试验的可能结果不止一个，并且能事先明确试验的所有可能结果；

（3）进行一次试验之前不能确定哪一个结果会出现，但一次试验中必有且仅有其中一个结果出现.

我们将通过随机试验来研究随机现象，随机试验又可简称为试验[①]，通常用字母E表示，例如：

E_1：抛一枚质地均匀的硬币，观察出现正面还是反面；

E_2：掷一枚质地均匀的骰子，观察出现的点数；

E_3：从一批产品中任取三件，记录出现正品的件数；

E_4：记录某公共汽车站某日上午某时刻的等车人数；

E_5：射击一目标，直到击中为止，记录射击次数；

E_6：从一批灯泡中任取一只，测试其寿命.

人们在长期实践中发现，尽管对随机现象所进行的个别试验，其结果呈不确定性. 但在大量重复试验中，其结果却呈现出某种规律性. 例如，多次重复抛一枚质地均匀的硬币，出现正面和反面的次数之比大约为1:1；查看各国人口统计资料，就会发现新生婴儿中，男女比例基本持平. 在大量重复试验中所呈现出的这种规律性，称为统计规律性. 统计规律是随机现象本身所固有的，它是不依人们的意愿而改变的，概率论与数理统计就是研究随机现象统计规律性的一门数学学科. 我们学习概率论与数理统计，就是为了揭示并利用这种规律性，它的应用几乎遍及所有的科学领域. 例如，天气预报、地震预报、产品的抽样调查，在通信工程中可用以提高信号的抗干扰性、分辨率等.

3. 随机事件与样本空间

随机事件 随机试验的一种结果称为该随机试验的随机事件，简称为事件，通常用字母A、B、C等表示.

例如，试验E_2中（即掷一颗骰子的试验），“出现偶数点”、“出现奇数点”、“出现i点”（i=1，2，3，4，5，6）等都是随机事件.

再例如，试验E_6中（即测试灯泡寿命的试验），“所取灯泡的寿命不超过200小时”、“所取灯泡的寿命超过500小时”等都是随机事件.

概率论与数理统计是通过随机试验中的随机事件来研究随机现象的.

基本事件（样本点） 随机试验中的每一个基本结果，称为该随机试验的基本事件，或称为样本点，记为ω.

样本空间 基本事件的全体，称为试验E的样本空间，记为Ω.

例如，试验E_1中，基本结果有两个：正面朝上（币值面朝上），反面朝上（国徽面朝上），即有两个样本点，样本空间为

$$\Omega_1=\{正，反\};$$

试验E_2中，基本结果有六个：“出现1点”，“出现2点”，…，“出现6点”，分别用1，2，3，4，5，6表示，即有六个样本点，样本空间为

$$\Omega_2=\{1，2，3，4，5，6\};$$

试验E_3的样本空间为$\Omega_3=\{0，1，2，3\}$；

试验E_4的样本空间为$\Omega_4=\{0，1，2，\cdots\}$；

①试验是一个广泛的术语. 它包括各种各样的科学实验，也包括对客观事物进行的“调查”、“观察”或“测量”等.

试验 E_5 的样本空间为 $\Omega_5=\{1, 2, \cdots\}$；

试验 E_6 的样本空间为 $\Omega_6=\{t|t\geqslant 0\}$.

样本空间可分为两种类型：

（1）有限样本空间：样本空间中的样本点数是有限的，如 Ω_1、Ω_2、Ω_3；

（2）无限样本空间：样本空间中的样本点数是无限的，如 Ω_4、Ω_5、Ω_6.

无限样本空间又可分为①可列样本空间，如 Ω_4、Ω_5；②不可列样本空间，如 Ω_6.

由此可见，随机事件是由一个或多个样本点组成的，所以随机事件是样本空间 Ω 的某个子集.

随机事件可以分为以下几种类型：

基本事件 只含一个样本点的随机事件为基本事件．例如，E_2 中“出现 1 点”，“出现 2 点”，…，“出现 6 点”，都是基本事件.

复合事件 由两个或两个以上的样本点组成的事件为复合事件，例如，E_2 中“点数小于 5”、“点数为偶数”，都是复合事件.

必然事件 由全体样本点组成的事件，在每次试验中必然发生的，称为必然事件，也用 Ω 表示．例如，E_2 中“点数小于 7”就是必然事件.

不可能事件 不包含任何样本点，它作为样本空间的子集，在每次试验中决不会发生的，称为不可能事件，记为 $\varnothing$.

必然事件与不可能事件并不是随机事件，为了讨论问题的方便，将它们归入随机事件，可作为随机事件的两个极端情况.必然事件可理解为样本空间本身,不可能事件可理解为空集.

4．随机事件的发生

因为随机事件是样本空间 Ω 的子集，所以随机事件发生，当且仅当随机事件所包含的样本点之一在试验中出现.

例如，在试验 E_2 中，设事件 $A=$“朝上的那一面的点数为奇数”$=\{1, 3, 5\}$，若试验中 3 出现，即朝上的那一面的点数是 3，则称事件 A 发生；反之，若事件 A 发生，则意味着 1，3，5 之一必然出现．总之，随机事件是“一触即发”.

1.1.2 事件之间的关系及运算

由于随机事件都是样本空间的子集，下面根据集合的关系和运算，讨论事件的关系和运算，并设试验 E 的样本空间为 Ω．A、B、A_k、B_k（k=1，2，…）为 E 中事件.

一、事件的运算

1．事件的和

事件 A 与事件 B 至少有一个发生就发生的事件，即 A 与 B 的样本点合在一起组成的事件，称为 A 与 B 的和事件，记为 $A\cup B$ 或 $A+B$（如图 1.1 中阴影部分所示）.

根据定义，显然有 $A+A=A$.

类似地，事件 A_k（k=1, 2, …, n）中至少有一个发生就发生的事件称为事件 $A_1, A_2, \cdots, A_n$ 的和事件，记为 $\bigcup\limits_{k=1}^{n}A_k$ 或 $\sum\limits_{k=1}^{n}A_k$.

例 1 设试验 E 为掷一颗骰子，ω_k（$k=1, 2, 3, 4, 5, 6$）表示出现 k 点，令 A 表示出现奇数

点事件，则 $A=\omega_1+\omega_3+\omega_5$，即出现奇数点事件是出现 k（$k=1, 3, 5$）点这三个事件的和事件.

2．事件的差

事件 A 发生而事件 B 不发生的事件，即属于 A 而不属于 B 的样本点所组成的事件，称为 A 与 B 的差，记为 $A-B$（如图 1.2 所示）.

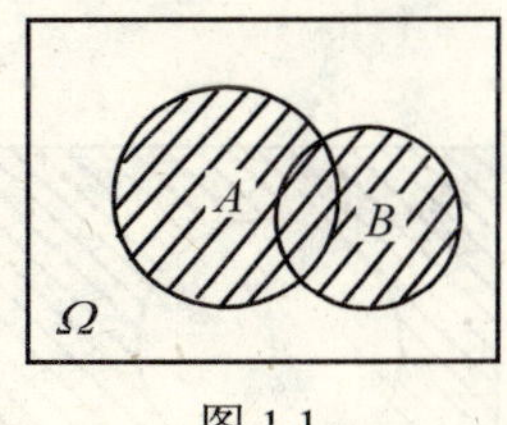

图 1.1

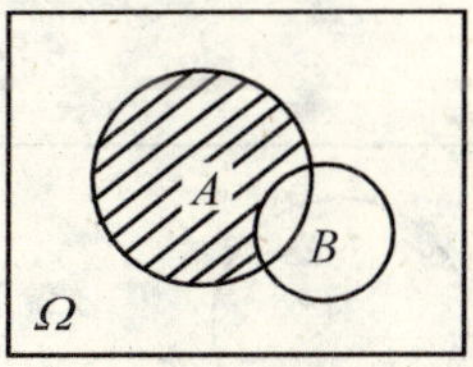

图 1.2

例 2　设试验 E 为检查一长方形工件是否合格，令 A 表示长度合格，B 表示宽度合格，A_1 表示仅仅长度合格，则 $A_1=A-B$.

3．事件的积

事件 A 与事件 B 同时发生时才发生的事件，即 A 与 B 的公共样本点所组成的事件，称为 A 与 B 的积事件，记为 $A\cap B$ 或 AB（如图 1.3 所示）.

在例 2 中，若令 A_2 表示产品合格，则 $A_2=AB$.

类似地，只有事件 $A_1, A_2, \cdots, A_n$ 同时发生才发生的事件称为 $A_1, A_2, \cdots, A_n$ 的积事件，记为 $\bigcap\limits_{k=1}^{n}A_k$ 或 $A_1A_2\cdots A_n$.

显然有 $AA\cdots A=A$.

二、事件的关系

1．包含

若事件 A 发生必然导致事件 B 发生，即 A 的样本点都在 B 中，则称事件 A 包含于 B 或 B 包含 A，记为 $A\subset B$ 或 $B\supset A$（如图 1.4 所示）.

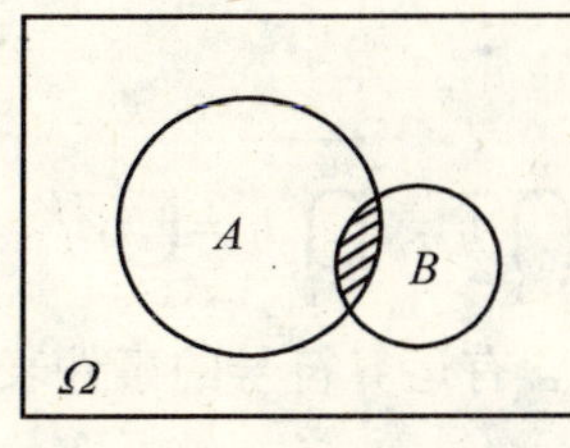

图 1.3

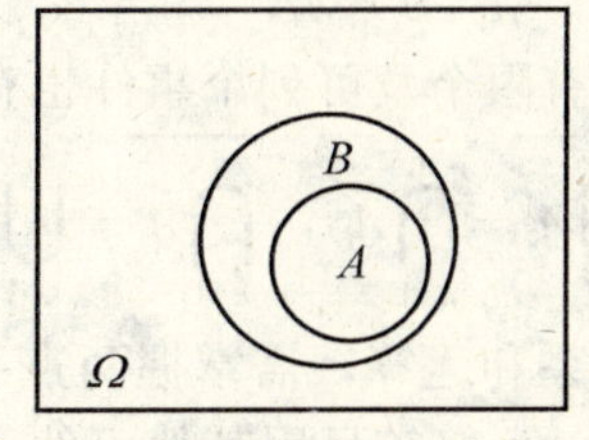

图 1.4

例 1 中的 A 与 ω_k（$k=1, 3, 5$）之间的关系为 $A\supset\omega_k$.

2．相等

若 $A\supset B$ 且 $B\supset A$，则称 A 与 B 相等，记为 $A=B$.

3．互斥

若事件 A 与事件 B 不能同时发生，即 $AB=\varnothing$，则称 A 与 B 是互斥的或互不相容（如图 1.5 所示）.

例如，在例 1 中，令 B 表示出现偶数点，则 A 与 B 是互斥的.

注：基本事件是两两互斥的.

4．互逆

如果在一次试验中，事件 A 与事件 B 必有一个且仅有一个发生，即 $A+B=\Omega$ 且 $AB=\varnothing$，则称 A 与 B 互为逆事件，或称 A 与 B 是对立事件，记为 $A=\overline{B}$ 或 $B=\overline{A}$（如图 1.6 所示）. 显然，$\overline{A}=\Omega-A$.

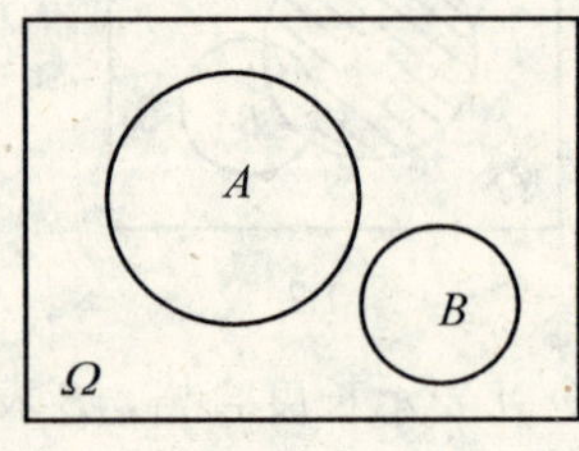

图 1.5

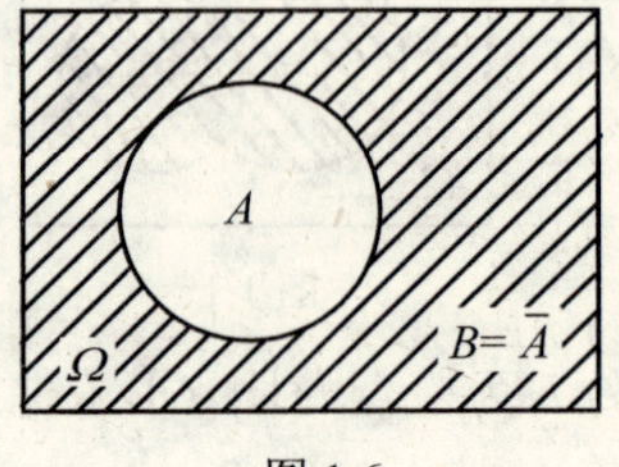

图 1.6

由定义可知，对立事件必为互斥事件，其逆不真，即互斥事件不一定是对立事件.

三、事件的运算规律

1．加法和乘法的交换律

$A+B=B+A$，$AB=BA$

2．加法和乘法的结合律

$A+B+C=(A+B)+C=A+(B+C)$

$ABC=(AB)C=A(BC)$

3．乘法对加法的分配律

$A(B+C)=AB+AC$

4．加法对乘法的分配律

$A+BC=(A+B)(A+C)$

5．反演律（德·摩根（De Morgan）律）

$\overline{AB}=\overline{A}+\overline{B}$，$\overline{A+B}=\overline{A}\overline{B}$

一般地，对有限个及可列个事件也有

$$\overline{\bigcup_{k=1}^{n}A_k}=\bigcap_{k=1}^{n}\overline{A}_k，\overline{\bigcap_{k=1}^{n}A_k}=\bigcup_{k=1}^{n}\overline{A}_k \text{ 及 } \overline{\bigcup_{k=1}^{\infty}A_k}=\bigcap_{k=1}^{\infty}\overline{A}_k，\overline{\bigcap_{k=1}^{\infty}A_k}=\bigcup_{k=1}^{\infty}\overline{A}_k .$$

由事件的关系和运算，需掌握两点：①能够解释含有运算符号的事件表达式；②对于给定的事件可以通过运算符号用其他事件表示出来.

例 3 设 A、B、C 表示三个事件，试将下列事件用 A、B、C 的运算式表示出来.

（1）A、B 都发生，而 C 不发生；

（2）A 发生，B、C 不发生；

（3）三个事件都发生；

（4）三个事件中至少有一个发生；

（5）三个事件中至少有两个发生；

（6）三个事件都不发生；

（7）三个事件中不多于一个事件发生；

（8）三个事件中不多于两个事件发生；

（9）三个事件中恰有一个事件发生；

（10）三个事件中恰有两个事件发生.

解 （1）$AB\overline{C}$ 或 $AB-C$ 或 $AB-ABC$；

（2）$A\overline{B}\overline{C}$ 或 $A-B-C$ 或 $A-(B\cup C)$；

（3）ABC；

（4）$A\cup B\cup C$ 或 $A\overline{B}\overline{C}\cup\overline{A}B\overline{C}\cup\overline{A}\overline{B}C\cup\overline{A}BC\cup A\overline{B}C\cup AB\overline{C}\cup ABC$；

（5）$AB\cup BC\cup CA$ 或 $AB\overline{C}\cup\overline{A}BC\cup A\overline{B}C\cup ABC$；

（6）$\overline{A}\overline{B}\overline{C}$ 或 $\overline{(A+B+C)}$；

（7）$\overline{A}\overline{B}\overline{C}\cup A\overline{B}\overline{C}\cup\overline{A}\overline{B}C\cup\overline{A}B\overline{C}$ 或 $\overline{(AB+BC+CA)}$；

（8）$\overline{ABC}$ 或 $\overline{A}\overline{B}\overline{C}\cup A\overline{B}\overline{C}\cup\overline{A}B\overline{C}\cup\overline{A}\overline{B}C\cup\overline{A}BC\cup A\overline{B}C\cup AB\overline{C}$；

（9）$\overline{A}\overline{B}C\cup\overline{A}B\overline{C}\cup A\overline{B}\overline{C}$；

（10）$\overline{A}BC\cup A\overline{B}C\cup AB\overline{C}$ 或 $AB\cup BC\cup CA-ABC$.

例 4 若 A_i 表示第 i 个射手击中目标（$i=1,2,3$），试描述 $A_1A_2A_3$，$\overline{A_1A_2A_3}$，$A_1\cup A_2\cup A_3$.

解 $A_1A_2A_3=$“三个射手都击中目标”；

$\overline{A_1A_2A_3}=$“三个射手没有都击中目标”；

$A_1\cup A_2\cup A_3=$“至少有一个射手击中目标”.

例 5 $A=$“四件产品中至少有一件是废品”，$B=$“四件产品中废品数不少于两件”，试问逆事件 $\overline{A}$ 与 $\overline{B}$ 表示什么意义？

解 $\overline{A}=$“四件产品都是正品”，

$\overline{B}=$“四件产品中有一件废品或一件废品也没有”.

1.2 随机事件的概率

在随机试验中，重要的是随机事件是否发生，但更重要的是事件发生的可能性的大小，概率就是用来度量随机事件发生的可能性. 概率的定义经历了古典概率、几何概率、统计概率等，最终采用了前苏联数学家柯尔莫哥洛夫于 1933 年建立的概率公理化体系，从而有了目前大多数概率论教科书所采用的概率公理化定义. 什么是概率公理化定义？首先要给出随机事件的频率的概念.

1.2.1 频率

定义 1 在相同的条件下，进行了 n 次试验，在这 n 次试验中，事件 A 发生的次数 n_A 称为事件 A 发生的频数，比值 $\frac{n_A}{n}$ 称为事件 A 发生的频率，记作

$$f_n(A)=\frac{n_A}{n}.$$

频率具有下述性质：

（1）对任一事件 A，有 $0\leqslant f_n(A)\leqslant 1$；

（2）对必然事件 Ω，有 $f_n(\Omega)=1$；

（3）若 $A_1, A_2, \cdots, A_n$ 两两互斥，则 $f_n(\bigcup_{i=1}^{n} A_i)=\sum_{i=1}^{n} f_n(A_i)$.

历史上著名的统计学家蒲丰（Buffon）、皮尔逊（K.Pearson）曾进行过大量掷硬币的试验，所得结果如下：

试验者	n	n_A	$f_n(A)$
蒲　丰	4040	2048	0.5069
皮尔逊	12000	6019	0.5016
皮尔逊	24000	12012	0.5005

表中的 A 表示“出现正面”这一事件.

从以上试验结果可以看出：

（1）虽然同一事件 A 的频率不全相同，即频率具有随机波动性；

（2）但在大量重复试验中，它出现的频率却非常稳定，而且随着试验次数的增多，频率的波幅也逐渐减小，最终会稳定于某个数附近（表中频率稳定于 $\frac{1}{2}$），即频率具有稳定性.

对每个事件 A 都有这样一个客观存在的常数 p 与之对应，即随机事件发生可能性的大小是随机事件本身固有的一种客观属性，而不是依人的主观意志可随意改变的，只要试验是在相同条件下进行的，频率所接近和稳定到的这个常数就不会改变，此常数标志着随机事件发生的可能性的大小，因此可以用这个常数作为度量随机事件发生可能性大小的客观尺度，并称之为概率.

至此，我们给出概率的统计定义.

1.2.2 概率的统计定义

定义 2 在相同条件下，重复进行了 N 次试验，设在 N 次试验中事件 A 发生了 n 次，如果当 N 增大时，事件 A 发生的频率 $\frac{n}{N}$ 稳定地在某一常数 p 附近摆动，则称此常数 p 为事件 A 发生的概率，记为

$$P(A)=p.$$

显然，按此定义来求概率需要进行大量的统计工作，但实际上，不可能对每一事件都做大量的试验，以得到频率的稳定值，实际应用中可用当 N 足够大时的频率值作为概率的近似值.

由于频率 $\frac{n}{N}$ 总是介于 0，1 之间，因而由概率的统计定义可知，对任一随机事件 A，有

$$0 \leqslant P(A) \leqslant 1,$$

而对必然事件 Ω 和不可能事件 $\varnothing$，分别有

$$P(\Omega)=1,\ P(\varnothing)=0.$$

1.2.3 概率的古典定义

首先看一个简单的试验：投掷一枚均匀硬币，掷出正面和反面的可能性是一样的，按照

概率的统计定义，即用频率稳定值$\frac{1}{2}$来刻画“正面朝上”和“反面朝上”两事件发生的可能性，两事件的概率都为$\frac{1}{2}$，这是掷硬币模型的一个重要特征；又如，一般的摸球模型：假设袋中装有n个分别标有$1\sim n$号的小球，搅匀后从中任取一个，由于小球只有号码的区别而无其他区别，在任一次摸球时，袋中各球被摸到的可能性的大小是一样的；同样，一个购买房屋的有奖储蓄的居民，也总是相信由摇奖决定的得奖号码不会对任何数字有所偏爱，因此大家都知道，谁能获得一套住房的机会和其他购买者是均等的.

以上所提到的模型中，除了具有等可能性外，样本点个数还是有限的，具有这样两个特征的模型就称为古典概型. 一般地，古典概型的两个特征可叙述为：

（1）有限性：试验E的样本空间是有限的，即样本点的个数（设为n）是有限的，记为$\Omega=\{\omega_1, \omega_2, \cdots, \omega_n\}$；

（2）等可能性：每个样本点出现的可能性都相等，即事件$\omega_1, \omega_2, \cdots, \omega_n$的发生是等可能的，它们出现的概率都一样，记为$P(\omega_1)=P(\omega_2)=\cdots=P(\omega_n)=\frac{1}{n}$.

历史上最早研究的概率问题就是具有上述两个特征的随机现象. 将具有上述两个特征的随机试验称为古典型随机试验. 古典型随机试验中事件的概率就是古典型概率.

定义 3 设E是一个古典型随机试验，对其任给事件A，称

$$P(A)=\frac{N(A)}{N(\Omega)}=\frac{\text{事件 }A\text{ 中包含的样本点数}}{\text{样本空间的样本点总数}}=\frac{m}{n}$$

为随机事件A的概率.

上述定义是由法国数学家 Laplace 于 1812 年在《分析概率论》一书中给出的，由于它只适用于古典型随机试验，所以称它为古典型概率定义.

例 1 投掷一枚均匀骰子，求朝上一面的点数为奇数的概率.

解 由于骰子是均匀的，所以骰子的 6 个面哪一面朝上的可能性都相等，因此试验是古典型，用ω_i表示“朝上一面的点数为i”，$i=1, 2, \cdots, 6$，则样本空间$\Omega=\{\omega_1, \omega_2, \cdots, \omega_6\}$，用$A$表示“朝上一面的点数是奇数”，则$A=\{\omega_1, \omega_3, \omega_5\}$，故

$$P(A)=\frac{3}{6}=\frac{1}{2}.$$

例 2 袋中装有a只白球和b只黑球，从中任取一只，求取到的是白球的概率.

解 由于球除颜色外而无其他区别，所以从袋中取球时每一球被取到的可能性都是相等的，共有$a+b$种取法，因此该样本空间

$$\Omega=\{\omega_1, \omega_2, \cdots, \omega_a, \omega_{a+1}, \omega_{a+2}, \cdots, \omega_{a+b}\},$$

其中前a号为白球，后b号为黑球，令A表示“取到的是白球”，则$A=\{\omega_1, \omega_2, \cdots, \omega_a\}$，故

$$P(A)=\frac{A\text{ 中样本点总数}}{\text{样本空间的样本点总数}}=\frac{a}{a+b}.$$

本例中的“球”可用其他事物代替，“颜色”也可以用其他性质代替，比如“球”被“产品”代替，“颜色”被“合格”或“不合格”代替等.

例 3 10 本不同的书任意放到书架上，求其中指定 3 本放在一起的概率.

解 取“一种放法”作为一个基本事件，则样本空间的样本点总数$N(\Omega)=10!$，令A表

示“指定 3 本放在一起”，想象将指定的 3 本捆在一起，看作一个整体再与其余 7 本一起任意放到书架上去，共有8!种放法，对于每一种放法，3 本书又有3!种捆法，所以指定 3 本放在一起的放法共有8!·3!种，即 $N(A)=8!\cdot 3!$，由古典定义得

$$P(A)=\frac{8!\cdot 3!}{10!}=\frac{1}{15}.$$

例 4 设有 N 件产品，其中有 M 件为次品，从中任取 n 件，求“取到 n 件中恰有 m 件次品”的概率.

解 从 N 件中任取 n 件组成一个组合，取此组合作为样本点，则样本空间的样本点个数 $N(\Omega)$ 就等于总的组合数 C_N^n，即 $N(\Omega)=\mathrm{C}_N^n$，令 A_m 表示“n 件中恰有 m 件次品”，则 A_m 中所包含的基本事件的个数是从 M 件次品中取 m 件，从 $N-M$ 件正品中取 $n-m$ 件构成的组合数，故 $N(A_m)=\mathrm{C}_M^m\mathrm{C}_{N-M}^{n-m}$，由古典定义得

$$P(A_m)=\frac{\mathrm{C}_M^m\mathrm{C}_{N-M}^{n-m}}{\mathrm{C}_N^n}\quad(m=0,1,\cdots,n).$$

例 5 某城市有 N 辆卡车，某日交通管理站在一交叉路口随机地抽检了 n 辆（$n\leqslant N$），假定每辆卡车被抽检的可能性都相等. 试在下列两种抽检方式下求“抽到的卡车最大牌号不超过 m”的概率，假定 N 辆卡车的车牌号为 1～N.

（1）检过的卡车仍然要抽检（每检一次算一辆）；

（2）检过的卡车不再抽检.

解 本例可以抽象为取球模型来求解：设袋中装有分别标有 1～N 号的 N 个小球，在以下两种取球方式下，求 $A=$“取到球的最大号码不超过 m”的概率.

（1）每次取一球，取后放回，连取 n 次（放回取球模型）；

（2）每次取一球，取后不放回，连取 n 次（不放回取球模型）.

（1）解：因为取后的球放回，所以每次取球都有 N 种可能取法，每次取球时任一个球被取到的可能性都是 $\frac{1}{N}$，问题属于古典概型，样本空间的样本点总数 $N(\Omega)=N^n$，A 发生必须使每次取球都在 1～m 号这 m 个球中取，所以取球总数 $N(A)=m^n$，故

$$P(A)=\frac{m^n}{N^n}=\left(\frac{m}{N}\right)^n;$$

（2）解：因为取到的球不再放回，所以第一次取球时任一个球被取到的可能性是 $\frac{1}{N}$，而第二次取球时任一个球被取到的可能性是 $\frac{1}{N-1}$，依此类推，到第 n 次取球时，任一个球被取到的可能性变成 $\frac{1}{N-n+1}$，在取球过程中失去了平等性，因而不再是古典概型，为了仍按古典概型求解，必须改变思路：将球一只一只地从袋中取出后放在一堆，连取 n 次，可以看成是一次性从袋中取出 n 个球，由于球的均匀性及取出的是哪 n 个球与取球次序无关，所以用不放回取球方式取出 n 个球与一次性取出 n 个球是等效的，因此总的取法有 C_N^n 种，使 A 发生的取法有 C_m^n（$n\leqslant m$）种，故

$$P(A)=\frac{C_m^n}{C_N^n}.$$

注：以后凡属于不放回取球模型，都可用一次性取球方法解决.

古典概率的求法是灵活的，同一个问题可以用多种解法，只要思路正确，结果总是一致的，下面就举这样一个例子.

例 6 袋中有 a 个白球和 b 个黑球，它们除颜色不同外，无其他区别，从中不放回地取完为止，求第 k 次 $(1\leqslant k\leqslant a+b)$ 取到白球的概率.

解 令 A 表示"第 k 次取到白球".

方法 1 把 $a+b$ 只球编上 1 至 $a+b$ 号，将球一只一只地取出后排放成一排，考虑到取球时的先后顺序，因此每一种取法对应着一个 $a+b$ 阶排列，总共有 $(a+b)!$ 种取法，由球的均匀性知每种取法机会都相同，故属于古典概型，A 发生可以先从 a 个白球中任取一个放在第 k 个位置上，然后将剩下的 $a+b-1$ 个球随意排在另外 $a+b-1$ 个位置上，共有 $C_a^1\cdot(a+b-1)!$ 种排法. 故

$$P(A)=\frac{C_a^1\cdot(a+b-1)!}{(a+b)!}=\frac{a}{a+b}.$$

方法 2 因为 $a+b$ 个球只有颜色不同而无其他区别，因此不考虑取球的先后顺序，将 $a+b$ 个球排放成一排，其中 a 个位置放白球，b 个位置放黑球，这种放法总共有 C_{a+b}^a 种且每种放法机会相等（由对称性），故仍属古典概型. A 发生可以先将一个白球放在第 k 个位置，然后在剩下的 $a+b-1$ 个位置中用 $a-1$ 个放白球 b 个放黑球，这种放法有 C_{a+b-1}^{a-1}（或 C_{a+b-1}^b）种. 故

$$P(A)=\frac{C_{a+b-1}^{a-1}}{C_{a+b}^a}=\frac{a}{a+b}.$$

方法 3 只考虑前 k 次取球的情况，每个球仍然编有不同的号码，因而须考虑取球的先后顺序. 这时相当于在 $a+b$ 个数字中任选 k 个不同的数字进行排列，总共有 A_{a+b}^k 种排法且每个 k 阶排列机会相等，故也属古典概型. 事件 A 发生可以先在 a 个白球中任取一个排在第 k 个位置上，然后在剩下的 $a+b-1$ 个球中任取 $k-1$ 个排在前 $k-1$ 个位置上，这种排法总共有 $A_a^1\cdot A_{a+b-1}^{k-1}$ 种. 故

$$P(A)=\frac{A_a^1\cdot A_{a+b-1}^{k-1}}{A_{a+b}^k}=\frac{a}{a+b}.$$

方法 4 只考虑第 k 次取球，每个球仍然编有不同的号码. 由于每个球都有相同的机会被放在第 k 个位置上，$a+b$ 个不同的球，总共有 $a+b$ 种放法，按古典概型，A 发生必须是 a 个白球中的一个被放在第 k 个位置上，使 A 发生的放法有 a 种. 故

$$P(A)=\frac{a}{a+b}.$$

4 种解法得到了相同的结果，其结果都与 k 无关，并都注意以下两个问题：

（1）尽管不同的方法中样本空间的结构不同，但同一个样本空间中样本点发生的可能性必须相同；

（2）在计算样本点总数和事件 A 的样本点数时必须在同一个样本空间中进行. 例如在计算样本点总数和事件 A 的样本点数时，要么都考虑顺序（方法 1），要么都不考虑顺序（方法 2）.

传统的抽签方法可以作为本例的一个应用，由此说明中奖机会均等，与抽签先后次序无关.

由概率的古典定义知，古典概率也具有和频率同样的三条性质：

（1）对任一事件 A，有 $0 \leqslant P(A) \leqslant 1$；

（2）对必然事件 Ω，有 $P(\Omega)=1$；

（3）若 $A_1, A_2, \cdots, A_n$ 两两互斥，则 $P(\bigcup\limits_{i=1}^{n} A_i) = \sum\limits_{i=1}^{n} P(A_i)$.

1.2.4 概率的公理化定义

概率的统计定义和古典定义都各有不足：前者需要进行大量的统计工作；后者不能用于有无限多个可能结果的情况，也不能用于虽然试验只包含有限个可能结果，但它们的发生不是等可能的情况. 近代概率论的应用所涉及的试验大多都不属于古典概型，为克服这些不足，20 世纪 30 年代初，前苏联数学家柯尔莫哥洛夫在 1933 年出版的《概率论的基本概念》一书中用公理化方法给出了概率的严格数学定义，从而促进了古典概率向现代分析概率的发展.

频率和古典概率都具有三个性质. 频率的稳定性是我们能确定一个数（概率）用来表示事件发生可能性大小的依据，因而应该要求所确定的概率满足频率所满足的三个性质；另外，也应适用古典概率模型. 至此，给出概率的公理化定义.

定义 4 设随机试验 E 的样本空间为 Ω，若按照某种方法对 E 的每一事件 A 都赋予一个实数 $P(A)$，且满足以下公理：

（1）非负性：对任一事件 A，有 $P(A) \geqslant 0$；

（2）规范性：$P(\Omega)=1$；

（3）完全可加性：对 E 的任意一列两两互斥的事件 $A_1, A_2, \cdots, A_n, \cdots$，有

$$P(\bigcup_{i=1}^{\infty} A_i) = \sum_{i=1}^{\infty} P(A_i),$$

则称实数 $P(A)$ 为事件 A 的概率.

此定义只给出概率必须满足的三条性质，并未给事件 A 的概率 $P(A)$ 选定一个具体数值. 只有在古典概率模型下，对每个事件 A 给出了概率 $P(A)=\dfrac{m}{n}$. 一般地，可以进行重复试验，得到事件 A 的频率，就以频率作为 $P(A)$ 的估计值.

由概率的公理化定义可知概率还具有如下性质：

性质 1 对任一事件 A，都有 $0 \leqslant P(A) \leqslant 1$.

性质 2 $P(\Omega)=1$，$P(\varnothing)=0$.

性质 3 有限可加性：若事件 $A_1, A_2, \cdots, A_n$ 两两互斥，则

$$P(A_1 \cup A_2 \cup \cdots \cup A_n) = P(A_1)+P(A_2)+\cdots+P(A_n),$$

上式称为加法公式.

性质 4 对任意事件 A，有 $P(\overline{A})=1-P(A)$.

证 因为 $A \cup \overline{A} = \Omega$, $A\overline{A}=\varnothing$，所以由性质 2,

$$1=P(\Omega)=P(A \cup \overline{A})=P(A)+P(\overline{A}),$$

即得 $P(\overline{A})=1-P(A)$.

推论　对任一事件A，有$P(A)\leqslant 1$.

性质5　对事件A、B，若$A\subset B$，则有

$$P(B-A)=P(B)-P(A),\quad P(B)\geqslant P(A).$$

证　由$A\subset B$及图1.4可知

$$B=A\cup(B-A),\ \text{且}\ A(B-A)=\varnothing,$$

由性质3可得

$$P(B)=P(A)+P(B-A),$$

即

$$P(B-A)=P(B)-P(A),$$

再由$P(B-A)\geqslant 0$，得

$$P(B)\geqslant P(A).$$

性质6（加法定理）　对任意两事件A、B有

$$P(A\cup B)=P(A)+P(B)-P(AB).$$

性质6的推广：对任意3个事件A、B、C，有

$$P(A\cup B\cup C)=P(A)+P(B)+P(C)-P(AB)-P(AC)-P(BC)+P(ABC).$$

一般地，对任意n个事件$A_1, A_2, \cdots, A_n$，有

$$P\left(\bigcup_{i=1}^{n}A_i\right)=\sum_{i=1}^{n}P(A_i)-\sum_{1\leqslant i<j\leqslant n}P(A_iA_j)+\sum_{1\leqslant i<j<k\leqslant n}P(A_iA_jA_k)-\cdots+(-1)^{n-1}P(A_1A_2\cdots A_n).$$

因为古典概率具有非负性、规范性和有限可加性，从而古典概率也具有概率性质．因此，概率的公理化定义是古典定义的深化和延拓，古典概率定义是公理化概率定义的特殊情形．

例7　已知$P(A)=\dfrac{1}{2}$，$P(B)=\dfrac{1}{3}$，$P(AB)=\dfrac{1}{6}$，求

（1）$P(\overline{AB})$，（2）$P(A\overline{B})$，（3）$P(\overline{A\cup B})$．

解　（1）由性质4

$$P(\overline{AB})=1-P(AB)=1-\frac{1}{6}=\frac{5}{6}.$$

（2）因$A=A(B\cup\overline{B})=AB\cup A\overline{B}$，且$(AB)(A\overline{B})=\varnothing$，由性质3，

$$P(A)=P(AB)+P(A\overline{B}),\ \text{故有}$$

$$P(A\overline{B})=P(A)-P(AB)=\frac{1}{2}-\frac{1}{6}=\frac{1}{3}.$$

（3）由性质4、6得

$$\begin{aligned}P(\overline{A\cup B})&=1-P(A\cup B)\\&=1-[P(A)+P(B)-P(AB)]\\&=1-\frac{1}{2}-\frac{1}{3}+\frac{1}{6}=\frac{1}{3}.\end{aligned}$$

例8　某班共有36名学生，其中有12人选修日语课，有10人选修德语课，有5人同时选修这两门课，从中任选一人，求其至少选修一门课的概率．

解　令A、B分别表示“选到的学生选修日语课”和“选到的学生选修德语课”，按题意需要求$P(A\cup B)$，由性质6得

$$P(A\cup B)=P(A)+P(B)-P(AB)$$
$$=\frac{12}{36}+\frac{10}{36}-\frac{5}{36}=\frac{17}{36}.$$

例 9 某人欲外出旅游两天，据天气预报，第一天下雨的概率为 0.6，第二天下雨的概率为 0.3，两天都下雨的概率为 0.1．试求：

（1）第一天下雨而第二天不下雨的概率；

（2）至少有一天下雨的概率；

（3）至少有一天不下雨的概率；

（4）两天都不下雨的概率．

解 设 A_i 表示"第 i 天下雨"，$i=1, 2$．已知 $P(A_1)=0.6$，$P(A_2)=0.3$，$P(A_1A_2)=0.1$．

（1）第一天下雨而第二天不下雨的事件为

$A_1\overline{A_2}=A_1-A_2=A_1-A_1A_2$，且 $A_1A_2\subset A_1$，其概率为

$$P(A_1\overline{A_2})=P(A_1-A_1A_2)=P(A_1)-P(A_1A_2)=0.5;$$

（2）由性质 6，"至少有一天下雨"的概率为

$$P(A_1\cup A_2)=P(A_1)+P(A_2)-P(A_1A_2)=0.6+0.3-0.1=0.8;$$

（3）A_1A_2 的逆事件是至少有一天不下雨，故

$$P(\overline{A_1A_2})=1-P(A_1A_2)=1-0.1=0.9;$$

（4）由德·摩根律，两天都不下雨的事件为 $\overline{A_1}\,\overline{A_2}=\overline{A_1\cup A_2}$，故

$$P(\overline{A_1}\,\overline{A_2})=P(\overline{A_1\cup A_2})=1-P(A_1\cup A_2)=1-0.8=0.2.$$

在概率的计算中，经常用到性质 4，因为它能使计算变得简单明了．如果不利用逆事件，则（3）、（4）的计算将会麻烦得多．

例 10 一年按 365 天计算，现有 $k\,(k\leqslant 365)$ 个人聚会．

（1）求这 k 个人中至少有 2 人生日相同的概率；

（2）求这 k 个人中至少有 2 人生日同在 10 月 1 日的概率．

解 这是一个古典概型问题．两个问题都是求"至少…"的概率，这类问题从对立事件入手解决比较简单．k 个人生日的"安排"总数为 $n=365^k$．

（1）令 $A=$"至少 2 人生日相同"，则 $\overline{A}=$"k 个人生日都不同"，显然 $\overline{A}$ 中包含样本点数为 $\mathrm{A}_{365}^k=\mathrm{C}_{365}^k k!$，$P(\overline{A})=\dfrac{\mathrm{A}_{365}^k}{365^k}$，

$$P(A)=1-P(\overline{A})=1-\frac{\mathrm{A}_{365}^k}{365^k}.$$

（2）令 $B=$"至少 2 人生日同在 10 月 1 日"，则 $\overline{B}=$"k 个人生日都不在 10 月 1 日"$\cup$"k 个人中有 1 人生日在 10 月 1 日"，记为 $\overline{B}=\overline{B_1}\cup\overline{B_2}$，其中 $\overline{B_1}$ 与 $\overline{B_2}$ 互斥且 $\overline{B_2}$ 又可看成"k 个人中有 $k-1$ 个人生日不在 10 月 1 日"．因此，$P(\overline{B})=P(\overline{B_1})+P(\overline{B_2})$，而 $\overline{B_1}$ 包含样本点数为 364^k，$\overline{B_2}$ 包含样本点数为 $\mathrm{C}_k^{k-1}\cdot 364^{k-1}=k\cdot 364^{k-1}$，故

$$P(B)=1-P(\overline{B})=1-\left(\frac{364}{365}\right)^k-\frac{k}{365}\left(\frac{364}{365}\right)^{k-1}.$$

例 11 一批产品中有 46 件合格品，4 件不合格品．从中任取 3 件，求 $A=$“其中有不合格品”，$B=$“其中不合格品不多于一件”的概率．

解 用 A_k 表示“3 件产品中正好有 k 件不合格品”，$k=0,1,2,3$．则

$$A=A_1\cup A_2\cup A_3=\overline{A}_0,\ B=A_0\cup A_1,$$

显然 A_0，A_1，A_2，A_3 两两互斥，故

$$P(A)=1-P(A_0)=1-\frac{C_{46}^3}{C_{50}^3}=0.225\ 5,$$

或者

$$P(A)=P(A_1)+P(A_2)+P(A_3)$$
$$=\frac{C_{46}^2\cdot C_4^1+C_{46}^1\cdot C_4^2+C_4^3}{C_{50}^3}=0.225\ 5,$$
$$P(B)=P(A_0)+P(A_1)$$
$$=\frac{C_{46}^3}{C_{50}^3}+\frac{C_{46}^2C_4^1}{C_{50}^3}=0.985\ 7.$$

1.3 条件概率与事件的独立性

1.3.1 条件概率

条件概率是概率论中一个重要而实用的概念，它所考虑的是事件 B 已经发生的条件下事件 A 发生的概率问题．这种概率称为事件 B 发生的条件下事件 A 发生的条件概率，记为 $P(A|B)$．

下面通过例子讨论条件概率的算法．

例 1 某仓库有一批产品 225 件，它是由甲、乙两厂共同生产的．其中甲厂生产的产品中有正品 100 件，次品 20 件，乙厂生产的产品中次品有 15 件，其余都是正品．现从这批产品中任取一件，设 $A=$“取到的是正品”，$B=$“取到的是乙厂生产的产品”．试求 $P(A)$，$P(B)$，$P(AB)$ 及 $P(A|B)$．

解 依题意，这批产品情况列表如下：

	正品	次品	共计
甲厂	100	20	120
乙厂	90	15	105
共计	190	35	225

由古典概率定义得

$$P(A)=\frac{190}{225},\ P(B)=\frac{105}{225},\ P(AB)=\frac{90}{225}.$$

$P(A|B)$ 也可用古典概型来计算，由于取到的是乙厂生产的产品，而乙厂的产品共 105 件，其中有正品 90 件，所以

$$P(A|B)=\frac{90}{105}=\frac{\frac{90}{225}}{\frac{105}{225}}=\frac{P(AB)}{P(B)},$$

同理可得

$$P(B|A)=\frac{90}{190}=\frac{\frac{90}{225}}{\frac{190}{225}}=\frac{P(AB)}{P(A)}.$$

由此例知：

（1）一般情况下，$P(A|B)\neq P(A)$；

（2）$P(A|B)=\dfrac{90}{105}=\dfrac{\frac{90}{225}}{\frac{105}{225}}=\dfrac{P(AB)}{P(B)}$ （$P(B)\neq 0$）.

上式不仅对例 1 成立，大量实践证明对于一般的条件概率问题也是成立的，由此可以给出条件概率的定义，并称利用（2）计算条件概率的方法为公式法.

定义 1 设 A、B 是某随机试验中的两个事件，且 $P(B)\neq 0$，则称

$$P(A|B)=\frac{P(AB)}{P(B)}$$

为事件 B 已发生的条件下事件 A 发生的条件概率.

定义中 $P(B)\neq 0$ 是要求所给的条件不应是不可能事件.

例 2 从 1~100 共 100 个整数中任意取出一数，在已知这数能被 3 整除的条件下，求这数能被 5 整除的概率.

解 令 A 表示"这数能被 3 整除"，B 表示"这数能被 5 整除"，则 AB 表示"这数既能被 3 又能被 5 整除".

由于 1~100 这 100 个整数中，只有 15，30，45，60，75，90 这 6 个数能同时被 3 和 5 整除，故有

$$P(AB)=\frac{6}{100}.$$

又 1~100 这 100 个整数中，能被 3 整除的有 3，6，9，…，99 共 33 个，故有

$$P(B)=\frac{33}{100}.$$

因此，所求的概率为

$$P(A|B)=\frac{P(AB)}{P(B)}=\frac{6/100}{33/100}=\frac{2}{11}.$$

例 3 某种类型的灯泡用满 5 000 小时未坏的概率为 $\frac{3}{4}$，用满 10 000 小时未坏的概率为 $\frac{1}{2}$，现有一个该种类型的灯泡，已经用到 5 000 小时，问它用到 10 000 小时的概率是多少？

解 令 A 表示"任取一个灯泡用到 5 000 小时"，B 表示"任取一个灯泡用到 10 000 小时"，依题意应求 $P(B|A)$.

由 $B\subset A$，故

$$P(B|A)=\frac{P(AB)}{P(A)}=\frac{P(B)}{P(A)}=\frac{\frac{1}{2}}{\frac{3}{4}}=\frac{2}{3}.$$

条件概率也是一种概率，因而具有概率的所有性质．例如，

（1）对任一事件 A，有 $P(A|B)\geqslant 0$；

（2）$P(\Omega|B)=1$；

（3）若 $A_1, A_2, \cdots$ 是两两不相容的事件，则有

$$P(\bigcup_{i=1}^{\infty}A_i|B)=\sum_{i=1}^{\infty}P(A_i|B);$$

（4）对任意事件 A_1, A_2 有

$$P(A_1\cup A_2|B)=P(A_1|B)+P(A_2|B)-P(A_1A_2|B).$$

1.3.2 乘法公式

由条件概率定义，在 $P(B)\neq 0$ 的条件下有

$$P(AB)=P(B)P(A|B), \tag{1.1}$$

同样，在 $P(A)\neq 0$ 的条件下有

$$P(AB)=P(A)P(B|A), \tag{1.2}$$

称（1.1）和（1.2）式为概率的乘法公式．

乘法公式可以推广到 n 个事件积的情形．

设 $P(A_1A_2\cdots A_n)\neq 0$，则

$$P(A_1A_2\cdots A_n)=P(A_1)P(A_2|A_1)P(A_3|A_1A_2)\cdots P(A_n|A_1A_2\cdots A_{n-1}). \tag{1.3}$$

例 4　一批零件共 100 个，其中有 5 个次品，从中每次取出一个零件检测，检测后不再放回，连续检测两次，求

（1）第一次检测是正品的概率；

（2）第一次检测到正品后，第二次检测是正品的概率；

（3）两次检测全是正品的概率．

解　令 A、B 分别表示“第一次检测是正品”和“第二次检测是正品”的事件，则由题意可知：

（1）$P(A)=\frac{95}{100}=0.95$；

（2）$P(B|A)=\frac{94}{99}=0.949\ 5$；

（3）$P(AB)=P(A)P(B|A)=0.902$．

例 5　设坛中有 m 个黑球，n 个白球，从中任取一球，观察其颜色，然后放回，并加进一个与抽出的球同颜色的球，这样连抽三次，求三次取到的都是黑球的概率．

解　令 A_i 表示“第 i 次取到黑球”，$i=1, 2, 3$，则应求 $P(A_1A_2A_3)$，显然 $P(A_1)=\frac{m}{m+n}$，

按条件概率（在改变了的样本空间中直接计算）可求得

$$P(A_2|A_1)=\frac{m+1}{m+n+1},\quad P(A_3|A_1A_2)=\frac{m+2}{m+n+2},$$

再由公式（1.3）可得

$$\begin{aligned}P(A_1A_2A_3)&=P(A_1)P(A_2|A_1)P(A_3|A_1A_2)\\&=\frac{m}{m+n}\cdot\frac{m+1}{m+n+1}\cdot\frac{m+2}{m+n+2}.\end{aligned}$$

例 6 设坛中有 m 个有色球，n 个无色球，从中连取两球，分别对于不放回抽样和放回抽样，求两球都是有色球的概率.

解 令 A_i 表示“第 i 次取到有色球”，$i=1, 2$，对于不放回抽样，$P(A_1)=\frac{m}{m+n}$，$P(A_2|A_1)=\frac{m-1}{m+n-1}$，由乘法公式得

$$P(A_1A_2)=P(A_1)P(A_2|A_1)=\frac{m}{m+n}\cdot\frac{m-1}{m+n-1};$$

对于放回抽样，$P(A_1)=\frac{m}{m+n}$，由于第一次抽取之后又将球放回，所以 $P(A_2)=P(A_2|A_1)=\frac{m}{m+n}$，由乘法公式得

$$\begin{aligned}P(A_1A_2)&=P(A_1)P(A_2|A_1)=P(A_1)P(A_2)\\&=\frac{m}{m+n}\cdot\frac{m}{m+n}=\left(\frac{m}{m+n}\right)^2.\end{aligned}$$

1.3.3 独立性

通常我们都有这样的同感，大雾、阴雨天发生车祸的可能性要大一些，而大雾、阴雨天与某人买彩票中奖则毫无关系. 这说明有的事件发生对另一事件的发生有影响，而有些事件之间是互不影响的，从而需要给出事件独立性的概念.

1. 两个事件的独立性

由条件概率知：一般情况下，$P(A|B)\neq P(A)$，但若满足一定条件，就会有 $P(A|B)=P(A)$，此式说明事件 B 的发生对事件 A 发生的概率没有任何影响，这时也称事件 A 与事件 B 相互独立. 由上式和条件概率定义，可知 $P(AB)=P(A)P(B)$，由此给出两事件独立的定义.

定义 2 若事件 A、B 满足

$$P(AB)=P(A)P(B)$$

则称事件 A 与 B 相互独立.

注：此定义对 $P(A)=0$ 或 $P(B)=0$ 时仍成立.

事件独立性的性质：

（1）如果事件 A 与 B 相互独立，且 $P(B)\neq 0$，则

$$P(A|B)=P(A);$$

（2）必然事件 Ω 和不可能事件 $\varnothing$ 与任意事件 A 都相互独立；

（3）若事件 A 与 B 相互独立，则 $\overline{A}$ 与 B 、A 与 $\overline{B}$ 、$\overline{A}$ 与 $\overline{B}$ 也相互独立.

证 为方便起见，只证 $\overline{A}$ 与 B 相互独立即可.

因为 $P(\overline{A}B)=P(B-AB)$，

再注意到 $AB\subset B$，由概率的可加性，得

$$\begin{aligned}P(\overline{A}B)&=P(B)-P(AB)\\&=P(B)-P(A)P(B)\quad（A\text{ 与 }B\text{ 相互独立}）\\&=[1-P(A)]P(B)=P(\overline{A})P(B),\end{aligned}$$

所以，事件 $\overline{A}$ 与 B 相互独立.

定理 1 若四对事件 A、B；$\overline{A}$、B；A、$\overline{B}$；$\overline{A}$、$\overline{B}$ 中有一对相互独立，则另外任一对也相互独立.

此定理说明：四对事件或者都独立，或者都不独立.

在实际问题中，两个事件是否独立，通常需要根据具体问题作出判断，或是作为假设被人为地提出.

例 7 一袋中装有 a 只黑球和 b 只白球，采用有放回摸球，求已知第一次摸出黑球的条件下，第二次摸出黑球的概率.

解 令 A 表示“第一次摸出黑球”，B 表示“第二次摸出黑球”，则

$$P(A)=\frac{a}{a+b},\ P(B)=\frac{a}{a+b}.$$

因为采用的是有放回摸球，故事件 A 的发生不影响事件 B 发生的概率，即事件 A 与事件 B 相互独立，所以

$$P(B|A)=P(B)=\frac{a}{a+b}.$$

若采用不放回摸球，则 A 与 B 不独立.

例 8 甲、乙两人同时独立向一目标射击，已知甲击中目标的概率为 0.8，乙击中目标的概率为 0.7，求击中目标的概率.

解 令 A 表示“甲击中目标”，B 表示“乙击中目标”，C 表示“击中目标”.

方法 1 由题意知 $C=A\cup B$，

$$\begin{aligned}P(C)&=P(A\cup B)=P(A)+P(B)-P(A)P(B)\\&=0.8+0.7-0.8\times0.7=0.94;\end{aligned}$$

方法 2 先求出 $P(\overline{C})$.

因为 $\overline{C}=\overline{A\cup B}=\overline{A}\cap\overline{B}$，且由事件 A、B 相互独立可知，$\overline{A}$、$\overline{B}$ 也相互独立，所以

$$\begin{aligned}P(C)&=1-P(\overline{C})=1-P(\overline{A}\overline{B})\\&=1-P(\overline{A})P(\overline{B})\\&=1-(1-0.8)(1-0.7)=0.94;\end{aligned}$$

方法 3 因为 $C=AB\cup A\overline{B}\cup\overline{A}B$，且 AB、$A\overline{B}$、$\overline{A}B$ 两两互不相容，则

$$\begin{aligned}P(C)&=P(A)P(B)+P(A)P(\overline{B})+P(\overline{A})P(B)\\&=0.8\times0.7+0.8\times(1-0.7)+(1-0.8)\times0.7=0.94.\end{aligned}$$

例 9 已知 $P(A)\neq0, P(B)\neq0$，（1）如果事件 A 与 B 是互不相容的，那么它们是否相互独

立？（2）反之，如果事件 A 与 B 是相互独立的，那么它们是否互不相容？

解　（1）如果 A、B 互不相容，则 $P(AB)=0$，

因 $P(A)\neq 0$，所以

$$P(B|A)=\frac{P(AB)}{P(A)}=0,$$

又 $P(B)\neq 0$，所以

$$P(B|A)\neq P(B),$$

由此可见，事件 A 与 B 不相互独立.

（2）如果 A 与 B 相互独立，则

$$P(AB)=P(A)P(B)\neq 0,$$

由此可见，事件 A、B 不是互不相容的.

注：若没有 $P(A)\neq 0,\ P(B)\neq 0$，上述结论不成立. 一般来说，事件 A、B 互不相容与事件 A、B 相互独立是两个完全不同的概念.

2. 多个事件的独立性

定义 3　对三个事件 A、B、C，若

$$P(AB)=P(A)P(B)$$
$$P(AC)=P(A)P(C)$$
$$P(BC)=P(B)P(C)$$

则称 A、B、C 三事件两两相互独立.

定义 4　对三个事件 A、B、C，若

$$P(AB)=P(A)P(B)$$
$$P(AC)=P(A)P(C)$$
$$P(BC)=P(B)P(C)$$
$$P(ABC)=P(A)P(B)P(C)$$

则称 A、B、C 相互独立.

注：在三个事件相互独立的定义中，四个等式是缺一不可的，即前三个等式的成立不能推出第四个等式的成立；反之，最后一个等式的成立也推不出前三个等式的成立.

定理 2　若事件 $A_1, A_2, \cdots, A_n$（$n\geqslant 3$）相互独立，则（1）它们之中任何 $m(2\leqslant m\leqslant n)$ 个事件都相互独立；（2）将其中任意 $k(1\leqslant k\leqslant n)$ 个事件换成各自的逆事件，所得到的 n 个事件仍然相互独立；（3）$P(\bigcup_{i=1}^{n}A_i)=1-\prod_{i=1}^{n}P(\overline{A}_i)$.

注：当 $n\geqslant 3$ 时，$A_1, A_2, \cdots, A_n$ 两两独立但不一定相互独立.

例 10　加工某一零件共需经过 3 道工序，设第 1、2、3 道工序的次品率分别为 1%、2%、3%，假定各道工序互不影响，求加工出来的零件的次品率.

解　令事件 A_i 表示“第 i 道工序出现次品”（$i=1, 2, 3$），A 表示“加工出来的零件是次品”，则

$$A=A_1\cup A_2\cup A_3$$

且 A_1, A_2, A_3 相互独立．于是所求次品率

$$P(A)=1-P(\overline{A})=1-P(\overline{A}_1\overline{A}_2\overline{A}_3)=1-P(\overline{A}_1)P(\overline{A}_2)P(\overline{A}_3)$$
$$=1-0.99\times0.98\times0.97\approx5.89\% .$$

例 11 设某型号高炮每次击中飞机的概率为 0.25，问至少需配备多少门这种高炮，才能使同时独立发射一次就能击中飞机的概率达到 95%以上.

解 设需配备 n 门高炮，A 表示“击中飞机”，A_i 表示“第 i 门炮击中飞机”（i=1，2，…，n），则

$$P(A)=P(A_1\cup A_2\cup\cdots\cup A_n)\geqslant0.95,$$

即

$$1-P(\overline{A}_1)P(\overline{A}_2)\cdots P(\overline{A}_n)\geqslant0.95,$$

将 $P(\overline{A}_i)=1-P(A_i)=1-0.25=0.75$ 代入，得

$$1-0.75^n\geqslant0.95,$$

即 $\quad 0.75^n\leqslant0.05,$

解得 $\quad n\geqslant11,$

故至少需配备 11 门高炮才能有 95%以上的把握击中飞机.

1.3.4 伯努利概型

***n* 重独立试验** 做 n 次重复的试验，如果满足条件：

（1）每次试验条件都相同，因此各次试验中同一个事件出现的概率相同；

（2）各次试验结果相互独立，则称为 n 重独立试验.

***n* 重伯努利（Bernoulli）试验** 对于 n 重独立试验，若每次试验的可能结果只有两个，即只有两个可能事件 A 与 $\overline{A}$，且 $P(A)=p(0<p<1)$，$P(\overline{A})=1-p=q$，则此 n 重独立试验又称为 n 重伯努利（Bernoulli）试验或伯努利概型.

伯努利概型是很重要的一种概率模型，它在理论和实践两方面都有其重要意义，应用也非常广泛．例如，同一名射手独立射击 n 次；将一枚均质硬币连掷 n 次等都是 n 重伯努利概型的例子.

二项概率公式 设事件 A 在一次试验中发生的概率为 p，则在 n 重伯努利试验中，事件 A 恰好发生 k 次的概率记为 $P_n(k)$，且

$$P_n(k)=\mathrm{C}_n^k p^k q^{n-k}=\frac{n!}{k!(n-k)!}p^k q^{n-k} \tag{1.4}$$

其中 $q=1-p$，$k=0, 1, 2, \cdots, n$．（1.4）式又称为二项概率公式.

由于试验的独立性，事件 A 在某指定的 k 次试验发生而其余的 $n-k$ 次不发生的概率为 $p^k q^{n-k}(q=1-p)$，又因为事件 A 是在 n 次试验的任意 k 次中发生，共有 C_n^k 种不同的方式，所以

$$P_n(k)=\mathrm{C}_n^k p^k q^{n-k}\quad(q=1-p).$$

例 12 某篮球运动员一次投篮投中的概率为 0.8，求该运动员投篮 10 次投中 6 次的概率和至少投中 6 次的概率.

解 令 A 表示“投中”，则 $P(A)=0.8$，$P(\overline{A})=0.2$，这是一个 10 重伯努利试验．由（1.4）式，投中 6 次的概率为

$$P_{10}(6)=\mathrm{C}_{10}^6(0.8)^6(0.2)^4=0.088,$$

至少投中 6 次的概率为

$$P=\sum_{k=6}^{10}P_{10}(k)$$
$$=P_{10}(6)+P_{10}(7)+P_{10}(8)+P_{10}(9)+P_{10}(10)\approx 0.97.$$

例 13 某批产品的次品率为 0.05，从中不放回地连取 5 次，每次取一件（相当于 1 次取出 5 件），求取到的 5 件中恰有 3 件次品的概率.

解 由于每取一件之后不放回，总产品的数量是变化的．因此，严格说来，不能认为各次抽取是独立的. 但是，由于总产品的量相当多，抽取一件放回与否，对下次抽取的影响很小，即各次的抽取可近似认为独立．这时，也可作为伯努利概型来处理，所求概率为

$$P_5(3)=\mathrm{C}_5^3(0.05)^3(0.95)^2\approx 0.001.$$

例 14 某人的口袋中经常装有两盒火柴，每盒 n 根，使用时，从两盒中等可能地任选一盒，然后从中取一根．某次，此人取到了一个空盒，问此时另一盒中恰有 r 根火柴的概率是多少？

解 令用空的盒子为甲盒，另一盒为乙盒，当出现甲盒空，乙盒恰有 r 根时，他共使用了 $2n-r$ 次，其中取甲盒 n 次，这是一个 $2n-r$ 重伯努利试验，所求概率为

$$P_{2n-r}(n)=\mathrm{C}_{2n-r}^n\left(\frac{1}{2}\right)^n\left(\frac{1}{2}\right)^{n-r}=\mathrm{C}_{2n-r}^n\left(\frac{1}{2}\right)^{2n-r}.$$

1.4 全概率公式与贝叶斯公式*

1.4.1 全概率公式

直接求一个较复杂的事件的概率往往很困难，若能将其分解为若干个互不相容的简单事件之和，就可以利用概率的性质，只需要计算简单事件的概率，最终可求出复杂事件的概率. 全概率公式的意义就在于此.

首先给出全概率公式中用到的划分概念.

定义 1 若样本空间 Ω 中事件 $A_1, A_2, \cdots, A_n$ 满足：

（1）$A_iA_j=\varnothing$ （$i\neq j;\ i,\ j=1, 2, \cdots, n$）；

（2）$A_1+A_2+\cdots+A_n=\bigcup_{i=1}^{n}A_i=\Omega$，

则称 $A_1, A_2, \cdots, A_n$ 为样本空间 Ω 的一个划分或一个完备事件组（如图 1.7 所示）.

全概率公式 设事件 $A_1, A_2, \cdots, A_n$ 为样本空间 Ω 的一个划分（如图 1.8 所示），且 $P(A_i)\neq 0$（$i=1, 2, \cdots, n$），则对 Ω 中的任意事件 B 有

$$P(B)=\sum_{i=1}^{n}P(A_i)P(B|A_i). \qquad (1.5)$$

证 由划分的定义有

$$B=B\Omega=B(\bigcup_{i=1}^{n}A_i)=\bigcup_{i=1}^{n}BA_i,$$

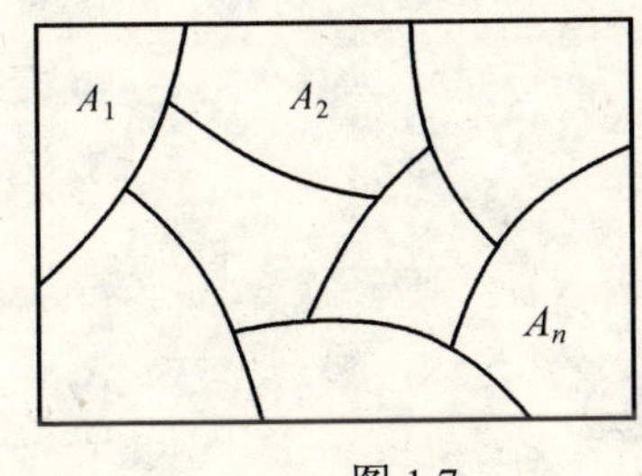

图 1.7

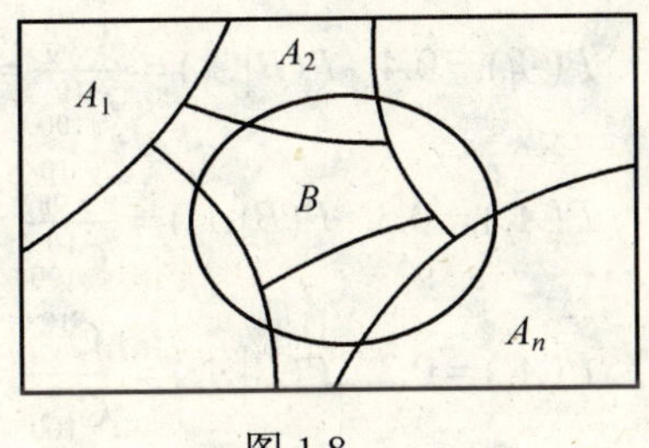

图 1.8

再由 $P(A_i)\neq 0$ ($i=1, 2, \cdots, n$) 及 $(BA_i)(BA_j)=\varnothing$ ($i\neq j$)，得

$$P(B)=P(\bigcup_{i=1}^{n}BA_i)=\sum_{i=1}^{n}P(BA_i)$$

$$=\sum_{i=1}^{n}P(A_i)P(B|A_i).$$

在很多实际问题中，$P(B)$ 不易直接求得，但容易找到 Ω 的一个划分 $A_1, A_2, \cdots, A_n$，且 $P(A_i)$ 和 $P(B|A_i)$ 或为已知，或为易求．从表面上看，全概率公式将简单问题变复杂了，实际上，公式的左端形式虽简单，但本质却很复杂，右端则不然．

例 1　某项考试须由学生抽签答题，所备 10 个考签中有 4 个难签，每位考生抽签一次，答后考签不放回．现有甲、乙两人先后应考，求甲、乙各自抽到难签的概率．

解　令 A、B 分别表示"甲、乙抽到难签"的事件，则 $P(A)=\dfrac{4}{10}$，这里 A、$\overline{A}$ 构成甲抽签的一个划分，故由全概率公式

$$P(B)=P(A)P(B|A)+P(\overline{A})P(B|\overline{A})$$

$$=\frac{4}{10}\cdot\frac{3}{9}+\frac{6}{10}\cdot\frac{4}{9}$$

$$=\frac{4}{10}.$$

结果表明：无论先考还是后考，都不影响抽签考试的公平性与合理性．就像我们在电视中看到的歌手大奖赛等，均以抽签方式确定参赛顺序，道理是一样的．

例 2　某工厂生产的产品以 100 件为一批，假定每一批产品中次品最多不超过 3 件，且具有如下的概率：

次品数	0	1	2	3
概率	0.1	0.4	0.3	0.2

现从每批中随机抽取 10 件来检验，若发现其中有次品，则认为该批产品不合格，求一批产品通过检验的概率．

解　令 B 表示"一批产品通过检验"，A_i ($i=0, 1, 2, 3$) 表示"一批产品中含有 i 件次品"，则 $\bigcup_{i=0}^{3}A_i=\Omega$．再计算出

$$P(A_0)=0.1,\ P(B|A_0)=1,$$

$$P(A_1)=0.4,\ P(B|A_1)=\frac{C_{99}^{10}}{C_{100}^{10}}=0.900\ ,$$

$$P(A_2)=0.3,\ P(B|A_2)=\frac{C_{98}^{10}}{C_{100}^{10}}=0.809\ ,$$

$$P(A_3)=0.2,\ P(B|A_3)=\frac{C_{97}^{10}}{C_{100}^{10}}=0.652\ ,$$

由全概率公式得

$$P(B)=\sum_{i=0}^{3}P(A_i)P(B|A_i)\approx 0.833\ .$$

本题的结果提供了这样一个信息：若工厂生产了 1 000 件产品，则通过检验以合格品出厂的约有 833 件．而作为合格品出售的产品，每批中仍可能含有 $i\,(i=0,1,2,3)$ 件次品．因此，对顾客而言，希望所买的产品中含次品少的概率要大，即概率 $P(A_i|B)\,(i=0,1,2,3)$ 中最大的一个所对应的 i 越小越好，这也是下面将要讨论的贝叶斯（Bayes）公式．

1.4.2* 贝叶斯（Bayes）公式

贝叶斯（Bayes）公式 设事件 $A_1, A_2, \cdots, A_n$ 为样本空间 Ω 的一个划分，B 为 Ω 中的任意事件，且 $P(B)\neq 0$，由条件概率有 $P(A_i|B)=\dfrac{P(A_iB)}{P(B)}$，再由乘法公式和全概率公式有

$$P(A_i|B)=\frac{P(A_i)P(B|A_i)}{\sum_{k=1}^{n}P(A_k)P(B|A_k)}\quad (i=1,2,\cdots,n),$$

称上式为逆概率公式，此公式是数学家贝叶斯于 1763 年发表的，所以又称为贝叶斯（Bayes）公式，它也是用来求条件概率的重要公式．

贝叶斯公式实用性较强，例如，有一病人连续低烧不退（设为事件 B），医生要确定他患有何种疾病，首先必须考虑病人可能会患的 n 种疾病 $A_1, A_2, \cdots, A_n$，并假定一个病人不会同时得几种疾病，即事件 $A_1, A_2, \cdots, A_n$ 互斥．医生可凭以往的经验估计出发病率 $P(A_i)\neq 0\,(i=1,2,\cdots,n)$，通常称之为先验概率．然后要考虑的是一个人得 A_i 这种病时连续低烧不退的可能性，即 $P(B|A_i)\,(i=1,2,\cdots,n)$ 的大小，这一概率不难从大量临床统计中获得．最后由贝叶斯公式计算出 $P(A_i|B)\,(i=1,2,\cdots,n)$，这个概率表示在获得新的信息（即病人连续低烧不退）后，病人得 A_i 这种病的可能性的大小，通常称为后验概率．后验概率为医生的最终诊断提供了重要依据．

若将 B 视为观察的“结果”，将 $A_i\,(i=1,2,\cdots,n)$ 理解为原因，则贝叶斯公式反映了“因果”的概率规律，并作出了“由果朔因”的推断．

例 3 假定根据某种化验指标诊断肝炎，根据以往的临床记录 $P(A|C)=0.95$，$P(\overline{A}|\overline{C})=0.97$，其中 A 表示事件“化验结果为阳性”，C 表示事件“被检查者患有肝炎”，又根据普查的资料知道在某地区肝炎患者占 0.004，即 $P(C)=0.004$．现在有此地区的一人，其化验结果为阳性，试求此人的确患有肝炎的概率．

解 依题意应求 $P(C|A)$，由贝叶斯公式

$$P(C|A)=\frac{P(C)P(A|C)}{P(C)P(A|C)+P(\overline{C})P(A|\overline{C})}$$
$$=\frac{0.004\times 0.95}{0.004\times 0.95+0.996\times 0.03}$$
$$\approx 0.037\,.$$

例 4 设有来自三个地区的各 10 名、15 名和 25 名考生的报名表，其中女生的报名表分别为 3 份、7 份和 5 份，随机地抽取一个地区，再从中先后抽两份报名表.

（1）求先抽到的一份是女生表的概率 p；

（2）已知后抽到的一份是男生表，求先抽到的一份是女生表的概率 q.

解 设 $A_i=\{$报名表是第 i 区考生的$\}$，$i=1,2,3$；$B_j=\{$第 j 次抽到的报名表是男生表$\}$，$j=1,2$. 则 A_1，A_2，A_3 是样本空间 Ω 的一个划分，且有 $P(A_i)=\dfrac{1}{3}$，$P(\overline{B_1}|A_1)=\dfrac{3}{10}$，$P(\overline{B_1}|A_2)=\dfrac{7}{15}$，$P(\overline{B_1}|A_3)=\dfrac{5}{25}$.

（1）由全概率公式，得

$$p=P(\overline{B}_1)=\sum_{i=1}^{3}P(A_i)P(\overline{B}_1|A_i)=\frac{1}{3}\times\frac{3}{10}+\frac{1}{3}\times\frac{7}{15}+\frac{1}{3}\times\frac{5}{25}=\frac{29}{90},$$

（2）由贝叶斯公式，得

$$q=P(\overline{B}_1|B_2)=\frac{P(\overline{B}_1B_2)}{P(B_2)}=\frac{\sum_{i=1}^{3}P(A_i)P(\overline{B}_1B_2|A_i)}{\sum_{i=1}^{3}P(A_i)P(B_2|A_i)}$$
$$=\frac{\frac{1}{3}(\frac{3}{10}\times\frac{7}{9}+\frac{7}{15}\times\frac{8}{14}+\frac{5}{25}\times\frac{20}{24})}{\frac{1}{3}(\frac{7}{10}+\frac{8}{15}+\frac{20}{25})}=\frac{20}{61}$$

例 5 某商店从三个厂购买了一批灯泡，甲厂占 25%，乙厂占 35%，丙厂占 40%，各厂的次品率分别为 5%，4%，2%，求

（1）消费者买到一只次品灯泡的概率；

（2）若消费者买到一只次品灯泡，它是哪个厂家生产的可能性大？

解 令 B 表示“消费者买到一只次品灯泡”，A_1，A_2，A_3 分别表示“买到的灯泡是甲、乙、丙厂生产的灯泡”，依题意得

$$P(A_1)=25\%,\ P(A_2)=35\%,\ P(A_3)=40\%\,,$$
$$P(B|A_1)=5\%,\ P(B|A_2)=4\%,\ P(B|A_3)=2\%\,,$$

（1）$P(B)=\sum_{i=1}^{3}P(B|A_i)P(A_i)=0.034\,5$；

（2）$P(A_1|B)=\dfrac{P(A_1B)}{P(B)}=\dfrac{P(B|A_1)P(A_1)}{\sum\limits_{i=1}^{3}P(B|A_i)P(A_i)}=0.362\ 3$，

$$P(A_2|B)=\frac{P(A_2B)}{P(B)}=\frac{P(B|A_2)P(A_2)}{\sum\limits_{i=1}^{3}P(B|A_i)P(A_i)}=0.405\ 8,$$

$$P(A_3|B)=\frac{P(A_3B)}{P(B)}=\frac{P(B|A_3)P(A_3)}{\sum\limits_{i=1}^{3}P(B|A_i)P(A_i)}=0.231\ 9,$$

所以次品灯泡是乙厂生产的可能性最大.

本章小结

本章由浅入深地介绍了概率论中的两个基本概念，随机事件和随机事件的概率以及它们的基本性质. 利用集合及其运算的知识对概率论中的重要概念如样本空间、样本点、随机事件、和事件以及积事件等给出了直观的描述. 事件 A 的概率是事件 A 发生可能性大小的度量，是进行大量重复试验时事件 A 发生频率的稳定值，这也就是概率的统计定义——频率的稳定值. 同时又介绍了两类常见的概型：古典概型与伯努利概型. 进而给出了计算概率的一些很有用的公式，如条件概率、乘法公式、全概公式与贝叶斯公式等. 其中全概（率）公式是概率论的一个重要公式，应用全概公式的关键是建立样本空间的正确划分（即构造一个正确的完备事件组），然后计算各个概率和条件概率，最后代入全概公式，它是求复杂事件概率的有力工具.

本章中事件 A 与事件 B 互不相容和事件 A 与事件 B 相互独立两个概念容易被初学者混淆，事件 A 与事件 B 互不相容是指 A 与 B 不同时发生，它涉及不到概率；而 A 与 B 相互独立是指 $P(AB)=P(A)P(B)$，它涉及到概率.

本章重点是概率的计算，主要有下面几种计算概率的方法：

1. 利用古典概率的定义计算概率.

2. 利用概率的性质来计算概率：

（1）$0\leqslant P(A)\leqslant 1$，$P(\Omega)=1$，$P(\varnothing)=0$；

（2）一般地，$P(A\cup B)=P(A)+P(B)-P(AB)$，
特别地，当 $AB=\varnothing$ 时，$P(A\cup B)=P(A)+P(B)$；

（3）$P(\overline{A})=1-P(A)$；

（4）$P(A-B)=P(A)-P(AB)$.

3. 利用乘法公式、全概公式和逆概（贝叶斯）公式来计算概率：

（1）若 $P(A)>0$，则 $P(AB)=P(A)P(B|A)$；

（2）若 $A_1, A_2, \cdots, A_n$ 为样本空间 Ω 的一个划分或一个完备事件组，则

$$P(B)=\sum_{i=1}^{n}P(A_i)P(B|A_i),\quad P(A_i)\neq 0\ (i=1, 2, \cdots, n),$$

$$P(A_i|B)=\frac{P(A_i)P(B|A_i)}{\sum_{k=1}^{n}P(A_k)P(B|A_k)}\quad (i=1,2,\cdots,n;\ P(B)\neq 0).$$

4. 利用事件的独立性简化概率的计算，若 $A_1, A_2, \cdots, A_n$ 相互独立，则

$$P(A_1\cup A_2\cup\cdots\cup A_n)=1-P(\overline{A_1\cup A_2\cup\cdots\cup A_n})$$
$$=1-P(\overline{A}_1)P(\overline{A}_2)\cdots P(\overline{A}_n).$$

习题一

1．写出下列随机试验的样本空间（列出全部样本点）：

（1）同时掷三颗骰子，记录三颗骰子点数之和；

（2）记录一个小班一次数学考试的平均分数（以百分制记分）；

（3）不放回地从含有 2 件次品的 10 件产品中逐件抽取，直到 2 件次品都取出为止，记录抽取的次数；

（4）生产的产品直到得到 5 件正品为止，记录生产产品的总件数；

（5）测量一汽车通过某定点的速度．

2．将东北地区下雨作为样本空间，A 表示“哈尔滨市下雨”，B 表示“黑龙江省下雨”，指出 A 与 B，AB 与 A 的包含关系，AB 与 $A+B$ 的含意是什么？

3．设 A_k 表示“第 k 次射击击中靶子”（$k=1, 2, 3$）．

（1）试用语言表述下列各事件：

$$\overline{A}_1+\overline{A}_2+\overline{A}_3,\ \overline{A_1+A_2},\ A_1A_2\overline{A}_3+\overline{A}_1A_2A_3;$$

（2）试用 A_1、A_2、A_3 通过运算关系表示出下列事件：“三次射击恰好有一次击中靶子”，“三次射击中第一次没击中而后两次至少有一次击中”．

4．设 $\Omega=\{1, 2, \cdots, 10\}$，$A=\{2, 3, 4\}$，$B=\{3, 4, 5\}$，$C=\{5, 6, 7\}$，具体写出下列等式：

（1）$\overline{A}B$；（2）$\overline{A}+B$；（3）$\overline{\overline{A}}$；（4）$\overline{A\overline{BC}}$；（5）$\overline{A+B}$．

5．设 A、B 为两事件且 $P(A)=0.6,\ P(B)=0.7$，问

（1）在什么条件下 $P(AB)$ 取到最大值，最大值是多少？

（2）在什么条件下 $P(AB)$ 取到最小值，最小值是多少？

6．在机械与电子工程系的学生中任选一名学生，令 A 表示“选到的是男同学”；B 表示“选到的是三年级学生”；C 表示“选到的是运动员”，则

（1）解释 $AB\overline{C}$ 的意义；

（2）在什么条件下 $ABC=C$；

（3）在什么条件下 $C\subset B$；

（4）在什么条件下 $\overline{A}=B$．

7．设 A、B、C 是三个事件，用事件的运算表达下列各事件：

（1）A、B 都不发生；

（2）A、B 不都发生；

（3）A 与 B 都发生，C 不发生；

（4）或者 A 与 B 不都发生，或者 C 发生；

（5）A、B、C 中至少有 i 个发生（$i=1, 2, 3$）；

（6）A、B、C 中至多有 i 个发生（$i=1, 2$）；

（7）A、B 中恰有一个发生.

8．房间里有 10 个人，分别佩带着从 1～10 号的纪念章，任意选 3 人记录其纪念章的号码，

（1）求最小的号码为 5 的概率；

（2）求最大的号码为 5 的概率.

9．有 4 个人住在同一个房间里，问这 4 个人中至少有 2 个人的生日是在同一个月的概率是多少？

10．袋中有 n 只球，记有号码 1，2，…，n，求下列事件的概率：

（1）任意取出两球，号码为 1，2；（2）任意取出 3 只球，没有号码 1；（3）任意取出 5 只球，号码 1，2，3 中至少出现一个.

11．设有某产品 40 件（其中 10 件次品 30 件正品），从中任取 5 件，求取出的 5 件产品中至少有 4 件次品的概率.

12．某学生要到附近三个图书馆去借一本书，设每个图书馆有无此书是等可能的，是否已借出也是等可能的. 已知三个图书馆有无此书及是否已借出是相互独立的. 求该学生能借到此书的概率.

13．设 $P(A)\neq 0,\ P(B)\neq 0$. 证明：A 与 B 独立的充要条件是 $P(A|B)=P(A|\bar{B})$.

14．甲、乙、丙三人同时独立地向同一目标各射击一次，命中率分别为 $\frac{1}{3}, \frac{1}{2}, \frac{2}{3}$，求目标被命中的概率.

15．一名工人照看 A、B、C 三台机床，已知在 1 小时内三台机床各自不需要工人照看的概率为 $P(\bar{A})=0.9,\ P(\bar{B})=0.8,\ P(\bar{C})=0.7$. 求 1 小时内三台机床至多有一台需要照看的概率.

16．盒中放有 12 个乒乓球，其中有 9 个是新的. 第一次比赛时从其中任取 3 个来用，比赛后仍放回盒中. 第二次比赛时再从盒中任取 3 个. 求第二次取出的球都是新球的概率.

17．考卷中一道选择题有 4 个答案，仅有一个是正确的，设一个学生知道正确答案或不知道而乱猜是等可能的. 如果这个学生答对了，求他确实知道正确答案的概率.

18．按以往概率考试结果分析，努力学习的学生有 90%的可能考试及格，不努力学习的学生有 90%的可能考试不及格. 据调查学生中有 90%的人是努力学习的，试问：

（1）考试及格的学生有多大可能是不努力学习的人？

（2）考试不及格的学生有多大可能是努力学习的人？

一、填空题

1．设 A 与 B 为互不相容的两事件，$P(B)>0$ ，则 $P(A|B)=$ __________.

2．设$\overline{A}$与B是两个相互独立的事件，且$P(\overline{A})=0.7$，$P(B)=0.4$，则$P(AB)=$__________．

3．设A与B为两事件，如果$A\supset B$，且$P(A)=0.7$，$P(B)=0.2$，则$P(B|A)=$__________．

4．若袋内有 3 个红球，12 个白球，从中不放回地取 10 次，每次取一个，则第一次取到红球的概率为__________，第 5 次取到红球的概率为__________．

5．事件A与B相互独立，$P(A)=0.4,\ P(A+B)=0.7$，则$P(B)=$__________．

二、单选题

1．设A与B为两事件，则一定有$P(A+B)=$（　　）

A．$P(A)+P(B)$；　　B．$P(A)+P(B)-P(A)P(B)$；

C．$1-P(\overline{A})P(\overline{B})$；　　D．$P(A)+P(B)-P(AB)$．

2．设A、B、C是三个随机事件，则事件“A、B、C不多于一个发生”的逆事件是（　　）

A．A、B、C至少有一个发生；　　B．A、B、C至少有两个发生；

C．A、B、C都发生；　　D．A、B、C不都发生．

3．每次试验失败的概率为$p\,(0<p<1)$，则在 3 次重复试验中至少成功一次的概率为（　　）

A．$3(1-p)$；　　B．$(1-p)^3$；

C．$1-p^3$；　　D．$C_3^1(1-p)p^2$．

4．设A、B为随机事件，则$P(A-B)=0$的充要条件是（　　）

A．$A\subset B$；　　B．$B\subset A$；

C．$P(A)=P(AB)$；　　D．$P(B)=P(AB)$．

三、计算题

1．设有 7 个数，其中 4 个负数和 3 个正数，从中任取两数做乘法，求两数乘积为正数的概率．

2．设甲、乙、丙 3 人独立地对一目标进行射击，射中的概率分别是 0.6，0.5，0.8，试求：（1）恰有 1 人击中的概率；（2）恰有 2 人击中的概率；（3）至少有 1 人击中的概率．

3．加工一产品需要 4 道工序，其中第 1、第 2、第 3、第 4 道工序出废品的概率分别为 0.1，0.2，0.2，0.3，各道工序独立且若第 1 道工序出废品即认为该产品为废品，求废品率．

4．设某人从外地赶来参加紧急会议，他乘火车、轮船、汽车或飞机来的概率分别为$\frac{3}{10},\frac{1}{5},\frac{1}{10}$和$\frac{2}{5}$，如果他乘飞机来，不会迟到，而乘火车、轮船或汽车来，迟到的概率分别为$\frac{1}{4},\frac{1}{3}$和$\frac{1}{12}$．求此人迟到的概率；现此人迟到，试推断他使用哪种交通工具的可能性最大？

5．某人买了 4 节电池，已知这批电池有 1%的产品不合格，求这人买到的 4 节电池中恰好有 1 节、2 节、3 节、4 节是不合格的概率．

第 2 章　随机变量及其概率分布

- 掌握随机变量及其概率分布的概念
- 掌握随机变量分布函数的概念及性质，会计算与随机变量有关的事件的概率
- 掌握离散型随机变量及其概率分布的概念，掌握 0—1 分布、二项分布、泊松分布及其应用
- 掌握连续型随机变量及其概率密度的概念，掌握概率密度与分布函数之间的关系
- 掌握正态分布、均匀分布和指数分布及其应用

上一章我们用样本空间的子集来表示试验的各种结果，这是一种“定性”的描述，对全面讨论随机现象的统计规律性有很大的局限性. 本章将用随机变量描述各种随机现象，用实数来表示试验的各种结果，这是一种“定量”的描述，它不仅能更全面地揭示随机现象客观存在的统计规律性，而且给利用微积分知识进行讨论带来极大的方便.

2.1　随机变量的概念

在研究随机试验结果的规律性时，我们发现，大多数试验的结果可以直接用一个数来表示. 而有些随机试验其可能结果并不是数，但只要将每一个可能结果与一个实数相对应，那么，试验的不同可能结果就可以用一个变量来表示了.

例如，随意掷一颗骰子，观察出现的点数. 此试验的可能结果便可用 1，2，3，4，5，6 来表示；测试灯泡的寿命，试验的可能结果为任意非负实数. 像这类随机试验，自然地可以用一个变量 X 来表示它们的结果.

又如，在“掷硬币”的试验中，若令“正面朝下”对应数 0，“正面朝上”对应数 1，则试验结果也可以用变量 X 来表示，即

$$X=\begin{cases}0, & \text{正面朝下},\\ 1, & \text{正面朝上}.\end{cases}$$

总之，随机试验的可能结果都可以用一个变量来表示，此变量取什么值不仅依赖于试验的可能结果（样本点），而且取各个值时都有某个概率相伴.

下面给出随机变量的定义.

定义 1　设 $\Omega=\{\omega\}$ 是随机试验的样本空间，对于每一个样本点 $\omega\in\Omega$，有一个实数 $X=X(\omega)$ 与之对应，这样，就得到一个定义在 Ω 上的单值实函数 $X=X(\omega)$（且对任意实数

x，$\{\omega | X(\omega) \leqslant x,\ \omega \in \Omega\}$ 是随机事件），则称 $X(\omega)$ 为随机变量，简记为 X．

通常用大写英文字母 X, Y, Z 或希腊字母 ξ, η, ζ 表示随机变量，用相应的小写英文字母 x, y, z 表示随机变量的取值．

引入随机变量后，就可以用含随机变量 X 的等式或不等式来表示随机事件．例如，$\{X=2\}, \{X<5\}, \{0 \leqslant X < 1\}$ 等，这样表示不仅简单，而且可以利用高等数学的方法来研究随机试验．另外注意这种变量与微积分中的变量是有区别的，主要有以下三个特点：

（1）随机变量 X 是定义在样本空间上的单值实函数 $X(\omega)$，即 $X(\omega)$ 的定义域是样本空间，而微积分中的函数 $y=f(x)$ 的定义域是实数集合；

（2）取值的随机性，即 X 取何值，在试验前是无法确定的；

（3）取值的统计规律性，即 X 取某值的概率是确定的．

在实际中常用的随机变量有如下两类：

（1）离散型随机变量：这类随机变量的主要特征是它所有可能取值为有限个或可列（像自然数一样可依次一一列出）无限个；

（2）连续型随机变量：这类随机变量的主要特征是它所有可能取值充满某个区间 (a,b)（其中 a 可以为 $-\infty$，b 可以为 $+\infty$）．

2.2 离散型随机变量及其概率分布

2.2.1 离散型随机变量及其概率分布

1．概率分布列

掌握一个离散型随机变量 X 的统计规律，只要知道 X 的所有可能取值以及 X 取每一个可能值的概率，对这两点的全面描述被称作离散型随机变量的分布．

定义 2 设离散型随机变量 X 的全部可能取值为 $x_k(k=1,2,\cdots)$，且取 x_k 的概率为 p_k，即

$$P\{X=x_k\}=p_k \quad (k=1,2,\cdots) \tag{2.1}$$

称（2.1）式为离散型随机变量 X 的概率分布或分布列，简称分布．

分布列也可以用表格的形式表示，即

X	x_1	x_2	$\cdots$	x_k	$\cdots$
$P\{X=x_k\}$	p_1	p_2	$\cdots$	p_k	$\cdots$

例 1 袋中有 5 个球，其中 2 个白球，3 个黑球，从中随机地一次抽取 3 个球，求取得白球数的概率分布．

解 令 X 表示“取得的白球数”，则 X 的可能取值为 0，1，2，可以求得 X 的分布列为

$$P\{X=0\}=\frac{C_3^3}{C_5^3}=\frac{1}{10},$$

$$P\{X=1\}=\frac{C_3^2C_2^1}{C_5^3}=\frac{6}{10},$$

$$P\{X=2\}=\frac{C_3^1C_2^2}{C_5^3}=\frac{3}{10}.$$

X 的分布列的表格形式为

X	0	1	2
p_k	$\frac{1}{10}$	$\frac{6}{10}$	$\frac{3}{10}$

2．分布列的性质

由概率的定义可知，分布列满足如下两条性质：

（1）$p_k \geqslant 0\,(k=1, 2, \cdots)$；

（2）$\sum\limits_{k=1}^{\infty} p_k = 1$.

反之，具有这两个性质的数列必是某个离散型随机变量的分布列.

例 2 若随机变量 X 的分布列如下：

X	−1	0	1	2	3
p_k	0.16	$\frac{a}{10}$	a^2	$\frac{2a}{10}$	0.3

试求出 X 的分布列.

解 根据分布列的性质，必有 $a>0$，且 $\sum\limits_{i=1}^{5} p_i = 1$，所以

$$0.16+\frac{a}{10}+a^2+\frac{2a}{10}+0.3=1,$$

$$a^2+0.3a-0.54=0,$$

$$(a+0.9)(a-0.6)=0,$$

解出 $a_1=-0.9,\ a_2=0.6$，舍去 a_1，取 $a=a_2=0.6$，故 X 的分布列为

X	−1	0	1	2	3
p_k	0.16	0.06	0.36	0.12	0.3

例 3 为了给手机更换 1 个元件，某修理员从装有 4 个元件的盒中逐一取出元件进行测试，已知盒中只有 2 个正品，求此修理员首次取到正品元件所需次数 X 的分布列.

解 令 A_k 表示事件"第 k 次取到正品"（$k=1, 2, 3$），则 X 的分布列

$$p_1=P\{X=1\}=P(A_1)=\frac{1}{2},$$

$$p_2=P\{X=2\}=P(\overline{A}_1A_2)=P(\overline{A}_1)P(A_2|\overline{A}_1)=\frac{2}{4}\cdot\frac{2}{3}=\frac{1}{3},$$

$$p_3=P\{X=3\}=1-P\{X=1\}-P\{X=2\}=\frac{1}{6},$$

即

X	1	2	3
p_k	$\frac{1}{2}$	$\frac{1}{3}$	$\frac{1}{6}$

2.2.2 几种常见的离散型随机变量的分布

1．两点 0－1 分布

若随机变量 X 的分布列为

$$P\{X=k\}=p^k(1-p)^{1-k}\ (k=0,1;\ 0<p<1),$$

其概率分布表为

X	0	1
p_k	$1-p$	p

则称 X 服从参数为 p 的两点（0－1）分布．

如果一个随机试验的样本空间只包含两个样本点，如检查一产品的质量合格或不合格；投篮一次，投中或投不中；对目标射击一次，命中或命不中；登记一新生婴儿的性别等，均可用服从 0－1 分布的随机变量来描述．但对不同的问题，参数 p 的取值不同．

2．二项分布

若随机变量 X 可能取值为 0，1，2，…，n，且

$$P\{X=k\}=\mathrm{C}_n^k p^k q^{n-k}\ (k=0,1,2,\cdots,n),$$

其中 $0<p<1,\ p+q=1$，n 为非负整数，则称 X 服从参数为 n，p 的二项分布或贝努利分布，记为 $X\sim B(n,p)$．

容易看出，当 $n=1$ 时，二项分布正是 0－1 分布，故当 X 服从 0－1 分布时，常记为 $X\sim B(1,p)$．

可以证明二项分布满足：

（1）$P\{X=k\}=\mathrm{C}_n^k p^k q^{n-k}>0\ (k=0,1,2,\cdots,n)$；

（2）$\sum\limits_{k=0}^{n}P\{X=k\}=\sum\limits_{k=0}^{n}\mathrm{C}_n^k p^k q^{n-k}=(p+q)^n=1$．

由（2）可知，随机变量 X 取 k 值的概率为：

$$P\{X=k\}=\mathrm{C}_n^k p^k q^{n-k}(k=0,1,2,\cdots,n)$$

恰好是 $(p+q)^n$ 的展开式的第 $k+1$ 项，所以称 X 服从二项分布．

二项分布来自于 n 重贝努利试验模型，在 n 重贝努利试验中，若事件 A 在每次试验中发生的概率为 $p\,(0<p<1)$，则在 n 次试验中事件 A 发生的可能次数为 0，1，2，…，n，事件 A 发生 k 次的概率为 $b(k;n,p)=\mathrm{C}_n^k p^k q^{n-k}\ (k=0,1,2,\cdots,n)$．

由此可见，“事件 A 发生的次数” X 这个随机变量服从二项分布 $B(n,p)$．

“A 发生 k 次”即“$X=k$”，由于 $\bigcup\limits_{k=0}^{n}\{X=k\}=\bigcup\limits_{k=0}^{n}\{$事件 A 发生 k 次$\}=\Omega$，

故有 $\sum_{k=0}^{n} C_n^k p^k q^{n-k} = P\{\Omega\} = 1$，同时也说明 $\sum_{k=0}^{n} P\{X=k\} = 1$.

例 4 用步枪射击低空敌机，每支步枪命中的概率是 0.001，若用 5 000 支步枪一起射击，求：（1）击中弹数的分布列；（2）击中 1 弹以上的概率.

解 5 000 支步枪一起射击，可以看作是一支步枪独立重复地射击 5 000 次，因此是 5 000 重贝努利试验，令 X 表示击中的弹数，则 $X \sim B(5\,000, 0.001)$.

（1）其分布列为

$$P\{X=k\} = C_{5\,000}^k (0.001)^k (0.999)^{5\,000-k} \quad (k = 0, 1, 2, \cdots, 5\,000);$$

（2）击中 1 弹以上的概率

$$\begin{aligned} P\{X>1\} &= 1 - P\{X \leqslant 1\} = 1 - P\{X=0\} - P\{X=1\} \\ &= 1 - (0.999)^{5\,000} - C_{5\,000}^1 (0.001)(0.999)^{4\,999} \\ &= 1 - 0.006\,73 - 0.033\,4 \\ &= 0.959\,5. \end{aligned}$$

由计算结果看到，尽管每支步枪击中目标的概率很小，但大量步枪一起射击，命中目标的概率却是很大的.

例 5 某篮球运动员投篮 3 次，每次投中的概率为 0.6，求投中次数的分布列.

解 令 X 表示投中的次数，则 $X \sim B(3, 0.6)$，X 的可能取值为 0，1，2，3，相应的概率分别为

$$P\{X=0\} = C_3^0 (0.6)^0 (0.4)^3 = 0.064,$$

$$P\{X=1\} = C_3^1 (0.6)^1 (0.4)^2 = 0.288,$$

$$P\{X=2\} = C_3^2 (0.6)^2 (0.4)^1 = 0.432,$$

$$P\{X=3\} = C_3^3 (0.6)^3 (0.4)^0 = 0.216,$$

即 X 的概率分布，其概率分布图（如图 2.1 所示）.

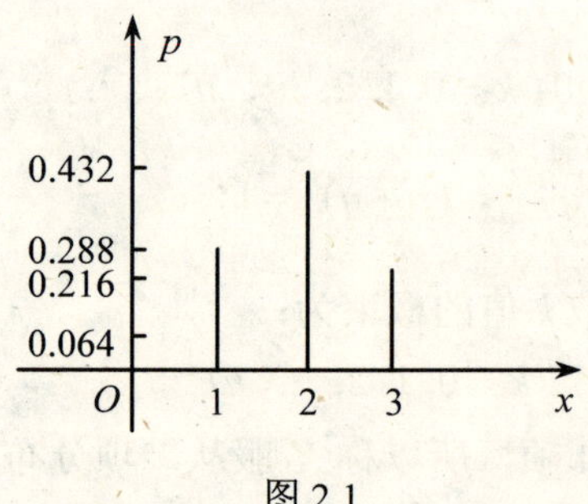

图 2.1

从图 2.1 中看到，$P\{X=k\}$ 的概率先是随着 k 的增大而增加，直到达到最大值，而后单调减少. 一般的二项分布 $B(n, p)$ 也具有这一性质.

3. 泊松（Poisson）分布

设随机变量 X 的分布列为

$$P\{X=k\} = \frac{\lambda^k}{k!} e^{-\lambda} \quad (k = 0, 1, 2, \cdots),$$

其中 $\lambda>0$ 为常数，则称 X 服从参数为 λ 的泊松分布，记为 $X\sim P(\lambda)$．

泊松分布满足两个基本性质：

（1）$P\{X=k\}>0$ （$k=0,1,2,\cdots$）；

（2）$\sum\limits_{k=0}^{\infty}P\{X=k\}=1$．

证明（2）式，只需用到 $\sum\limits_{k=0}^{\infty}\frac{\lambda^k}{k!}=\mathrm{e}^{\lambda}$．

泊松分布是一种常见的重要分布之一，服从泊松分布的随机现象特别集中在社会生活和物理学领域，在社会生活中，又尤其适用于各种服务的需求现象或排队现象．如纺织厂生产的一批布匹上的疵点个数；某种昆虫产卵个数；在一段时间间隔里放射性物质发出的经过计数器的 α 粒子数；某一地区一段时间内发生的交通事故的次数；某市级医院一天内的急诊病人数；某公共汽车终点站一段时间内的乘客数；一本书一页中的印刷错误数等，都服从或近似服从泊松分布．

泊松分布是作为二项分布的近似，从而就产生了二项分布的近似公式，是法国数学家泊松（S.D.Poisson）在 1837 年引入的，下面介绍一个著名的定理．

定理（泊松定理） 设随机变量 $X\sim B(n,p_n)$，λ 为一个正常数，$p_n=\frac{\lambda}{n}$，则

$$\lim_{n\to\infty}\mathrm{C}_n^k p_n^k(1-p_n)^{n-k}=\frac{\lambda^k}{k!}\mathrm{e}^{-\lambda}\;(k=0,1,2,\cdots).$$

证明*

$$\begin{aligned}\mathrm{C}_n^k p_n^k(1-p_n)^{n-k}&=\frac{n(n-1)\cdots(n-k+1)}{k!}\left(1-\frac{\lambda}{n}\right)^{n-k}\left(\frac{\lambda}{n}\right)^k\left(1-\frac{\lambda}{n}\right)^{n-k}\\&=\frac{\lambda^k}{k!}\cdot\frac{n}{n}\cdot\frac{n-1}{n}\cdots\frac{n-k+1}{n}\left(1-\frac{\lambda}{n}\right)^n\left(1-\frac{\lambda}{n}\right)^{-k}\\&=\frac{\lambda^k}{k!}\left(1-\frac{1}{n}\right)\left(1-\frac{2}{n}\right)\cdots\left(1-\frac{k-1}{n}\right)\left(1-\frac{\lambda}{n}\right)^n\left(1-\frac{\lambda}{n}\right)^{-k},\end{aligned}$$

对任意固定的非负整数 k，有

$$\lim_{n\to\infty}\left[\left(1-\frac{1}{n}\right)\left(1-\frac{2}{n}\right)\cdots\left(1-\frac{k-1}{n}\right)\right]=1,$$

$$\lim_{n\to\infty}\left(1-\frac{\lambda}{n}\right)^n=\mathrm{e}^{-\lambda},$$

$$\lim_{n\to\infty}\left(1-\frac{\lambda}{n}\right)^{-k}=1,$$

从而证明了

$$\lim_{n\to\infty}\mathrm{C}_n^k p_n^k(1-p_n)^{n-k}=\frac{\lambda^k}{k!}\mathrm{e}^{-\lambda}\;(k=0,1,2,\cdots).$$

当 n 很大，p 很小时，有近似公式

$$\mathrm{C}_n^k p^k q^{n-k}\approx\frac{\lambda^k}{k!}\mathrm{e}^{-\lambda}\;(k=0,1,2,\cdots,\;n;\;p+q=1),$$

其中$\lambda = np$.

在实际计算中，当$n \geqslant 10$, $p \leqslant 0.1$时，就可用泊松分布来近似二项分布．泊松分布的值可从书后附表中查得．

例 6 （人寿保险问题）若一年内某类保险者中人的死亡率为0.005，现有10 000人参加保险，试求在未来一年内这些人中有 40 人死亡的概率．

解 设未来一年中死亡人数为X，则$X \sim B(10\ 000, 0.005)$．由于$n = 10\ 000$较大，$p = 0.005$较小，$\lambda = np = 50$，故可用泊松分布近似求解．

$$P\{X = 40\} = C_{10\ 000}^{40}(0.005)^{40}(0.995)^{9\ 960}$$

$$\approx \frac{50^{40}}{40!}e^{-50} \approx 0.021\ 5.$$

在例 4 中，$n = 5\ 000$, $p = 0.001$, $\lambda = np = 5$，所以由近似公式，可得

$$P\{X = 0\} = C_{5\ 000}^{0}(0.001)^{0}(0.999)^{5\ 000}$$

$$\approx \frac{5^0}{0!}e^{-5} = 0.006\ 738,$$

$$P\{X = 1\} = C_{5\ 000}^{1}(0.001)^{1}(0.999)^{4\ 999}$$

$$\approx \frac{5}{1!}e^{-5} = 0.033\ 69.$$

2.3 连续型随机变量及其概率分布

2.3.1 连续型随机变量及其概率密度

1．概率密度函数

定义 对于随机变量X，若存在一个非负可积函数$f(x)$（$-\infty < x < +\infty$），使对任意的x_1, x_2($x_1 < x_2$)，都有

$$P\{x_1 < X \leqslant x_2\} = \int_{x_1}^{x_2} f(x)\,dx \tag{2.2}$$

成立，则称X为连续型随机变量，称$f(x)$为X的概率密度函数，简称密度函数或概率密度．

（2.2）式表明，X落在$(x_1, x_2]$中的概率等于图 2.2 中阴影部分的面积．由此看出，$f(x)$取值较大的区间，X落入该区间的概率也大，因此概率密度函数$f(x)$刻画了连续型随机变量X的概率分布情况．

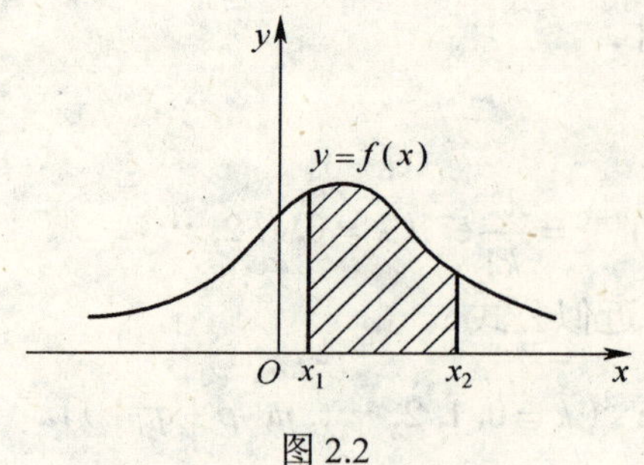

图 2.2

2．密度函数的性质

由密度函数的定义可知，$f(x)$ 具有以下性质：

（1）$f(x)\geqslant 0$；

（2）$\int_{-\infty}^{+\infty} f(x)\,\mathrm{d}x=1$；

若某个函数满足性质（1）、（2），则此函数可作为某个随机变量的密度函数.

性质（2）表示介于曲线 $y=f(x)$ 与 x 轴之间的平面图形的面积为 1（如图 2.3 所示）.

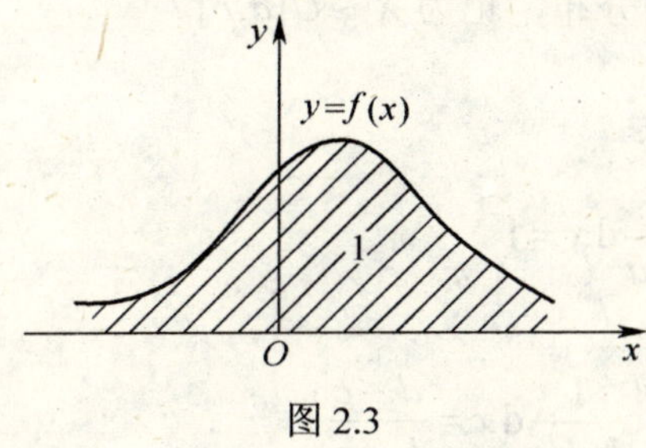

图 2.3

下面计算 $P\{X=a\}$，因为

$$P\{X=a\}\leqslant P\{a\leqslant X<a+\Delta x\}=\int_a^{a+\Delta x} f(t)\,\mathrm{d}t,$$

而 $$0\leqslant P\{X=a\}\leqslant \lim_{\Delta x\to 0}\int_a^{a+\Delta x} f(t)\,\mathrm{d}t=0.$$

所以 $$P\{X=a\}=0.$$

即连续型随机变量取任何固定值的概率为零，这与离散型随机变量的情形完全相反.

但是 $P\{X=a\}=0$，并不意味着事件 $\{X=a\}$ 是不可能事件，因为 $x=a$ 毕竟是实数轴上实实在在的一点，倘若你能耐着性子无限次地进行重复试验的话，X 是不会永远跳过 a 的，$P\{X=a\}=0$ 只说明在大量重复试验中，$\{X=a\}$ 发生的次数非常少.

同理，概率为 1 的事件未必是必然事件.

因为 $P\{X=a\}=0$，所以对于连续型随机变量有

$$\begin{aligned}P\{a<X<b\}&=P\{a<X\leqslant b\}=P\{a\leqslant X<b\}\\&=P\{a\leqslant X\leqslant b\}=\int_a^b f(x)\,\mathrm{d}x.\end{aligned}$$

例 1 设连续型随机变量 X 的密度函数为 $f(x)=\dfrac{A}{1+x^2}$，试确定常数 A，并求 $P\{-1\leqslant X\leqslant 1\}$.

解 由 $\int_{-\infty}^{+\infty} f(x)\mathrm{d}x=1$，有

$$1=\int_{-\infty}^{+\infty} f(x)\,\mathrm{d}x=\int_{-\infty}^{+\infty}\frac{A}{1+x^2}\,\mathrm{d}x=A\arctan x\Big|_{-\infty}^{+\infty}=A\pi,$$

所以 $A=\dfrac{1}{\pi}$，且

$$P\{-1\leqslant X\leqslant 1\}=\int_{-1}^{1}\frac{1}{\pi(1+x^2)}\,\mathrm{d}x=\frac{1}{\pi}\arctan x\Big|_{-1}^{1}=\frac{1}{2}.$$

2.3.2 几种常见的连续型随机变量

1．均匀分布

若连续型随机变量 X 的密度函数为

$$f(x)=\begin{cases}\dfrac{1}{b-a}, & a\leqslant x\leqslant b,\\ 0, & 其他,\end{cases}$$

则称 X 在区间 $[a,b]$ 上服从均匀分布，记为 $X\sim U[a,b]$.

均匀分布的密度函数满足：

（1）$f(x)\geqslant 0$（显然）;

（2）$\int_{-\infty}^{+\infty}f(x)\mathrm{d}x=\int_a^b\dfrac{1}{b-a}\mathrm{d}x=1$.

若 $a\leqslant c<d\leqslant b$，易得

$$P\{c<X<d\}=\int_c^d\frac{1}{b-a}\mathrm{d}x=\frac{d-c}{b-a}.$$

上式说明在 $[a,b]$ 上服从均匀分布的随机变量 X 落入 $[a,b]$ 中任一子区间 (c,d) 内的概率与该子区间的长度 $d-c$ 成正比，而与子区间在 $[a,b]$ 上的具体位置无关. 即它落入区间 $[a,b]$ 中任意等长度的子区间内的可能性是相同的，这就是均匀分布的概率意义.

在实际问题中，公共汽车站乘客的候车时间、近似计算中的舍入误差等都服从均匀分布.

例 2 廊坊到北京的长途汽车每隔 10 min 一趟，若一乘客到站的时间是随机的，问：其候车时间超过 6 min 的概率是多少？

解 设 X 为候车时间，则 X 在 $[0,10]$ 上服从均匀分布，其概率密度函数为

$$f(x)=\begin{cases}\dfrac{1}{10}, & 0\leqslant x\leqslant 10,\\ 0, & 其他,\end{cases}$$

于是 $$P\{6<X\leqslant 10\}=\int_6^{10}\frac{1}{10}\mathrm{d}x=\frac{1}{10}(10-6)=0.4,$$

即该乘客候车时间超过 6 min 的概率为 0.4.

2．指数分布

若连续型随机变量 X 的密度函数为

$$f(x)=\begin{cases}\lambda\mathrm{e}^{-\lambda x}, & x\geqslant 0,\\ 0, & x<0,\end{cases}$$

其中 $\lambda>0$ 为常数，则称随机变量 X 服从参数为 λ 的指数分布，记为 $X\sim E(\lambda)$.

指数分布的密度函数满足：

（1）$f(x)\geqslant 0$（显然）;

（2）$\int_{-\infty}^{+\infty}f(x)\mathrm{d}x=\int_0^{+\infty}\lambda\mathrm{e}^{-\lambda x}\mathrm{d}x=1$.

在实际问题中，动物的寿命和电子元件的寿命等都服从指数分布.

例 3 假设某元件的寿命服从参数 $\lambda=0.001\,5$ 的指数分布，求它使用 1 000 h 后还没有坏

的概率.

解 设 X 为该元件的寿命，则

$$P\{X>1\,000\}=\int_{1\,000}^{+\infty}f(x)\,\mathrm{d}x=0.001\,5\int_{1\,000}^{+\infty}\mathrm{e}^{-0.001\,5x}\,\mathrm{d}x=\mathrm{e}^{-1.5}\approx 0.223,$$

即该元件使用 1 000 h 后还没有坏的概率为 0.223 .

3. 正态分布

若连续型随机变量 X 的密度函数为

$$f(x)=\frac{1}{\sqrt{2\pi}\sigma}\mathrm{e}^{-\frac{(x-\mu)^2}{2\sigma^2}}\quad(-\infty<x<+\infty),$$

其中 μ, $\sigma>0$ 为常数，则称 X 服从参数为 μ 和 σ 的正态分布，或高斯（Gauss）分布，记为 $X\sim N(\mu,\sigma^2)$.

正态分布的密度函数满足：

（1）$f(x)>0\quad(-\infty<x<+\infty)$；

（2）$\int_{-\infty}^{+\infty}f(x)\,\mathrm{d}x=1$.

性质（1）显然. 验证性质（2），只需令 $t=\frac{x-\mu}{\sigma}$，则 $\mathrm{d}x=\sigma\,\mathrm{d}t$，故有

$$\int_{-\infty}^{+\infty}f(x)\,\mathrm{d}x=\frac{1}{\sqrt{2\pi}}\int_{-\infty}^{+\infty}\mathrm{e}^{-\frac{t^2}{2}}\,\mathrm{d}t=1\quad\left(\int_{-\infty}^{+\infty}\mathrm{e}^{-\frac{t^2}{2}}\,\mathrm{d}t=\sqrt{2\pi}\right).$$

正态分布的密度曲线呈钟形状（如图 2.4 所示），称其为正态曲线. 利用导数讨论函数性质可知，密度函数还具有下列性质：

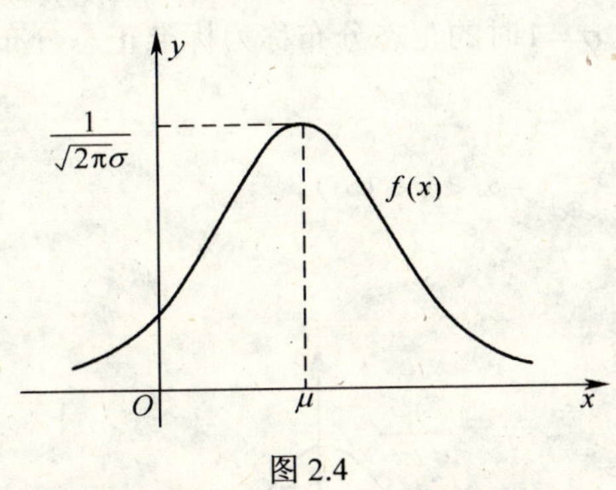

图 2.4

（1）$f(x)$ 在 $(-\infty,+\infty)$ 内处处连续；

（2）对任意实数 x，有 $f(\mu-x)=f(\mu+x)$，即 $f(x)$ 图形关于直线 $x=\mu$ 对称；

（3）在 $x=\mu$ 处，$f(x)$ 取得最大值为 $\frac{1}{\sqrt{2\pi}\sigma}$，即 X 集中在 $x=\mu$ 附近取值；

（4）曲线在点 $x=\mu\pm\sigma$ 处对应有拐点；

（5）$f(x)$ 在 x 轴上方，且以 x 轴为水平渐近线；

（6）若固定 σ 而改变 μ 值，则曲线左右位置不同，但形状不变，即此时 $f(x)$ 图形沿着 x 轴平行移动，参数 μ 决定曲线 $f(x)$ 的位置，故称 μ 为位置参数（如图 2.5 所示）；

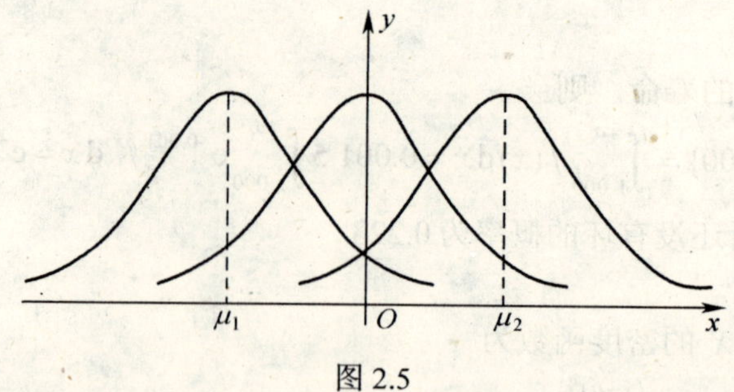

图 2.5

（7）若固定μ值而改变σ值，则曲线形状改变而位置不变，曲线的峰顶为$f(\mu)=\dfrac{1}{\sqrt{2\pi}\sigma}$，$\sigma$值越大，曲线越平缓，即分布越分散；$\sigma$值越小，曲线越陡峭，即分布越集中（如图 2.6 所示）. 从几何直观上可看出，参数σ决定曲线$f(x)$的形状，故称σ为形状参数，它反映了X所取值的离散程度.

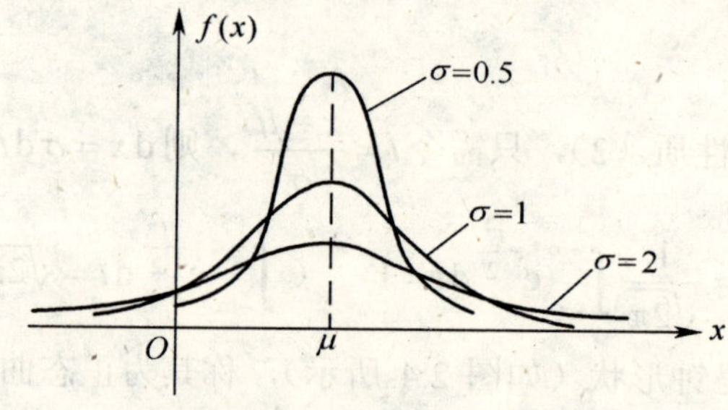

图 2.6

特别地，当参数$\mu=0$，$\sigma=1$时的正态分布称为标准正态分布，记为$X\sim N(0,1)$，其密度函数为

$$\varphi(x)=\frac{1}{\sqrt{2\pi}}\mathrm{e}^{-\frac{x^2}{2}}\quad(-\infty<x<+\infty),$$

其图形如图 2.7 所示.

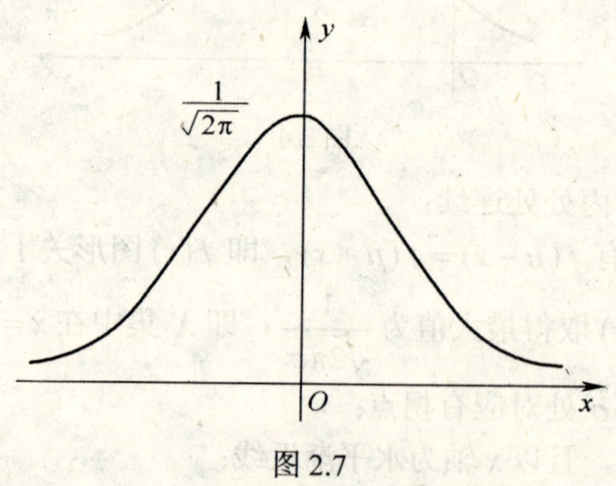

图 2.7

定理 若随机变量$X\sim N(\mu,\sigma^2)$，则随机变量

$$Y=\frac{X-\mu}{\sigma}\sim N(0,1)$$

且

$$f_X(x)=\frac{1}{\sigma}\varphi(\frac{x-\mu}{\sigma})\quad(-\infty<x<+\infty).$$

证略.

此定理表明，一般正态分布的随机变量经标准化变换 $Y=\frac{X-\mu}{\sigma}$ 后得到的是一个标准正态分布的随机变量，从而一般正态分布的随机变量落在某区域内的概率可以利用标准正态分布来计算.

正态分布是概率论中最常见的分布之一，它在概率统计的理论与应用中都占有头等重要的地位. 自然界和工程技术中的很多随机变量都服从正态分布. 例如，测量的误差、一批产品的质量指标、人体的身高或体重、农作物的单位面积产量、弹着点的分布、气象中的月平均气温、湿度、降水量等都服从或近似服从正态分布. 此外，它在产品检验、无线电噪声理论和自动控制等领域也有着广泛的应用.

2.4 分布函数

2.4.1 分布函数的概念

定义 设 X 是一个随机变量，x 为任意实数，称函数

$$F(x)=P\{X\leqslant x\}$$

为 X 的分布函数.

由此定义，若已知随机变量 X 的分布函数 $F(x)$，则 X 落入任一区间 $(x_1,x_2]$ 的概率等于 $F(x)$ 在此区间上的增量，即

$$\begin{aligned}P\{x_1<X\leqslant x_2\}&=P\{X\leqslant x_2\}-P\{X\leqslant x_1\}\\&=F(x_2)-F(x_1),\end{aligned}$$

因此，知道了随机变量的分布函数也就掌握了该随机变量的统计规律性.

分布函数 $F(x)$ 既是事件 $\{X\leqslant x\}$ 的概率，也是 x 的一个普通函数，因而可以用高等数学的方法来研究随机变量.

若将 X 看成是数轴上的随机点的坐标，则分布函数 $F(x)$ 在 x 处的函数值表示 X 落入区间 $(-\infty,x]$ 上的概率.

2.4.2 分布函数的性质

设 $F(x)$ 为随机变量 X 的分布函数，则 $F(x)$ 具有下列性质：

（1）单调不减性：若 $x_1<x_2$，则 $F(x_1)\leqslant F(x_2)$；

（2）归一性：对任意实数 x，$0\leqslant F(x)\leqslant 1$，且

$$F(-\infty)=\lim_{x\to-\infty}F(x)=0,$$

$$F(+\infty)=\lim_{x\to+\infty}F(x)=1;$$

（3）右连续性：即 $F(x+0)=F(x)$，若 X 为连续型随机变量，则 $F(x)$ 处处连续.

具有以上三个性质的实函数，必是某个随机变量的分布函数，故这三个性质也是分布函数的充分必要条件.

例 1 设 X 的分布函数为

$$F(x)=A+B\arctan x\ (-\infty<x<+\infty).$$

（1）试确定系数 A, B；

（2）求 $P\{-1<X\leqslant\sqrt{3}\}$.

解 （1）根据 $F(-\infty)=\lim\limits_{x\to-\infty}F(x)=0$ 及 $F(+\infty)=\lim\limits_{x\to+\infty}F(x)=1$，得

$$\begin{cases}A-\dfrac{\pi}{2}B=0,\\ A+\dfrac{\pi}{2}B=1,\end{cases}$$

解得 $A=\dfrac{1}{2},\ B=\dfrac{1}{\pi}$.

（2）由 $F(x)=\dfrac{1}{2}+\dfrac{1}{\pi}\arctan x$，得

$$P\{-1<X\leqslant\sqrt{3}\}=F(\sqrt{3})-F(-1)$$

$$=\left(\frac{1}{2}+\frac{1}{\pi}\arctan\sqrt{3}\right)-\left[\frac{1}{2}+\frac{1}{\pi}\arctan(-1)\right]=\frac{7}{12}.$$

2.4.3 离散型随机变量的分布函数

若离散型随机变量 X 的分布列为

$$P\{X=x_k\}=p_k\ (k=1, 2, \cdots),$$

则

$$F(x)=P\{X\leqslant x\}=\sum_{x_k\leqslant x}p_k=\sum_{x_k\leqslant x}P\{X=x_k\}.$$

$F(x)$ 是分段函数，其定义域 $(-\infty,+\infty)$ 被分为若干个区间，其中最左边的是开区间，其余皆为左闭右开区间，$F(x)$ 的图形为一条有跳跃的上升阶梯形曲线，其分界点即 X 的取值点 x_k（$k=1, 2, \cdots$）处产生跳跃，跳跃值分别为 p_k（如图 2.8 所示）.

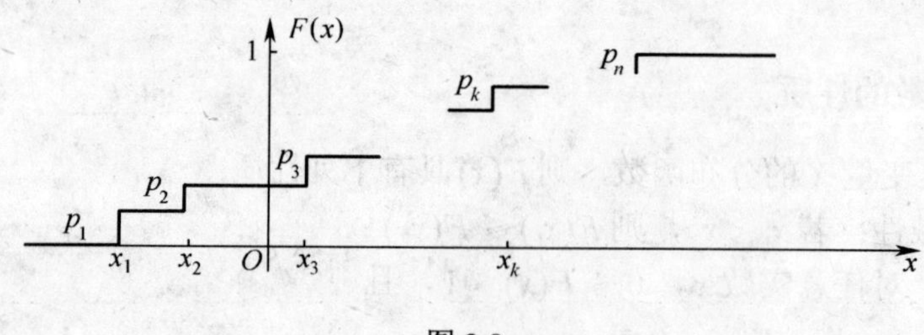

图 2.8

注：用离散型随机变量 X 的分布函数求概率时，要考虑所取区间的端点是否包含在内.

由于$F(x)$是随机变量X取小于等于x的诸值x_k的概率之和，故又称$F(x)$为累积概率函数.

例 2　设X的分布列为

X	0	1	2
p_k	0.3	0.5	0.2

如图 2.9 所示.

（1）求X的分布函数$F(x)$，并给出$F(x)$的图像；

（2）求X落在$(-\infty,0)$，$(-\infty,\frac{3}{2}]$，$(\frac{1}{2},\frac{5}{2}]$上的概率.

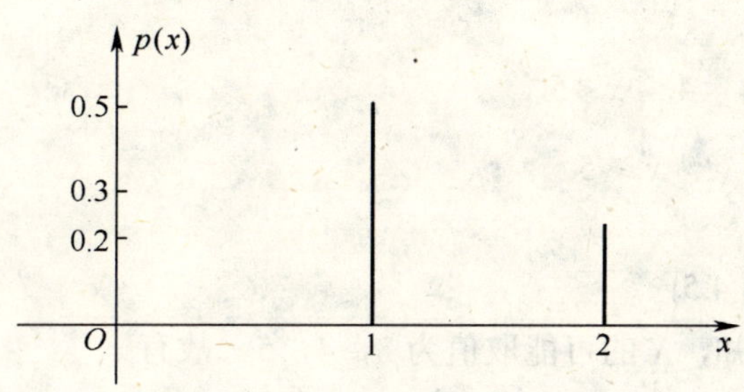

图 2.9

解　（1）当$x<0$时，$\{X\leqslant x\}=\varnothing$，得

$$F(x)=P\{X\leqslant x\}=0,$$

当$0\leqslant x<1$时，$F(x)=P\{X\leqslant x\}=P\{X=0\}=0.3$，

当$1\leqslant x<2$时，$F(x)=P\{X\leqslant x\}=P\{X=0\}+P\{X=1\}$

$$=0.3+0.5=0.8,$$

当$x\geqslant 2$时，$F(x)=P\{X\leqslant x\}$

$$=P\{X=0\}+P\{X=1\}+P\{X=2\}$$
$$=0.3+0.5+0.2=1,$$

因此得

$$F(x)=\begin{cases}0, & -\infty<x<0,\\ 0.3, & 0\leqslant x<1,\\ 0.8, & 1\leqslant x<2,\\ 1, & x\geqslant 2.\end{cases}$$

$F(x)$的图像如图 2.10 所示.

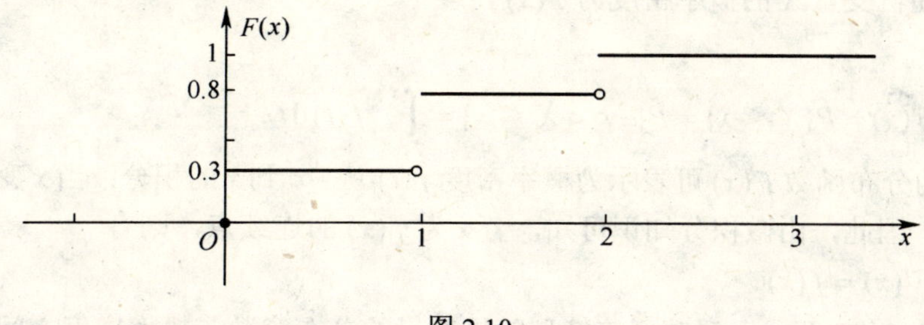

图 2.10

（2）$F(x)$ 的定义域为 $(-\infty,+\infty)$，对应规律：$F(x)$ 表示 x 落在 $(-\infty,x]$ 上的概率值．由此知

$$P\{X<0\}=0,$$

$$P\{X\leqslant\frac{3}{2}\}=F(\frac{3}{2})=P\{X=0\}+P\{X=1\}=0.3+0.5=0.8,$$

$$P\{\frac{1}{2}<X\leqslant\frac{5}{2}\}=F(\frac{5}{2})-F(\frac{1}{2})=1-0.3=0.7.$$

例 3 已知离散型随机变量 X 的分布函数为

$$F(x)=\begin{cases}0, & x<3,\\ \frac{1}{10}, & 3\leqslant x<4,\\ \frac{2}{5}, & 4\leqslant x<5,\\ 1, & x\geqslant 5.\end{cases}$$

（1）求 X 的分布列；

（2）求 $P\{3.5<X\leqslant 4.5\}$．

解 （1）由题意可知，X 的可能取值为 3，4，5，故有

$$P\{X=3\}=F(3)-F(3-0)=\frac{1}{10},$$

$$P\{X=4\}=F(4)-F(4-0)=\frac{2}{5}-\frac{1}{10}=\frac{3}{10},$$

$$P\{X=5\}=F(5)-F(4)=1-\frac{2}{5}=\frac{3}{5},$$

则 X 的分布列为

X	3	4	5
p_k	$\frac{1}{10}$	$\frac{3}{10}$	$\frac{3}{5}$

（2）$P\{3.5<X\leqslant 4.5\}=F(4.5)-F(3.5)=\frac{2}{5}-\frac{1}{10}=\frac{3}{10}$．

由此例可知，离散型随机变量 X 的分布列和分布函数是两个等价的工具，但使用分布列要方便得多．

2.4.4 连续型随机变量的分布函数

若连续型随机变量 X 的概率密度为 $f(x)$，

则

$$F(x)=P\{X\leqslant x\}=P\{-\infty<X\leqslant x\}=\int_{-\infty}^{x}f(t)\mathrm{d}t. \tag{2.3}$$

可见，X 的分布函数 $F(x)$ 可表示为概率密度 $f(t)$ 从 $-\infty$ 到 x 的积分；当 x 变化时，它为一个变上限积分．因此，由微积分知识可知，若 x 为 $f(x)$ 的连续点，则有

$$F'(x)=f(x). \tag{2.4}$$

（2.3）和（2.4）两式，反映了连续型随机变量的分布函数与概率密度之间的联系．

有了分布函数的概念，连续型随机变量及其概率密度也可以定义如下：

设 $F(x)$ 是随机变量 X 的分布函数，若存在非负函数 $f(x)$，使对任意实数 x，有

$$F(x)=P\{X\leqslant x\}=\int_{-\infty}^{x}f(t)\,\mathrm{d}t,$$

则称 X 为连续型随机变量，并称 $f(x)$ 为 X 的概率密度或密度函数.

例 4 设随机变量 X 的密度函数为

$$f(x)=\begin{cases}A\cos x, & |x|\leqslant\dfrac{\pi}{2},\\ 0, & |x|>\dfrac{\pi}{2},\end{cases}$$

求：（1）系数 A；（2）分布函数 $F(x)$；（3）概率 $P\{0<X\leqslant\frac{\pi}{4}\}$.

解 （1）因为 $1=\int_{-\frac{\pi}{2}}^{\frac{\pi}{2}}A\cos x\,\mathrm{d}x=2A$，所以 $A=\frac{1}{2}$；

（2）由 $F(x)=\int_{-\infty}^{x}f(x)\,\mathrm{d}x$，

当 $x<-\frac{\pi}{2}$ 时，$\int_{-\infty}^{x}f(x)\,\mathrm{d}x=0$；

当 $-\frac{\pi}{2}\leqslant x<\frac{\pi}{2}$ 时，

$$\int_{-\infty}^{x}f(x)\,\mathrm{d}x=\int_{-\infty}^{-\frac{\pi}{2}}f(x)\,\mathrm{d}x+\int_{-\frac{\pi}{2}}^{x}f(x)\,\mathrm{d}x=0+\int_{-\frac{\pi}{2}}^{x}\frac{1}{2}\cos x\,\mathrm{d}x=\frac{1}{2}\sin x+\frac{1}{2};$$

当 $x\geqslant\frac{\pi}{2}$ 时，

$$\int_{-\infty}^{x}f(x)\,\mathrm{d}x=\int_{-\infty}^{-\frac{\pi}{2}}f(x)\,\mathrm{d}x+\int_{-\frac{\pi}{2}}^{\frac{\pi}{2}}f(x)\,\mathrm{d}x+\int_{\frac{\pi}{2}}^{x}f(x)\,\mathrm{d}x$$

$$=0+\int_{-\frac{\pi}{2}}^{\frac{\pi}{2}}\frac{1}{2}\cos x\,\mathrm{d}x+0$$

$$=\int_{0}^{\frac{\pi}{2}}\cos x\,\mathrm{d}x=\sin x\Big|_{0}^{\frac{\pi}{2}}=1,$$

得

$$F(x)=\begin{cases}0, & x<-\dfrac{\pi}{2},\\ \dfrac{1}{2}\sin x+\dfrac{1}{2}, & -\dfrac{\pi}{2}\leqslant x<\dfrac{\pi}{2},\\ 1, & x\geqslant\dfrac{\pi}{2}.\end{cases}$$

（3）

$$P\{0<X\leqslant\frac{\pi}{4}\}=F(\frac{\pi}{4})-F(0)=\frac{1}{2}\sin\frac{\pi}{4}+\frac{1}{2}-\frac{1}{2}\sin 0-\frac{1}{2}=\frac{\sqrt{2}}{4}.$$

例 5 设连续型随机变量 X 的分布函数为

$$F(x)=\begin{cases}A+B\mathrm{e}^{-\frac{x^2}{2}}, & x>0,\\ 0, & x\leqslant 0,\end{cases}$$

求：（1）系数 A, B；

（2）X 的密度函数；

（3）$P\{2<X<4\}$.

解 （1）由分布函数性质（2），$F(+\infty)=1$，得 $A=1$，再由 $F(0^+)=F(0)=0$，得

$$A+B=0.$$

联立 $\begin{cases}A=1\\ A+B=0\end{cases}$，解得 $A=1$, $B=-1$；

（2）由（1）可得 $F(x)=\begin{cases}1-\mathrm{e}^{-\frac{x^2}{2}}, & x>0,\\ 0, & x\leqslant 0,\end{cases}$

于是 $$f(x)=F'(x)=\begin{cases}x\mathrm{e}^{-\frac{x^2}{2}}, & x>0,\\ 0, & x\leqslant 0.\end{cases}$$

（3）$$P\{2<X<4\}=1-\mathrm{e}^{-8}-(1-\mathrm{e}^{-2})=\mathrm{e}^{-2}-\mathrm{e}^{-8}.$$

2.4.5 几种常见的连续型随机变量的分布函数

1. 均匀分布

若连续型随机变量 X 在 $[a,b]$ 上服从均匀分布，则 X 的分布函数为

$$F(x)=\begin{cases}0, & x<a,\\ \dfrac{x-a}{b-a}, & a\leqslant x<b,\\ 1, & x\geqslant b.\end{cases}$$

事实上，因为

$$f(x)=\begin{cases}\dfrac{1}{b-a}, & a\leqslant x\leqslant b,\\ 0, & \text{其他},\end{cases}$$

所以当 $x<a$ 时，$F(x)=\int_{-\infty}^{x}f(x)\,\mathrm{d}x=\int_{-\infty}^{x}0\,\mathrm{d}x=0$；

当 $a\leqslant x<b$ 时，

$$F(x)=\int_{-\infty}^{x}f(x)\,\mathrm{d}x=\int_{-\infty}^{a}0\,\mathrm{d}x+\int_{a}^{x}\frac{1}{b-a}\,\mathrm{d}x=\frac{x-a}{b-a};$$

当 $x\geqslant b$ 时，

$$F(x)=\int_{-\infty}^{x}f(x)\mathrm{d}x=\int_{-\infty}^{a}0\mathrm{d}x+\int_{a}^{b}\frac{1}{b-a}\mathrm{d}x+\int_{b}^{x}0\mathrm{d}x=1.$$

即
$$F(x)=\begin{cases}0, & x<a,\\ \dfrac{x-a}{b-a}, & a\leqslant x<b,\\ 1, & x\geqslant b.\end{cases}$$

2. 指数分布

若连续型随机变量 X 服从参数为 $\lambda>0$ 的指数分布，则 X 的分布函数为

$$F(x)=\begin{cases}1-\mathrm{e}^{-\lambda x}, & x>0,\\ 0, & x\leqslant 0.\end{cases}$$

请读者自行验证.

3. 正态分布

若 $X\sim N(\mu,\sigma^2)$，则 X 的分布函数为

$$F(x)=\frac{1}{\sqrt{2\pi}\sigma}\int_{-\infty}^{x}\mathrm{e}^{-\frac{(t-\mu)^2}{2\sigma^2}}\mathrm{d}t\quad(-\infty<x<+\infty).$$

若 $X\sim N(0,1)$，则 X 的分布函数为

$$\Phi(x)=\frac{1}{\sqrt{2\pi}}\int_{-\infty}^{x}\mathrm{e}^{-\frac{t^2}{2}}\mathrm{d}t\quad(-\infty<x<+\infty).$$

$\Phi(x)$ 的几何意义为标准正态密度曲线与横轴之间在直线 $t=x$ 左边部分图形的面积（如图 2.11 所示）. 由于 $\Phi(+\infty)=1$，所以曲线与横轴所夹面积为 1. $\Phi(x)$ 的图形如图 2.12 所示.

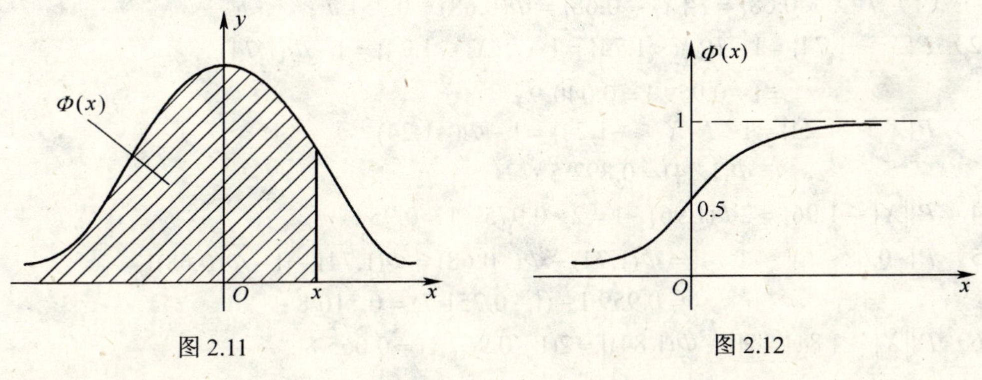

图 2.11　　图 2.12

对于 $\Phi(x)$，有 $\Phi(-x)=1-\Phi(x)$.　　(2.5)

上式推导过程如下：

$$\Phi(-x)=\int_{-\infty}^{-x}\varphi(t)\mathrm{d}t=-\int_{+\infty}^{x}\varphi(-u)\mathrm{d}u\qquad(令\ t=-u)$$
$$=\int_{x}^{+\infty}\varphi(u)\mathrm{d}u=1-\int_{-\infty}^{x}\varphi(u)\mathrm{d}u=1-\Phi(x).$$

（2.5）式的直观含义如图 2.13 所示.

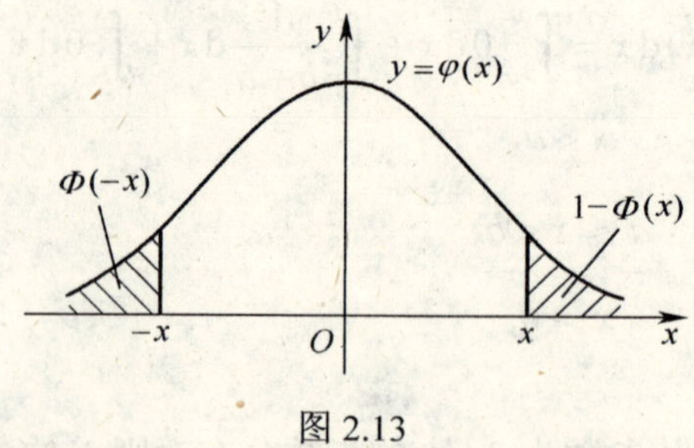

图 2.13

由此可以推得以下两个结论：

设随机变量 $X\sim N(0,1)$，则对任意 $x>0$，有

（1）$P\{|X|\leqslant x\}=2\Phi(x)-1$；

（2）$P\{|X|\geqslant x\}=2[1-\Phi(x)]$.

其推导过程如下：

$$\begin{aligned}P\{|X|\leqslant x\}&=P\{-x\leqslant X\leqslant x\}=\Phi(x)-\Phi(-x)\\&=\Phi(x)-[1-\Phi(x)]=2\Phi(x)-1;\\P\{|X|\geqslant x\}&=1-P\{|X|<x\}=1-P\{|X|\leqslant x\}\\&=1-[2\Phi(x)-1]=2[1-\Phi(x)].\end{aligned}$$

标准正态分布的分布函数 $\Phi(x)$ 的值可查正态分布表获得．有关标准正态分布的概率的计算都可以转化为查 $\Phi(x)$ 的相应值来解决．

例 6 已知 $X\sim N(0,1)$，求：（1）$P\{X<0.68\}$；（2）$P\{X\geqslant 1.74\}$；（3）$P\{X>-1.24\}$；（4）$P\{|X|\leqslant 1.96\}$；（5）$P\{-0.68\leqslant X\leqslant 1.74\}$；（6）$P\{|X|\geqslant 1.84\}$.

解 （1）$P\{X<0.68\}=P\{X\leqslant 0.68\}=\Phi(0.68)=0.751\,7$；

（2）$P\{X\geqslant 1.74\}=1-P\{X<1.74\}=1-P\{X\leqslant 1.74\}=1-\Phi(1.74)$

$=1-0.959\,1=0.040\,9$；

（3）$P\{X>-1.24\}=1-P\{X\leqslant -1.24\}=1-\Phi(-1.24)$

$=\Phi(1.24)=0.892\,5$；

（4）$P\{|X|\leqslant 1.96\}=2\Phi(1.96)-1=2\times 0.975-1=0.95$；

（5）$P\{-0.68\leqslant X\leqslant 1.74\}=\Phi(1.74)-\Phi(-0.68)=\Phi(1.74)-[1-\Phi(0.68)]$

$=0.959\,1-(1-0.751\,7)=0.710\,8$；

（6）$P\{|X|\geqslant 1.84\}=2[1-\Phi(1.84)]=2(1-0.967\,1)=0.065\,8$.

定理 若随机变量 $X\sim N(\mu,\sigma^2)$，则随机变量

$$Y=\frac{X-\mu}{\sigma}\sim N(0,1)$$

且

$$F_X(x)=\Phi\left(\frac{x-\mu}{\sigma}\right)\quad(-\infty<x<+\infty).$$

从而一般正态分布的随机变量落在某区域内的概率可以利用标准正态分布来计算，即

$$P\{a<X\leqslant b\}=F_X(b)-F_X(a)=\Phi\left(\frac{b-\mu}{\sigma}\right)-\Phi\left(\frac{a-\mu}{\sigma}\right).$$

例 7 设随机变量 $X \sim N(3,4)$，求 $P\{-1<X<4\}$ 和 $P\{X \geqslant 2\}$.

解
$$P\{-1<X<4\}=F(4)-F(-1)=\Phi\left(\frac{4-3}{2}\right)-\Phi\left(\frac{-1-3}{2}\right)$$
$$=\Phi\left(\frac{1}{2}\right)-\Phi(-2)=\Phi\left(\frac{1}{2}\right)-[1-\Phi(2)]$$
$$=\Phi\left(\frac{1}{2}\right)+\Phi(2)-1=0.691\,5+0.977\,2-1=0.668\,7.$$
$$P\{X \geqslant 2\}=1-P\{X<2\}=1-\Phi\left(\frac{2-3}{2}\right)=1-\Phi\left(-\frac{1}{2}\right)$$
$$=1-\left[1-\Phi\left(\frac{1}{2}\right)\right]=\Phi\left(\frac{1}{2}\right)=0.691\,5.$$

例 8 设随机变量 $X \sim N(\mu,\sigma^2)$，求：（1）$P\{|X-\mu|<\sigma\}$；（2）$P\{|X-\mu|<2\sigma\}$；（3）$P\{|X-\mu|<3\sigma\}$.

解 （1）$P\{|X-\mu|<\sigma\}=P\left\{\left|\dfrac{X-\mu}{\sigma}\right|<1\right\}=2\Phi(1)-1$
$$=2\times 0.841\,2-1=0.682\,4;$$
（2）$P\{|X-\mu|<2\sigma\}=P\left\{\left|\dfrac{X-\mu}{\sigma}\right|<2\right\}=2\Phi(2)-1$
$$=2\times 0.977\,25-1=0.954\,5;$$
（3）$P\{|X-\mu|<3\sigma\}=P\left\{\left|\dfrac{X-\mu}{\sigma}\right|<3\right\}=2\Phi(3)-1$
$$=2\times 0.998\,652-1=0.997\,3.$$

由此例可看出，若随机变量 $X \sim N(\mu,\sigma^2)$，则随机变量 X 落在区间 $[\mu-3\sigma,\mu+3\sigma]$ 内的概率几乎等于 1，即 X 值落入以 μ 为中心，3σ 为半径的区间内几乎是必然的，而事件 $\{|X-\mu|>3\sigma\}$ 是一个小概率事件（如图 2.14 所示）. 通常被称为“3σ 原则”.

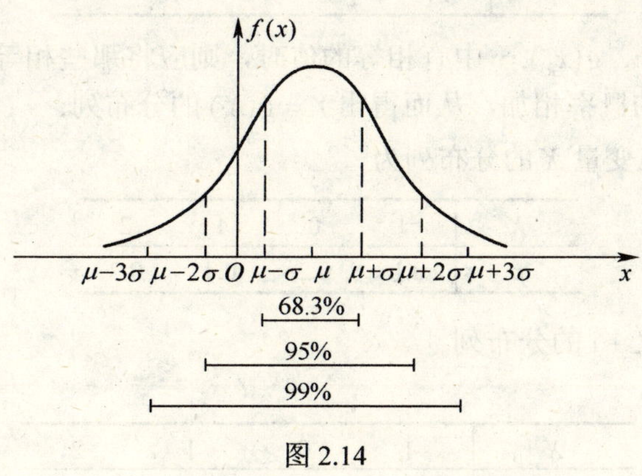

图 2.14

2.5* 随机变量函数的分布

设 X 是一个随机变量，则 $Y=g(X)$（$g(x)$ 为连续函数）作为随机变量 X 的函数，也是一个随机变量，利用 X 的分布可求出 $Y=g(X)$ 的分布，下面分两种情况进行讨论.

2.5.1 离散型随机变量函数的分布

设 X 为一离散型随机变量，其所有可能取值为 $x_1, x_2, \cdots$，$Y=g(X)$ 的所有可能取值为 $y_1, y_2, \cdots$，则

$$\{Y=y_k\}=\sum_{g(x_i)=y_k}\{X=x_i\},$$

等式右端是对所有使 $g(x_i)=y_k$ 的 x_i 求和，这时有

$$P\{Y=y_k\}=\sum_{g(x_i)=y_k}P\{X=x_i\},$$

此式即为随机变量的函数 $Y=g(X)$ 的概率函数或概率分布.

具体方法：

设离散型随机变量 X 的分布列为

X	x_1	x_2	$\cdots$	x_k	$\cdots$
p	p_1	p_2	$\cdots$	p_k	$\cdots$

当随机变量 X 取得它的一个可能值 x_i 时，随机变量 $Y=g(X)$ 取得值 $y_i=g(x_i)$，如果 $g(x_i)$ 值全不相等，即当 $x_i\neq x_j$ 时，$g(x_i)\neq g(x_j)$（$i, j=1, 2, \cdots, k, \cdots$），这时有

$$P\{Y=y_i\}=P\{Y=g(x_i)\}=P\{X=x_i\}\ (i=1, 2, \cdots, k, \cdots),$$

即随机变量 $Y=g(X)$ 的分布列为

Y	$g(x_1)$	$g(x_2)$	$\cdots$	$g(x_k)$	$\cdots$
p	p_1	p_2	$\cdots$	p_k	$\cdots$

如果 $g(x_1), g(x_2), \cdots, g(x_k), \cdots$ 中有相等的值时，则应将那些相等的值分别合并，并根据概率加法定理，将相应的概率相加，从而得出 $Y=g(X)$ 的分布列.

例 1 设离散型随机变量 X 的分布列为

X	-1	0	1	2
p	0.1	0.2	0.4	0.3

试分别求 $Y=2X$，$Z=X^2+1$ 的分布列.

解

X	-1	0	1	2
p	0.1	0.2	0.4	0.3
$Y=2X$	-2	0	2	4
$Z=X^2+1$	2	1	2	5

故 Y 的分布列为

Y	-2	0	2	4
p	0.1	0.2	0.4	0.3

Z 的分布列为

Z	1	2	5
p	0.2	0.5	0.3

2.5.2 连续型随机变量函数的分布

设随机变量 X 的密度函数为 $f_X(x)(-\infty < x < +\infty)$，则 $Y=g(X)$ 的分布函数为

$$F_Y(y)=P\{Y \leqslant y\}=P\{g(X) \leqslant y\}=\int\limits_{g(x)\leqslant y} f_X(x)\,\mathrm{d}x .$$

Y 的密度函数 $f_Y(y)$ 可由 $f_Y(y)=\dfrac{\mathrm{d}}{\mathrm{d}y}F_Y(y)$ 求得.

具体方法（分布函数法）:

（1）写出 Y 的分布函数的关系式:

$$F_Y(y)=P\{Y \leqslant y\}=P\{g(X) \leqslant y\} .$$

（2）用 X 的分布函数来表述 $P\{g(X) \leqslant y\}$.

先将“$g(X) \leqslant y$”表示成等价的 X 的取值范围，再依分布函数的定义或性质作相应运算即可.

（3）求得 $f_Y(y)$.

实际上，在（2）中已得到了用 X 的分布函数来表述 Y 的分布函数 $F_Y(y)$，对 $F_Y(y)$ 关于 y 求导，即可得到 $f_Y(y)$.

下面利用“分布函数法”来证明 2.3 及 2.4 节中的两个定理.

证明 令 $Y=\dfrac{X-\mu}{\sigma}$，则

$$F_Y(y)=P\{Y \leqslant y\}=P\{\frac{X-\mu}{\sigma} \leqslant y\}$$
$$=P\{X \leqslant \mu+\sigma y\}=F_X(\mu+\sigma y),$$

上式两边对 y 求导数，得

$$f_Y(y)=f_X(\mu+\sigma y)\cdot\sigma ,$$

由于 $X \sim N(\mu,\sigma^2)$，所以

$$f_X(x)=\frac{1}{\sqrt{2\pi}\sigma}\mathrm{e}^{-\frac{(x-\mu)^2}{2\sigma^2}},$$

$$f_Y(y)=\frac{1}{\sqrt{2\pi}\sigma}\mathrm{e}^{-\frac{(\mu+\sigma y-\mu)^2}{2\sigma^2}}\cdot\sigma=\frac{1}{\sqrt{2\pi}}\mathrm{e}^{-\frac{y^2}{2}},$$

即 $Y=\dfrac{X-\mu}{\sigma} \sim N(0,1)$.

又由于$X=\mu+\sigma Y$，所以

$$F_X(x)=P\{X\leqslant x\}=P\{\mu+\sigma Y\leqslant x\}=P\{Y\leqslant\frac{x-\mu}{\sigma}\}$$
$$=F_Y(\frac{x-\mu}{\sigma})=\Phi(\frac{x-\mu}{\sigma}),$$

即 $$F_X(x)=\Phi(\frac{x-\mu}{\sigma})\ (x\in\mathbf{R}),$$

上式两边对x求导数，得

$$f_X(x)=\frac{1}{\sigma}\varphi(\frac{x-\mu}{\sigma})\ (x\in\mathbf{R}).$$

至此证毕.

例2 设X具有密度函数$f_X(x)$，$x\in\mathbf{R}$，求随机变量$Y=X^2$的密度函数.

解 设Y的密度函数为$f_Y(y)$，分布函数为$F_Y(y)$，并设X的分布函数为$F_X(x)$.

当$y>0$时，Y的分布函数为

$$F_Y(y)=P\{Y\leqslant y\}=P\{X^2\leqslant y\}=P\{-\sqrt{y}\leqslant X\leqslant\sqrt{y}\}$$
$$=F_X(\sqrt{y})-F_X(-\sqrt{y}),$$

上式两边对y求导数，得

$$f_Y(y)=F_Y'(y)=\frac{1}{2\sqrt{y}}f_X(\sqrt{y})+\frac{1}{2\sqrt{y}}f_X(-\sqrt{y})$$
$$=\frac{1}{2\sqrt{y}}[f_X(\sqrt{y})+f_X(-\sqrt{y})];$$

当$y\leqslant 0$时，由于$Y=X^2\geqslant 0$，于是Y的分布函数$F_Y(y)=0$，故此时

$$f_Y(y)=F_Y'(y)=0.$$

综上所述，Y的分布函数为

$$f_Y(y)=\begin{cases}\frac{1}{2\sqrt{y}}[f_X(\sqrt{y})+f_X(-\sqrt{y})], & y>0,\\ 0, & y\leqslant 0.\end{cases}$$

本章详细介绍了随机变量及其分布，用随机变量来描述随机事件是概率论中最重要的方法，其思路是将样本数量化，即用实数来表示随机事件. 对于随机变量我们最关心的是要知道它取哪些值以及以多大概率取这些值. 由此可见，随机变量总是与其分布列（离散型）或概率密度（连续型）紧密联系在一起的.

若随机变量的所有可能取值为有限个或可列无限个，就称此随机变量为离散型随机变量，否则称为非离散型的. 无论是离散型的还是非离散型的随机变量X，都可利用分布函数

$$F(x)=P\{X\leqslant x\}\quad(-\infty<x<+\infty)$$

来描述. 若已知随机变量X的分布函数，就可知道X落在任一区间$(x_1,x_2]$上的概率

$$P\{x_1 < X \leqslant x_2\} = F(x_2) - F(x_1).$$

可见，分布函数完整地描述了随机变量取值的统计规律性，它是研究随机变量的重要工具，并为利用高等数学来研究随机变量提供了方便.

设随机变量 X 的分布函数为 $F(x)$，若存在非负函数 $f(x)$，使得对于任意 x，有

$$F(x) = \int_{-\infty}^{x} f(t)\mathrm{d}t,$$

则称 X 为连续型随机变量，其中 $f(x) \geqslant 0$ 称为 X 的概率密度.

由 X 的概率密度 $f(x)$ 可确定 $F(x)$，反之，由于 $f(x)$ 在积分号之内，故改变 $f(x)$ 在个别点上的值并不改变 $F(x)$ 的值. 因此，改变 $f(x)$ 在个别点上的值，是无关紧要的. 对于连续型随机变量，在实用上和理论上使用 $f(x)$ 来描述较为方便.

连续型随机变量 X 的分布函数是连续的，它取任一指定实数值 a 的概率为 0，即 $P\{X = a\} = 0$，这些都是离散型随机变量所不具备的.

随机变量的分类为

$$\text{随机变量}\begin{cases}\text{离散型}\\ \text{非离散型}\begin{cases}\text{连续型}\\ \text{其他}\end{cases}\end{cases}$$

由此分类可知，如果一个随机变量不是离散型的，并不一定就是连续型的，只是本教材只讨论了两类重要的随机变量：离散型和连续型随机变量.

常见的三种离散型随机变量：0－1 分布、二项分布、泊松分布.

0－1 分布的分布列为

X	0	1
p_k	q	p

其中 $p \geqslant 0$，$p + q = 1$；

二项分布 $X \sim B(n, p)$ 的分布列为

$$P\{X = k\} = \mathrm{C}_n^k p^k q^{n-k} \ (k = 0, 1, 2, \cdots, n; 0 < p < 1, p+q = 1);$$

泊松分布 $X \sim P(\lambda)$ 的分布列为

$$P\{X = k\} = \frac{\lambda^k}{k!}\mathrm{e}^{-\lambda} \ (k = 0, 1, 2, \cdots), \text{其中 } \lambda > 0.$$

常见的三种连续型随机变量：均匀分布、指数分布、正态分布.

均匀分布 $X \sim U[a,b]$，其密度函数和分布函数分别为

$$f(x) = \begin{cases}\dfrac{1}{b-a}, & a \leqslant x \leqslant b,\\ 0, & \text{其他},\end{cases}$$

$$F(x) = \begin{cases}0, & x < a,\\ \dfrac{x-a}{b-a}, & a \leqslant x < b,\\ 1, & x \geqslant b;\end{cases}$$

指数分布的密度函数和分布函数分别为

$$f(x)=\begin{cases}\lambda e^{-\lambda x}, & x\geqslant 0,\\ 0, & x<0,\end{cases} \text{其中 } \lambda>0,$$

$$F(x)=\begin{cases}1-e^{-\lambda x}, & x\geqslant 0,\\ 0, & \text{其他；}\end{cases}$$

一般正态分布的密度函数和分布函数分别为

$$f(x)=\frac{1}{\sqrt{2\pi}\sigma}e^{-\frac{(x-\mu)^2}{2\sigma^2}} \quad (-\infty<x<+\infty),$$

$$F(x)=\frac{1}{\sqrt{2\pi}\sigma}\int_{-\infty}^{x}e^{-\frac{(t-\mu)^2}{2\sigma^2}}\,dt \quad (-\infty<x<+\infty);$$

标准正态分布的密度函数和分布函数分别为

$$\varphi(x)=\frac{1}{\sqrt{2\pi}}e^{-\frac{x^2}{2}} \quad (-\infty<x<+\infty),$$

$$\Phi(x)=\frac{1}{\sqrt{2\pi}}\int_{-\infty}^{x}e^{-\frac{t^2}{2}}\,dt \quad (-\infty<x<+\infty).$$

随机变量 X 取值的统计规律用分布函数 $F(x)=P\{X\leqslant x\}$ 来表示.

一般地，$0\leqslant F(x)\leqslant 1$，$P\{a<X\leqslant b\}=F(b)-F(a)$，即

$$F(x)=\begin{cases}\sum\limits_{x_k\leqslant x}p_k, & X\text{为离散型随机变量},\\ \int_{-\infty}^{x}f(t)dt, & X\text{为连续型随机变量}.\end{cases}$$

随机变量 X 的函数 $Y=g(X)$ 也是一个随机变量，掌握利用 X 的分布（X 的分布列或概率密度）求 $Y=g(X)$ 的分布（Y 的分布列或概率密度）的方法.

习题二

1．将一颗骰子连掷两次，求两次点数之和的概率分布.

2．某射手每次射击的命中率为 p，现射手一次接一次地射击直到击中为止，以 X 表示命中时所耗费的子弹数，求 X 的分布列.

3．设随机变量 X 的分布列为

$$P\{X=k\}=c\frac{1}{2^k}\,(k=1,2,\cdots),$$

试确定常数 c.

4．设 $X\sim B(1,p)$，若 X 取 1 的概率为它取 0 的概率的两倍. 试求 X 的分布列和分布函数.

5．从五个数 1，2，3，4，5 中任取三个数 x_1，x_2，x_3.

（1）求 $X=\max\{x_1, x_2, x_3\}$ 的分布列及 $P\{X\leqslant 4\}$；

（2）求 $Y=\min\{x_1, x_2, x_3\}$ 的分布列及 $P\{Y>3\}$.

6．一本 500 页的书，共有 500 个错字，每个错字等可能地出现在每一页上，试求在给定的一页上至少有 3 个错字的概率．

7．设事件 A 在一次试验中发生的概率为 0.3，当 A 发生不少于 3 次时，指示灯发出信号，求进行 5 次独立试验时，指示灯发出信号的概率．

8．设 $X \sim P(\lambda)$，且 $P\{X=1\}=P\{X=2\}$，求 $P\{X=4\}$．

9．设 $X \sim U[2,4]$，试求 $P\{1 \leqslant X < 3\}$，$P\{(X-3)^2 < 0.25\}$．

10．设 k 在 $[0,5]$ 上服从均匀分布，求方程

$$4x^2+4xk+k+2=0$$

有实根的概率．

11．设随机变量 X 的概率密度为

$$f(x)=\begin{cases} \dfrac{A}{\sqrt{1-x^2}}, & |x| \leqslant 1, \\ 0, & |x| > 1. \end{cases}$$

试求：（1）系数 A；（2）$P\{-\dfrac{1}{2} < X < \dfrac{1}{2}\}$；（3）$X$ 的分布函数．

12．设随机变量 X 的分布函数为

$$F(x)=\begin{cases} 1-\mathrm{e}^{-x}, & x \geqslant 0, \\ 0, & x < 0. \end{cases}$$

试求：（1）$P\{X \leqslant 2\}$；（2）$P\{X > 3\}$；（3）密度函数 $f(x)$．

13．设 $X \sim N(2.5,4)$，试求：$P\{X > 5\}$，$P\{X < -1\}$，$P\{|X-2| < 3\}$．

14．设 $X \sim N(5,4)$，确定 c，使 $P\{X < c\}=P\{X > c\}$．

15．设 $X \sim N(2,\sigma^2)$，且 $P\{2 < X < 4\}=0.3$，试求：$P\{X < 0\}$．

16．某系一年级概率统计的考试成绩近似服从正态分布 $N(75,10^2)$，如果 88 分以上为优秀，问概率统计成绩优秀的学生占全系一年级总学生数的百分之几？

17．设 X 的分布列为

X	-2	-1	0	1	2
p	0.15	0.20	0.30	0.25	0.10

求 $Y=X^2+1$ 的分布列．

18．设 X 的分布列为

X	$\dfrac{\pi}{4}$	$\dfrac{\pi}{2}$	$\dfrac{3\pi}{4}$
p	0.2	0.5	0.3

求 $Y=\sin X$ 的分布列．

19．设 $X \sim U[0,1]$，求下列各随机变量函数的密度函数：

（1）$Y=3X+1$；（2）$Y=\ln X$；（3）$Y=\mathrm{e}^X$．

20．设 $X \sim N(0,1)$，求下列各随机变量函数的密度函数：

（1）$Y=\mathrm{e}^X$；（2）$Y=|X|$；（3）$Y=2X^2+1$．

一、填空题

1．设离散型随机变量 X 的分布函数为 $F(x)=\begin{cases}0, & x<-1,\\ a, & -1\leqslant x<1,\\ \dfrac{2}{3}-a, & 1\leqslant x<2,\\ a+b, & x\geqslant 2\end{cases}$ 且 $P\{X=2\}=\dfrac{1}{2}$，则 $a=$__________，$b=$__________，X 的分布列为__________；

2．设连续型随机变量 X 的概率密度为 $f(x)=\begin{cases}k\mathrm{e}^{-\frac{x}{2}}, & x>0,\\ 0, & x\leqslant 0,\end{cases}$ 则 $k=$__________，$P\{1<X\leqslant 2\}=$__________，$P\{X=2\}=$__________，$P\{X<2\}=$__________；

3．设 5 个晶体管中有 2 个次品，3 个正品．如果每次从中任取 1 个进行测试，测试后的产品不放回，直到把 2 个次品都找到为止，需要进行的测试次数 X 是一个随机变量，则 $P\{X=5\}=$__________，$P\{X\leqslant 2\}=$__________；

4．设随机变量 X 的概率密度为 $f(x)=\begin{cases}kx^b, & 0<x<1\ (b>0,\ k>0),\\ 0, & \text{其他}\end{cases}$ 且 $P\{X>\dfrac{1}{2}\}=0.75$，则 $k=$__________，$b=$__________；

5．设 $F(x)$ 是离散型随机变量的分布函数，若 $P\{X=b\}=$__________，则 $P\{a<X<b\}=F(b)-F(a)$ 成立．

二、单选题

1．$P(X=x_k\}=\dfrac{2}{p_k}$（$k=1, 2, \cdots$）为一随机变量 X 的分布列的必要条件是（　　）

A．x_k 非负；　　B．x_k 为正数；

C．$0\leqslant p_k\leqslant 2$；　　D．$p_k\geqslant 2$．

2．若函数 $y=f(x)$ 是一随机变量 X 的概率密度，则（　　）一定成立

A．$f(x)$ 的定义域为 $[0,1]$；　　B．$f(x)$ 的值域为 $[0,1]$；

C．$f(x)$ 非负；　　D．$f(x)$ 在 $(-\infty,+\infty)$ 内连续．

3．如果 $F(x)$ 是（　　），则 $F(x)$ 一定不可以是连续型随机变量的分布函数

A．非负函数；　B．连续函数；　C．有界函数；　D．单调减函数．

4．下面各式中，（　　）可以是离散型随机变量的分布列

A．$P\{X_1=k\}=\dfrac{\mathrm{e}^{-1}}{k!}$（$k=0, 1, 2, \cdots$）；　　B．$P\{X_2=k\}=\dfrac{\mathrm{e}^{-1}}{k!}$（$k=1, 2, \cdots$）；

C. $P\{X_3=k\}=\frac{1}{2^k}$（$k=0, 1, 2, \cdots$）；　　D. $P\{X_4=k\}=\frac{1}{2^k}$（$k=-1, -2, -3, \cdots$）.

5．下列函数中，（　　）可以作为连续型随机变量的分布函数

A. $F(x)=\begin{cases} e^x, & x<0, \\ 1, & x\geqslant 0; \end{cases}$　　B. $G(x)=\begin{cases} e^{-x}, & x<0, \\ 1, & x\geqslant 0; \end{cases}$

C. $\Phi(x)=\begin{cases} 0, & x<0, \\ 1-e^x, & x\geqslant 0; \end{cases}$　　D. $H(x)=\begin{cases} 0, & x<0, \\ 1+e^{-x}, & x\geqslant 0. \end{cases}$

三、计算题

1．罐中有 5 个红球，3 个白球，每次无放回地取一球，直到取得红球为止，用 X 表示抽取次数，求 X 的分布列，并计算 $P\{1<X\leqslant 3\}$.

2．设连续型随机变量 X 的概率密度为 $f(x)=\begin{cases} ke^x, & x<0, \\ \frac{1}{4}, & 0\leqslant x<2, \\ 0, & x\geqslant 2. \end{cases}$

求：（1）系数 k；

（2）X 的分布函数；

（3）$P\{X\leqslant 1\}$, $P\{X=1\}$, $P\{1<X<2\}$.

3．设连续型随机变量 X 的分布函数为 $F(x)=A+B\arctan x$（$-\infty<x<+\infty$）.

求：（1）常数 A, B；

（2）X 的概率密度.

4．设连续型随机变量 X 的分布函数为 $F(x)=\begin{cases} 0, & x\leqslant 0, \\ Ax^3, & 0<x<2, \\ 1, & x\geqslant 2. \end{cases}$

求：（1）系数 A；

（2）$P\{0<X<1\}$, $P\{1.5<X\leqslant 2\}$, $P\{2\leqslant X\leqslant 3\}$.

5．设连续型随机变量 X 的概率密度为 $f(x)=\begin{cases} Ax, & 0\leqslant x<1, \\ 2-x, & 1\leqslant x<2, \\ 0, & \text{其他}. \end{cases}$

求：（1）系数 A；

（2）X 的分布函数 $F(x)$.

6．某种型号的电灯泡使用时间（单位：小时）为一随机变量 X，其概率密度为

$$f(x)=\begin{cases} \frac{1}{5\,000}e^{-\frac{x}{5\,000}}, & x>0, \\ 0, & x\leqslant 0. \end{cases}$$

求 3 个这种型号的电灯泡使用了 1 000 小时后至少有 2 个仍可继续使用的概率.

第 3 章　随机变量的数字特征

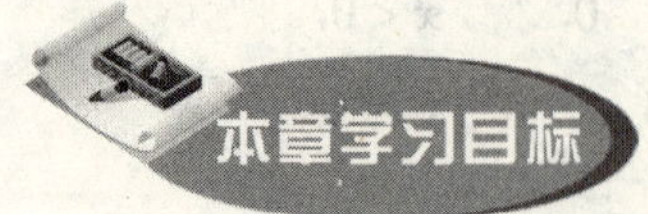

- 理解数学期望的概念，会求一些随机变量的数学期望
- 理解方差的概念，会求一些随机变量的方差
- 掌握常见的随机变量的数学期望与方差
- 了解随机变量的矩、协方差与相关系数

随机变量的分布函数是对随机变量概率性质的完整的刻画，描述了随机变量的统计规律性，但在实际问题中，有时不容易确定随机变量的分布；有时则并不需要完全知道随机变量的分布，而只需要知道它的某些特征就够了，因此不需要求出它的分布函数. 这些特征就是随机变量的数字特征，它们是由随机变量的分布所决定的常数，刻画了随机变量某一方面的性质.

例如，考察某种大批量生产的产品的使用寿命，它可以用随机变量来描述，如果知道了这个随机变量的分布函数，就可以计算产品寿命落在任一指定界限内的产品的百分比，这是对产品寿命状况的完整刻画. 如果不知道随机变量的分布函数，而知道产品的平均使用寿命，虽然不能对产品寿命状况提供一个完整的刻画，但却在一个重要方面刻画了产品寿命的状况，这往往也是我们最为关心的一个方面. 类似的情况很多，例如评定某地区粮食产量的水平时，经常考虑平均亩产量；对某一射手进行技术评估时，经常考察射击命中环数的平均值；检查一批棉花的质量时，所关心的是棉花纤维的平均长度等. 这个重要的数字特征就是数学期望，简称为期望，常常也称为均值.

另一个重要的数字特征用以衡量一个随机变量的取值的分散程度. 例如对一射手进行技术评定时，除考察射击命中环数的平均值以外，还要了解命中点是分散还是比较集中. 在检查一批棉花的质量时，除关心棉花纤维的平均程度以外，还要考虑纤维的长度与平均长度的偏离程度. 如果两批棉花的平均长度相同，而一批棉花纤维的长度与平均长度接近，另一批棉花则相差较大，显然，前者显得整齐，也便于使用，而后者显得参差不齐，不便于使用. 描述随机变量取值分散程度的数字特征就是方差.

期望和方差是刻画随机变量性质的两个最重要的数字特征. 数字特征能够比较容易地估算出来，在理论上和实践上都具有重要的意义. 其他的数字特征还有矩和协方差、相关系数等.

3.1　随机变量的数学期望

3.1.1　离散型随机变量的数学期望

例 1　假设对一个零件的某个特征进行的 n 次测量中，有 n_1 次测得结果为 x_1， n_2 次测得

结果为 x_2，…，n_k 次测得结果为 x_k，试求随机变量 X 的 n 次观测值的平均值.

解 设测量结果的平均值为 $\overline{x}$，则

$$\overline{x}=\frac{1}{n}(x_1n_1+x_2n_2+\cdots+x_kn_k)=x_1\frac{n_1}{n}+x_2\frac{n_2}{n}+\cdots+x_k\frac{n_k}{n}$$

$$=x_1f_n(x_1)+x_2f_n(x_2)+\cdots+x_kf_n(x_k)=\sum_{i=1}^{k}x_if_n(x_i),$$

其中 $\sum_{i=1}^{k}x_i=n$；$f_n(x_i)=\frac{n_i}{n}$ 是测量结果 x_i 的频率，且 $\sum_{i=1}^{k}f_n(x_i)=1$.

由此可见，测量结果的平均值 $\overline{x}$ 是以频率 $f_n(x_i)$ 为权的加权平均值.

由于频率具有稳定性，即当试验次数 n 很大时，事件 $\{X=x_i\}$ 的频率 $f_n(x_i)$ 将在概率 p_i 的附近摆动（$i=1, 2, \cdots, k$），因此，可用概率 p_i 代替频率 $f_n(x_i)$，产生和式 $\sum_{i=1}^{k}x_ip_i$. 由此引出离散型随机变量 X 的数学期望（或均值）.

一、离散型随机变量的数学期望的定义

定义 1 设离散型随机变量 X 的概率分布为 $P\{X=x_i\}=p_i$（$i=1, 2, \cdots$），若级数 $\sum_{i}x_ip_i$ 绝对收敛，即 $\sum_{i}|x_i|p_i$ 收敛，则称 $\sum_{i}x_ip_i$ 为离散型随机变量 X 的数学期望（或均值），简称期望，记作 $E(X)$，即

$$E(X)=\sum_{i}x_ip_i.$$

期望的定义表明，期望就是随机变量 X 的取值 x_i 以它们的概率为权的加权平均，从这个意义上说，把 $E(X)$ 称为 X 的均值更能反映这个概念的本质.

例 2 盒中有 5 个球，其中 3 个黑球，2 个白球，现从中任取 2 个球，求取得黑球数的期望.

解 用 X 表示取到的黑球数，则 X 所有可能取的值为 0，1，2，其分布列为

X	0	1	2
p	0.1	0.6	0.3

于是

$$E(X)=0\times0.1+1\times0.6+2\times0.3=1.2.$$

例 3 甲、乙两人进行打靶，所得分数分别记为 X_1，X_2，它们的分布列分别为

X_1	0	1	2
p	0.1	0.2	0.7
X_2	0	1	2
p	0.6	0.3	0.1

试评定他们的成绩的好坏.

解 $E(X_1)=0\times0.1+1\times0.2+2\times0.7=1.6$（分），

$E(X_2)=0\times0.6+1\times0.3+2\times0.1=0.5$（分）.

这意味着，如果进行很多次射击，那么，甲所得分数的平均值接近 1.6 分，而乙的接近 0.5 分，很明显，乙的成绩远远不如甲的成绩.

例 4 某人每次射击命中目标的概率为 0.8，现连续向一个目标射击，直到第一次命中目标为止，求射击次数的期望.

解 用 X 表示直到第一次命中目标为止时的射击次数，则 X 所有可能取值为 1，2，3，⋯.

$X=1$ 意味着第一次射击命中目标，则 $P\{X=1\}=0.8$，

$X=2$ 意味着第一次未命中目标，第二次射击命中目标，则 $P\{X=2\}=0.2\times0.8$.

一般地，$X=k$ 意味着前 $k-1$ 次未命中目标，第 k 次命中目标，则 $P\{X=k\}=0.2^{k-1}\times0.8$，于是

$$E(X)=\sum_{k=1}^{\infty}k\times P\{X=k\}=\sum_{k=1}^{\infty}k\times0.2^{k-1}\times0.8$$
$$=0.8\times(1+2\times0.2+3\times0.2^2+\cdots+k\times0.2^{k-1}+\cdots),$$

记

$$A=1+2\times0.2+3\times0.2^2+\cdots+k\times0.2^{k-1}+\cdots,$$

则

$$0.2A=0.2+2\times0.2^2+3\times0.2^3+\cdots+k\times0.2^k+\cdots,$$
$$A-0.2A=1+0.2+0.2^2+0.2^3+\cdots+0.2^k+\cdots,$$

右端是公比为 0.2 的等比级数，于是

$$A-0.2A=0.8A=\frac{1}{1-0.2}=1.25,$$

从而 $A=1.25^2$.

$$E(X)=0.8\times1.25^2=1.25.$$

注： 若每次射击命中目标的概率为 p，则

$$P\{X=k\}=(1-p)^{k-1}p,$$

$$E(X)=\sum_{k=1}^{\infty}k(1-p)^{k-1}p=\frac{1}{p}.$$

二、几种常见的离散型随机变量的期望

1. 两点分布

设 X 服从参数为 $p(0<p<1)$ 的两点分布，即

X	0	1
p	$1-p$	p

则

$$E(X)=0\times(1-p)+1\times p=p.$$

2．二项分布

设 $X \sim B(n,p)$，其概率分布为

$$P\{X=k\}=\mathrm{C}_n^k p^k(1-p)^{n-k} \quad (k=0,1,2,\cdots,n),$$

则

$$\begin{aligned}E(X)&=\sum_{k=0}^{n}k\mathrm{C}_n^k p^k(1-p)^{n-k}\\&=\sum_{k=1}^{n}\frac{n!}{(k-1)!(n-k)!}p^k(1-p)^{n-k}\\&=np\sum_{k=1}^{n}\frac{(n-1)!}{(k-1)![(n-1)-(k-1)]!}p^{k-1}(1-p)^{(n-1)-(k-1)}\\&=np\sum_{k=1}^{n}\mathrm{C}_{n-1}^{k-1}p^{k-1}(1-p)^{(n-1)-(k-1)},\end{aligned}$$

令 $m=k-1$，则

$$\sum_{k=1}^{n}\mathrm{C}_{n-1}^{k-1}p^{k-1}(1-p)^{(n-1)-(k-1)}=\sum_{m=0}^{n-1}\mathrm{C}_{n-1}^{m}p^{m}(1-p)^{n-1-m}=[p+(1-p)]^{n-1}=1.$$

从而

$$E(X)=np.$$

二项分布的期望是 np，直观上也比较容易理解这个结果．因为 X 是 n 次试验中某事件 A 出现的次数，它在每次试验时出现的概率为 p，那么 n 次试验中当然平均出现 np 次了．

3．泊松分布

设 $X \sim P(\lambda)$，概率分布为

$$P\{X=k\}=\frac{\lambda^k}{k!}\mathrm{e}^{-\lambda} \quad (k=0,1,2,\cdots,\ \lambda>0),$$

则

$$E(X)=\sum_{k=0}^{\infty}k\frac{\lambda^k}{k!}\mathrm{e}^{-\lambda}=\lambda\mathrm{e}^{-\lambda}\sum_{k=1}^{\infty}\frac{\lambda^{k-1}}{(k-1)!},$$

令 $m=k-1$，则

$$\sum_{k=1}^{\infty}\frac{\lambda^{k-1}}{(k-1)!}=\sum_{m=0}^{\infty}\frac{\lambda^m}{m!}=\mathrm{e}^{\lambda},$$

从而

$$E(X)=\lambda.$$

这表明，在泊松分布中，参数 λ 是它的数学期望．

3.1.2 连续型随机变量的数学期望

一、连续型随机变量的数学期望的定义

定义 2 设连续型随机变量 X 的概率密度为 $f(x)$，若积分 $\int_{-\infty}^{+\infty}xf(x)\mathrm{d}x$ 绝对收敛，则称积

分 $\int_{-\infty}^{+\infty} xf(x)\mathrm{d}x$ 的值为随机变量 X 的期望，记为 $E(X)$，

即

$$E(X) = \int_{-\infty}^{+\infty} xf(x)\mathrm{d}x .$$

例 5 设在规定时间段内，某电气设备用于最大负荷的时间 X（单位：min）是一个随机变量，其概率密度为

$$f(x) = \begin{cases} \dfrac{1}{1\,500^2}x, & 0 \leqslant x \leqslant 1\,500, \\ \dfrac{-1}{1\,500^2}(x-3\,000), & 1\,500 < x \leqslant 3\,000, \\ 0, & \text{其他}, \end{cases}$$

试求最大负荷的平均时间.

解 最大负荷的平均时间即为 X 的数学期望，故

$$\begin{aligned} E(X) &= \int_{-\infty}^{+\infty} xf(x)\mathrm{d}x \\ &= \int_0^{1\,500} x\frac{x}{1\,500^2}\mathrm{d}x + \int_{1\,500}^{3\,000} x\frac{-1}{1\,500^2}(x-3\,000)\mathrm{d}x \\ &= 1\,500 \text{（min）}. \end{aligned}$$

所以，最大负荷的平均时间为 1500min.

例 6 设随机变量 X 的概率密度为 $f(x) = \dfrac{1}{2}\mathrm{e}^{-|x|}(-\infty < x < +\infty)$，求 $E(X)$.

解 $E(X) = \int_{-\infty}^{+\infty} \dfrac{1}{2}x\mathrm{e}^{-|x|}\mathrm{d}x = \dfrac{1}{2}\int_{-\infty}^{0} x\mathrm{e}^{x}\mathrm{d}x + \dfrac{1}{2}\int_{0}^{+\infty} x\mathrm{e}^{-x}\mathrm{d}x$，

使用分部积分法，可得 $E(X) = 0$.

二、常见的连续型随机变量的数学期望

1．均匀分布

设 $X \sim U[a,b]$，其概率密度为

$$f(x) = \begin{cases} \dfrac{1}{b-a}, & a \leqslant x \leqslant b, \\ 0, & \text{其他}, \end{cases}$$

则

$$E(X) = \int_a^b \frac{x}{b-a}\mathrm{d}x = \frac{1}{2}(a+b) .$$

2．指数分布

设 X 服从参数为 λ 的指数分布 $E(\lambda)$，概率密度为

$$f(x) = \begin{cases} \lambda\mathrm{e}^{-\lambda x}, & x \geqslant 0, \\ 0, & x < 0 \end{cases} \quad (\lambda > 0),$$

则

$$E(X)=\int_0^{+\infty} x\lambda e^{-\lambda x}dx=\frac{1}{\lambda}.$$

3．正态分布

设 $X\sim N(\mu,\sigma^2)$，其概率密度为

$$f(x)=\frac{1}{\sqrt{2\pi}\sigma}e^{-\frac{(x-\mu)^2}{2\sigma^2}}\ (-\infty<x<+\infty),$$

则

$$E(X)=\int_{-\infty}^{+\infty}\frac{x}{\sqrt{2\pi}\sigma}e^{-\frac{(x-\mu)^2}{2\sigma^2}}dx,$$

作变量代换，令 $t=\dfrac{x-\mu}{\sigma}$，

$$\int_{-\infty}^{+\infty}\frac{x}{\sqrt{2\pi}\sigma}e^{-\frac{(x-\mu)^2}{2\sigma^2}}dx=\frac{1}{\sqrt{2\pi}}\int_{-\infty}^{+\infty}(\mu+\sigma t)e^{-\frac{t^2}{2}}dt=\mu,$$

从而

$$E(X)=\mu.$$

这说明，在正态分布 $N(\mu,\sigma^2)$ 中，参数 μ 是该分布的期望.

3.1.3 随机变量函数的数学期望

在实际问题中，有时我们所面临的问题涉及一个或多个随机变量的函数．例如，在一个系统中装有 3 个电子元件，每个电子元件的使用寿命是一个随机变量，该系统的使用寿命就是这些随机变量的函数．如果我们要求电子系统的平均使用寿命，就归结为计算随机变量函数的期望．

定理 3.1 设 $g(x)$ 是连续函数，Y 是随机变量 X 的函数：$Y=g(X)$．

（1）X 是离散型随机变量，概率分布为 $P\{X=x_i\}=p_i\,(i=1,2,\cdots)$，若 $\sum\limits_i|g(x_i)|p_i$ 收敛，则有

$$E(Y)=E[g(X)]=\sum_i g(x_i)p_i;$$

（2）X 是连续型随机变量，概率密度为 $f(x)$，若积分 $\int_{-\infty}^{+\infty}|g(x)|f(x)dx$ 收敛，则有

$$E(Y)=E[g(X)]=\int_{-\infty}^{+\infty}g(x)f(x)dx.$$

定理 3.1 的证明从略，但从期望的定义不难理解这个定理的正确性．

定理 3.1 的重要性在于它提供了计算随机变量 X 的函数 $g(X)$ 的期望的一个简便方法：不需要先求 $g(X)$ 的分布，而直接利用 X 的分布．因为有时候，求 $g(X)$ 的分布并不容易．

例 7 设 X 的分布列为

X	-2	0	2
p	0.4	0.3	0.3

求$E(X)$，$E(X^2)$.

解 $E(X)=(-2)\times 0.4+0\times 0.3+2\times 0.3=-0.2$，

$E(X^2)=(-2)^2\times 0.4+0^2\times 0.3+2^2\times 0.3=2.8$.

例 8 已知X服从$[0,2\pi]$上的均匀分布，求$E(X^2)$，$E(\sin X)$.

解 X的概率密度 $f(x)=\begin{cases}\dfrac{1}{2\pi}, & 0\leqslant x\leqslant 2\pi,\\ 0, & \text{其他},\end{cases}$

$$E(X^2)=\int_{-\infty}^{+\infty}x^2f(x)\mathrm{d}x=\frac{1}{2\pi}\int_0^{2\pi}x^2\mathrm{d}x=\frac{1}{2\pi}\left(\frac{x^3}{3}\right)\bigg|_0^{2\pi}=\frac{4\pi^2}{3},$$

$$E(\sin X)=\int_{-\infty}^{+\infty}f(x)\sin x\mathrm{d}x=\frac{1}{2\pi}\int_0^{2\pi}\sin x\mathrm{d}x=\frac{1}{2\pi}(-\cos x)\bigg|_0^{2\pi}=0.$$

例 9 设X服从参数为 1 的指数分布$E(1)$，求$E(X^2)$，$E\left(\mathrm{e}^{\frac{2}{3}X}\right)$.

解 X的概率密度为 $f(x)=\begin{cases}\mathrm{e}^{-x}, & x\geqslant 0,\\ 0, & x<0,\end{cases}$

$$E(X^2)=\int_{-\infty}^{+\infty}x^2f(x)\mathrm{d}x=\int_0^{+\infty}x^2\mathrm{e}^{-x}\mathrm{d}x=2,$$

$$E\left(\mathrm{e}^{\frac{2}{3}X}\right)=\int_0^{+\infty}\mathrm{e}^{\frac{2}{3}x}\mathrm{e}^{-x}\mathrm{d}x=\int_0^{+\infty}\mathrm{e}^{-\frac{1}{3}x}\mathrm{d}x=3.$$

3.1.4 数学期望的性质

数学期望具有下列性质（设所涉及到的随机变量的数学期望都存在）:

性质 1 设C为常数，则$E(C)=C$；

性质 2 设k为常数，则$E(kX)=kE(X)$；

性质 3 设X，Y均为随机变量，则$E(X+Y)=E(X)+E(Y)$；

对于任意n个随机变量X_1，X_2，…，X_n，也有

$$E(X_1+X_2+\cdots+X_n)=E(X_1)+E(X_2)+\cdots+E(X_n).$$

性质 4 设X，Y均为随机变量且相互独立，则$E(XY)=E(X)E(Y)$.

对于n个相互独立的随机变量X_1，X_2，…，X_n，也有

$$E(X_1X_2\cdots X_n)=E(X_1)E(X_2)\cdots E(X_n).$$

例 10 将一枚均匀的骰子连掷 10 次，求所得点数之和的数学期望.

解 设X_i是第i次掷骰子时所得的点数（$i=1$，2，…，10），则掷 10 次骰子所得点数之和为

$$X=X_1+X_2+\cdots+X_{10},$$
$$E(X)=E(X_1)+E(X_2)+\cdots+E(X_{10}).$$

对每个X_i，所有可能取的值为 1，2，3，4，5，6，由于骰子是均匀的，因此取每个可能

值的概率均为$\frac{1}{6}$，于是对$i=1$，2，…，10，

$$E(X_i)=1\times\frac{1}{6}+2\times\frac{1}{6}+3\times\frac{1}{6}+4\times\frac{1}{6}+5\times\frac{1}{6}+6\times\frac{1}{6}=3.5,$$

$$E(X)=10\times 3.5=35.$$

例 11　证明：若X，Y均为随机变量且相互独立，则$E\left[(X-E(X))(Y-E(Y))\right]=0$.

证　因为X，Y相互独立，所以$E(XY)=E(X)E(Y)$，

从而

$$\begin{aligned}&E\left[(X-E(X))(Y-E(Y))\right]\\&=E\left[XY-YE(X)-XE(Y)+E(X)E(Y)\right]\\&=E(XY)-E(X)E(Y)-E(Y)E(X)+E(X)E(Y)\\&=E(XY)-E(X)E(Y)\\&=0.\end{aligned}$$

证毕.

3.2　随机变量的方差

3.2.1　方差的概念

方差是随机变量的另一数字特征，它刻画了随机变量的取值在其中心位置附近的分散程度，也就是随机变量与平均值的偏离程度．设随机变量X的数学期望是$E(X)$，偏离量$X-E(X)$本身也是随机的，为刻画偏离程度的大小，不能使用$X-E(X)$，因为其值为零，即正负偏离彼此抵消了．为避免正负偏离彼此抵消，可以使用$E\{|X-E(X)|\}$作为描述X取值分散程度的数字特征，称之为X的平均绝对差，由于在数学上绝对值的处理不方便，因此常用$[X-E(X)]^2$的平均值$E\{[X-E(X)]^2\}$度量X与$E(X)$的偏离程度，这个平均值就是方差.

一、方差的定义

定义 1　设X为一随机变量，如果$E\{[X-E(X)]^2\}$存在，则称之为X的方差，记为$D(X)$或$\mathrm{var}(X)$，即

$$D(X)=E\left\{\left[X-E(X)\right]^2\right\},$$

并称$\sqrt{D(X)}$为X的标准差或均方差.

注意到$D(X)$是X的函数$[X-E(X)]^2$的期望，令$g(X)=[X-E(X)]^2$，利用定理 3.1 就可以方便地计算$D(X)$.

例如，对离散型随机变量X，若其概率分布为$P\{X=x_i\}=p_i(i=1, 2, \cdots)$，

则

$$D(X)=\sum_i\left[x_i-E(X)\right]^2 p_i;$$

对连续型随机变量 X，若其概率密度为 $f(x)$，

则

$$D(X)=\int_{-\infty}^{+\infty}\left[x-E(X)\right]^2 f(x)\mathrm{d}x .$$

二、计算方差的重要公式

利用期望的性质，有

$$\begin{aligned}D(X)&=E\left\{\left[X-E(X)\right]^2\right\}\\&=E\left\{X^2-2XE(X)+\left[E(X)\right]^2\right\}\\&=E(X^2)-2E(X)E(X)+\left[E(X)\right]^2\\&=E(X^2)-\left[E(X)\right]^2,\end{aligned}$$

即

$$D(X)=E(X^2)-\left[E(X)\right]^2 .$$

因此可以按下列步骤计算方差:

（1）计算 $E(X)$： $E(X)=\begin{cases}\sum\limits_i x_i p_i, & X\text{为离散型随机变量},\\ \int_{-\infty}^{+\infty} xf(x)\mathrm{d}x, & X\text{为连续型随机变量},\end{cases}$

（2）计算 $E(X^2)$： $E(X^2)=\begin{cases}\sum\limits_i {x_i}^2 p_i, & X\text{为离散型随机变量},\\ \int_{-\infty}^{+\infty} x^2 f(x)\mathrm{d}x, & X\text{为连续型随机变量},\end{cases}$

（3）计算 $D(X)$： $D(X)=E(X^2)-\left[E(X)\right]^2$.

例 1 设离散型随机变量 X 的分布列为

X	0	1	2
p	0.2	0.5	0.3

求 $D(X)$.

解 $E(X)=0\times0.2+1\times0.5+2\times0.3=1.1$，

$E(X^2)=0^2\times0.2+1^2\times0.5+2^2\times0.3=1.7$，

$D(X)=E(X^2)-\left[E(X)\right]^2=1.7-1.1^2=0.49$.

例 2 设随机变量 X 的概率密度为

$$f(x)=\begin{cases}2x, & 0\leqslant x\leqslant 1,\\ 0, & \text{其他},\end{cases}$$

求 $D(X)$.

解 $E(X)=\int_0^1 2x^2\mathrm{d}x=\dfrac{2}{3}$，

$$E(X^2)=\int_0^1 2x^3\mathrm{d}x=\frac{1}{2},$$

$$D(X)=E(X^2)-[E(X)]^2=\frac{1}{2}-\left(\frac{2}{3}\right)^2=\frac{1}{18}.$$

例 3 设在规定的时间段内，某电气设备用于最大负荷的时间 X（单位：min）是一个随机变量，其概率密度为

$$f(x)=\begin{cases}\dfrac{1}{150^2}x, & 0\leqslant x\leqslant 150,\\ \dfrac{-1}{150^2}(x-300), & 150<x\leqslant 300,\\ 0, & \text{其他},\end{cases}$$

试求最大负荷的方差 $D(X)$.

解 $E(X)=\int_{-\infty}^{+\infty}xf(x)\mathrm{d}x$

$$=\int_0^{150}x\frac{x}{150^2}\mathrm{d}x+\int_{150}^{300}x\frac{-1}{150^2}(x-300)\mathrm{d}x$$

$=150$，

$$E(X^2)=\int_{-\infty}^{+\infty}x^2f(x)\mathrm{d}x$$

$$=\int_0^{150}x^2\frac{x}{150^2}\mathrm{d}x+\int_{150}^{300}x^2\frac{-1}{150^2}(x-300)\mathrm{d}x$$

$=262\ 500$，

$$D(X)=E(X^2)-[E(X)]^2=262\ 500-150^2=26\ 100.$$

例 4 设随机变量 X 的概率密度为 $f(x)=\frac{1}{2}\mathrm{e}^{-|x|}(-\infty<x<+\infty)$，求 $D(X)$.

解 $E(X)=\int_{-\infty}^{+\infty}\frac{1}{2}x\mathrm{e}^{-|x|}\mathrm{d}x=\frac{1}{2}\int_{-\infty}^{0}x\mathrm{e}^{x}\mathrm{d}x+\frac{1}{2}\int_{0}^{+\infty}x\mathrm{e}^{-x}\mathrm{d}x$，

利用分部积分法，可得 $E(X)=0$.

$$E(X^2)=\int_{-\infty}^{+\infty}\frac{1}{2}x^2\mathrm{e}^{-|x|}\mathrm{d}x=\frac{1}{2}\int_{-\infty}^{0}x^2\mathrm{e}^{x}\mathrm{d}x+\frac{1}{2}\int_{0}^{+\infty}x^2\mathrm{e}^{-x}\mathrm{d}x=2,$$

$$D(X)=E(X^2)-[E(X)]^2=2.$$

三、几种常见的随机变量的方差

1. 两点分布

设 X 服从参数为 $p(0<p<1)$ 的两点分布 $B(1,p)$，即

X	0	1
p	$1-p$	p

则

$$E(X)=0\times(1-p)+1\times p=p,$$

$$E(X^2)=0^2\times(1-p)+1^2\times p=p,$$

$$D(X)=E(X^2)-[E(X)]^2=p-p^2=p(1-p).$$

2．二项分布

设 $X\sim B(n,p)$，其概率分布为

$$P\{X=k\}=\mathrm{C}_n^k p^k(1-p)^{n-k}\quad (k=0,1,2,\cdots,n),$$

从而

$$E(X)=np,$$

$$E(X^2)=\sum_{k=0}^{n}k^2\mathrm{C}_n^k p^k(1-p)^{n-k}=n(n-1)p^2+np\ （过程略）,$$

$$D(X)=E(X^2)-[E(X)]^2=np(1-p).$$

3．泊松分布

设 $X\sim P(\lambda)$，概率分布为

$$P\{X=k\}=\frac{\lambda^k}{k!}\mathrm{e}^{-\lambda}\quad (k=0,1,2,\cdots,\lambda>0),$$

则

$$E(X)=\lambda,$$

$$E(X^2)=\sum_{k=0}^{\infty}k^2\frac{\lambda^k}{k!}\mathrm{e}^{-\lambda}=\lambda^2+\lambda\ （过程略）,$$

$$D(X)=E(X^2)-[E(X)]^2=\lambda.$$

这表明，在泊松分布中，它的唯一参数 λ 既是它的数学期望又是它的方差.

4．均匀分布

设 $X\sim U[a,b]$，其概率密度为

$$f(x)=\begin{cases}\dfrac{1}{b-a}, & a\leqslant x\leqslant b,\\ 0, & 其他,\end{cases}$$

则

$$E(X)=\int_a^b\frac{x}{b-a}\mathrm{d}x=\frac{1}{2}(a+b),$$

$$E(X^2)=\int_a^b\frac{x^2}{b-a}\mathrm{d}x=\frac{1}{3}(a^2+ab+b^2),$$

$$D(X)=E(X^2)-[E(X)]^2=\frac{1}{12}(b-a)^2.$$

5．指数分布

设 X 服从参数为 λ 的指数分布 $E(\lambda)$，其概率密度为

$$f(x)=\begin{cases}\lambda\mathrm{e}^{-\lambda x}, & x\geqslant 0,\\ 0, & x<0\end{cases}\quad(\lambda>0),$$

则

$$E(X)=\int_0^{+\infty} x\lambda e^{-\lambda x}dx=\frac{1}{\lambda},$$

$$E(X^2)=\int_0^{+\infty} x^2\lambda e^{-\lambda x}dx=\frac{2}{\lambda^2},$$

$$D(X)=E(X^2)-[E(X)]^2=\frac{1}{\lambda^2}.$$

6．正态分布

设 $X\sim N(\mu,\sigma^2)$，其概率密度为

$$f(x)=\frac{1}{\sqrt{2\pi}\sigma}e^{-\frac{(x-\mu)^2}{2\sigma^2}}\ (-\infty<x<+\infty),$$

则

$$E(X)=\mu,$$

$$E(X^2)=\mu^2+\sigma^2,$$

$$D(X)=\int_{-\infty}^{+\infty}\frac{(x-\mu)^2}{\sqrt{2\pi}\sigma}e^{-\frac{(x-\mu)^2}{2\sigma^2}}dx=\sigma^2\ （过程略）.$$

3.2.2 方差的性质

方差具有以下重要性质:

性质 1　设 C 为常数，则 $D(C)=0$；

证　$D(C)=E\left\{[C-E(C)]^2\right\}=0$.

性质 2　设 C 为常数，则 $D(X+C)=D(X)$；

证

$$\begin{aligned}D(X+C)&=E\left\{[(X+C)-E(X+C)]^2\right\}\\&=E\left\{[X-E(X)]^2\right\}\\&=D(X).\end{aligned}$$

性质 3　设 k 为常数，则 $D(kX)=k^2D(X)$；

证

$$\begin{aligned}D(kX)&=E\left\{[kX-E(kX)]^2\right\}\\&=k^2E\left\{[X-E(X)]^2\right\}\\&=k^2D(X).\end{aligned}$$

性质 4　设随机变量 X，Y 相互独立且方差 $D(X)$，$D(Y)$ 都存在，则有

$$D(X\pm Y)=D(X)+D(Y).$$

证　因为 X，Y 相互独立，所以 $E(XY)=E(X)E(Y)$，而

$$\begin{aligned}D(X+Y)&=E\{(X+Y)-E(X+Y)\}^2\\&=E\{X-E(X)+Y-E(Y)\}^2\\&=E\{(X-E(X)\}^2+E\{Y-E(Y)\}^2+2E\{(X-E(X)(Y-E(Y)\}\end{aligned}$$

$$
\begin{aligned}
&= D(X) + D(Y) + 2E\{(XY + E(X)E(Y) - XE(Y) - YE(X)\} \\
&= D(X) + D(Y) + 2\{E(XY) - E(X)E(Y)\} \\
&= D(X) + D(Y).
\end{aligned}
$$

又因为

$$D(X-Y) = D(X) + D(-Y) = D(X) + D(Y),$$

所以

$$D(X \pm Y) = D(X) + D(Y). \text{ 证毕.}$$

对于 n 个相互独立的随机变量 $X_1, X_2, \ldots, X_n$，也有

$$D\left(\sum_{i=1}^{n} X_i\right) = \sum_{i=1}^{n} D(X_i).$$

例 5 设随机变量 $X \sim B(10, 0.1)$，$Y = 3X - 5$，求 $E(Y), D(Y)$.

解 $n = 10,\ p = 0.1,\ 1 - p = 0.9$，

$$E(X) = np = 10 \times 0.1 = 1,$$

$$D(X) = np(1-p) = 10 \times 0.1 \times 0.9 = 0.9,$$

所以

$$E(Y) = E(3X - 5) = 3E(X) - 5 = 3 \times 1 - 5 = -2,$$

$$D(Y) = D(3X - 5) = 3^2 D(X) = 9 \times 0.9 = 8.1.$$

例 6 已知随机变量 X 的数学期望 $E(X)$ 和方差 $D(X)$ 都存在，且 $D(X) > 0$，设随机变量 $X^* = \dfrac{X - E(X)}{\sqrt{D(X)}}$，试证明 $E(X^*) = 0,\ D(X^*) = 1$.

证 利用数学期望和方差的性质，

$$E(kX + C) = kE(X) + C,$$

$$D(kX + C) = k^2 D(X),$$

并注意到 $E(X)$，$D(X)$ 均为常数，

$$E(X^*) = E\left[\frac{X - E(X)}{\sqrt{D(X)}}\right] = \frac{E(X) - E(X)}{\sqrt{D(X)}} = 0,$$

$$D(X^*) = D\left[\frac{X - E(X)}{\sqrt{D(X)}}\right] = \frac{D[X - E(X)]}{D(X)} = \frac{D(X)}{D(X)} = 1.$$

例 7 已知随机变量 X, Y 相互独立且分别服从 $B(10, 0.1)$ 和 $N(-1, 2^2)$，求 $Z = 3X - 2Y$ 的方差.

解 $D(X) = 10 \times 0.1 \times 0.9 = 0.9$，$D(Y) = 2^2 = 4$，

所以

$$
\begin{aligned}
D(Z) &= D(3X) + D(-2Y) \\
&= 9D(X) + 4D(Y) \\
&= 9 \times 0.9 + 4 \times 4 \\
&= 24.1.
\end{aligned}
$$

例 8 运用随机变量的数学期望与方差的性质，求二项分布 $B(n, p)$ 的数学期望与方差.

解 设事件 A 在一重伯努利试验中发生的概率为 $p(0<p<1)$，于是它在 n 重伯努利试验中发生的次数 X 服从 $B(n,p)$.

另设 A 在第 i 重伯努利试验中发生的次数为 $X_i(i=1, 2, \cdots, n)$，则 X_i 服从以 p 为参数的两点分布．故 $E(X_i)=p$, $D(X_i)=p(1-p)$.

又 $$X=\sum_{i=1}^{n} X_i,$$

于是 $$E(X)=E(\sum_{i=1}^{n} X_i)=\sum_{i=1}^{n} E(X_i)=np.$$

注意到 $X_1, X_2, \cdots, X_n$ 相互独立，

所以

$$D(X)=D(\sum_{i=1}^{n} X_i)=\sum_{i=1}^{n} D(X_i)=np(1-p).$$

本例所采用的解法，其巧妙之处在于借助了随机变量分解的手段化繁为简，这是概率论独特思维方式的体现.

3.3[*] 矩、协方差和相关系数

3.3.1 矩的概念

矩是具有广泛意义的数字特征，是随机变量某种特殊函数的数学期望．在数理统计等领域具有多方面的应用.

1．原点矩

定义 1 设 X 为随机变量，对于正整数 k，若 $E(X^k)$ 存在，则称它为 X 的 k 阶原点矩.

显然当 $k=1$ 时，一阶原点矩就是数学期望 $E(X)$；当 $k=2$ 时, 二阶原点矩就是 $E(X^2)$.

设 $E(X^k)$ 存在，由定理 3.1 得:

（1）若 X 为离散型随机变量，其概率分布为 $P\{X=x_i\}=p_i(i=1, 2, \cdots)$，

则 $$E(X^k)=\sum_{i} x_i^k p_i;$$

（2）若 X 为连续型随机变量，其概率密度为 $f(x)$，

则 $$E(X^k)=\int_{-\infty}^{+\infty} x^k f(x)\mathrm{d}x.$$

2．中心矩

定义 2 设 X 为随机变量，对于正整数 k，若 $E[X-E(X)]^k$ 存在，则称它为 X 的 k 阶中心矩.

显然，一阶中心矩为 $E[X-E(X)]$ 恒为零；二阶中心矩为 $E\{[X-E(X)]^2\}$，即方差 $D(X)$.

3.3.2 协方差和相关系数

1．协方差

对于随机变量X，Y，除了讨论X与Y的数学期望和方差外，还要讨论X与Y之间的关系．若X与Y独立，则

$$E\{[X-E(X)][Y-E(Y)]\}=E(XY)-E(X)E(Y)=0\ .$$

这意味着$E\{[X-E(X)][Y-E(Y)]\}=E(XY)-E(X)E(Y)\neq 0$时，$X$，$Y$不独立，由此可以用$E\{[X-E(X)][Y-E(Y)]\}=E(XY)-E(X)E(Y)$来刻画$X$与$Y$之间的关系．

定义 3 设X与Y为随机变量，若$E\{[X-E(X)][Y-E(Y)]\}$存在，则称它为随机变量X与Y的协方差，记为$\mathrm{Cov}(X,Y)$，即

$$\mathrm{Cov}(X,Y)=E\{[X-E(X)][Y-E(Y)]\}\ .$$

协方差的计算常采用下面的公式

$$\mathrm{Cov}(X,Y)=E(XY)-E(X)E(Y)\ .$$

协方差具有下列性质：

（1）$\mathrm{Cov}(X,Y)=\mathrm{Cov}(Y,X)$；

（2）$\mathrm{Cov}(aX,bY)=ab\,\mathrm{Cov}(X,Y)$，其中$a$，$b$为常数；

（3）$\mathrm{Cov}(X_1+X_2,Y)=\mathrm{Cov}(X_1,Y)+\mathrm{Cov}(X_2,Y)$；

（4）$\mathrm{Cov}(X,X)=D(X)$；

（5）$E(XY)=E(X)E(Y)+\mathrm{Cov}(X,Y)$；

（6）$D(X+Y)=D(X)+D(Y)+2\mathrm{Cov}(X,Y)$．

例 1 已知X，Y为随机变量，且$D(X)=5$，$D(Y)=3$，$\mathrm{Cov}(X,Y)=1$，试求$D(-2X+4Y-3)$．

解
$$\begin{aligned}D(-2X+4Y-3)&=D(-2X+4Y)\\&=D(-2X)+D(4Y)+2\mathrm{Cov}(-2X,4Y)\\&=(-2)^2D(X)+4^2D(Y)+2\times(-2)\times4\mathrm{Cov}(X,Y)\\&=20+48-16=52.\end{aligned}$$

2．相关系数

定义 4 若$\mathrm{Cov}(X,Y)=0$，则称随机变量X与Y不相关．

若X与Y相互独立，则X与Y不相关．但不相关的随机变量却不一定是相互独立的．

定义 5 设X与Y为随机变量，协方差$\mathrm{Cov}(X,Y)$存在，且$D(X)>0$，$D(Y)>0$，则

$$\rho_{xy}=\frac{\mathrm{Cov}(X,Y)}{\sqrt{D(X)}\sqrt{D(Y)}}$$

称为随机变量X与Y的相关系数或标准协方差．

显然，相关系数为一个无量纲的量．它反映了随机变量X与Y之间的相关程度．

相关系数ρ_{xy}具有如下的重要性质：

（1）$|\rho_{xy}|\leqslant 1$；

（2）$|\rho_{xy}|=1$的充要条件是$P\{Y=aX+b\}=1$，a，b为常数；

（3）$\rho_{xy}=\rho_{yx}$．

相关系数ρ_{xy}反映了随机变量X与Y的线性相依程度，如果$\rho_{xy}\neq 0$，则X与Y相关；如果$\rho_{xy}=0$，则X与Y不相关；若$\rho_{xy}=\pm 1$，则X与Y有线性关系．

（4）对随机变量X与Y，下面的事实是等价的：

①X与Y不相关；

②$\mathrm{Cov}(X,Y)=0$；

③$\rho_{xy}=0$；

④$E(XY)=E(X)E(Y)$；

⑤$D(X+Y)=D(X)+D(Y)$．

例2　设X与Y为随机变量，已知$E(X)=1$，$D(X)=9$；$E(Y)=0$，$D(Y)=16$，$\rho_{xy}=-\dfrac{1}{2}$．另设$Z=\dfrac{X}{3}+\dfrac{Y}{2}$，试求：（1）随机变量$Z$的数学期望$E(Z)$与方差$D(Z)$；（2）随机变量$X$与$Z$的相关系数$\rho_{xz}$．

解　（1）$E(Z)=\dfrac{1}{3}E(X)+\dfrac{1}{2}E(Y)=\dfrac{1}{3}$，

$$\begin{aligned}D(Z)&=D\left(\frac{X}{3}+\frac{Y}{2}\right)\\&=D\left(\frac{X}{3}\right)+D\left(\frac{Y}{2}\right)+2\mathrm{Cov}\left(\frac{X}{3},\frac{Y}{2}\right)\\&=\left(\frac{1}{3}\right)^2D(X)+\left(\frac{1}{2}\right)^2D(Y)+2\times\frac{1}{3}\times\frac{1}{2}\mathrm{Cov}(X,Y)\\&=\frac{1}{9}D(X)+\frac{1}{4}D(Y)+\frac{1}{3}\rho_{xy}\sqrt{D(X)}\sqrt{D(Y)}\\&=\frac{1}{9}\times 9+\frac{1}{4}\times 16+\frac{1}{3}\left(-\frac{1}{2}\right)\times 3\times 4=3.\end{aligned}$$

（2）
$$\begin{aligned}\mathrm{Cov}(X,Z)&=\mathrm{Cov}\left(X,\frac{1}{3}X+\frac{1}{2}Y\right)\\&=\frac{1}{3}\mathrm{Cov}(X,X)+\frac{1}{2}\mathrm{Cov}(X,Y)\\&=\frac{1}{3}\times 9+\frac{1}{2}\times(-6)=0,\end{aligned}$$

又$D(X)=9>0$，$D(Y)=16>0$，所以，随机变量X与Z的相关系数$\rho_{xz}=0$．

一、常见随机变量的数学期望与方差（见下表）

常见分布的数学期望与方差

分布名称	简略记法	分布列或概率密度	数学期望 $E(X)$	方差 $D(X)$
两点分布	$B(1,p)$	$P\{X=k\}=p^k(1-p)^{1-k}$ $k=0,1;\ 0<p<1$	p	$p(1-p)$
二项分布	$B(n,p)$	$P\{X=k\}=C_n^k p^k(1-p)^{1-k}$ $k=0,1,2,\cdots,\ n;$ $0<p<1$，n（自然数）为参数	np	$np(1-p)$
泊松分布	$P(\lambda)$	$P\{X=k\}=\dfrac{\lambda^k}{k!}e^{-\lambda}$ $k=0,1,2,\cdots;\ \lambda>0$ 为参数	λ	λ
均匀分布	$U[a,b]$	$f(x)=\begin{cases}\dfrac{1}{b-a}, & a\leqslant x\leqslant b\\ 0, & \text{其他}\end{cases}$ $b>a$ 为参数	$\dfrac{a+b}{2}$	$\dfrac{(b-a)^2}{12}$
指数分布	$E(\lambda)$	$f(x)==\begin{cases}\lambda e^{-\lambda x}, & x\geqslant 0\\ 0, & x<0\end{cases}$ $\lambda>0$ 为参数	$\dfrac{1}{\lambda}$	$\dfrac{1}{\lambda^2}$
正态分布	$N(\mu,\sigma^2)$	$f(x)=\dfrac{1}{\sqrt{2\pi}\sigma}e^{-\frac{(x-\mu)^2}{2\sigma^2}}$ $-\infty<x<+\infty$； $-\infty<\mu<+\infty$，$\sigma>0$ 为参数	μ	σ^2

二、随机变量的数学期望

1．离散型随机变量的数学期望

若随机变量 X 的分布列为 $P\{X=x_i\}=p_i$（$i=1,2,\cdots$），且 $\sum\limits_i x_i p_i$，$\sum\limits_i x_i^2 p_i$，$\sum\limits_i g(x_i)p_i$ 绝对收敛，又 $Y=g(X)$，则

$$E(X)=\sum_i x_i p_i\,;$$

$$E(Y)=E\left[g(X)\right]=\sum_i g(x_i)p_i\,;$$

$$E(X^2)=\sum_i x_i^2 p_i\,.$$

2．连续型随机变量的数学期望

若随机变量 X 的概率密度为 $f(x)$，且 $\int_{-\infty}^{+\infty} xf(x)\mathrm{d}x$，$\int_{-\infty}^{+\infty} x^2 f(x)\mathrm{d}x$，$\int_{-\infty}^{+\infty} g(x)f(x)\mathrm{d}x$ 绝对收敛，又 $Y=g(X)$，则

$$E(X)=\int_{-\infty}^{+\infty} xf(x)\mathrm{d}x;$$

$$E(X^2)=\int_{-\infty}^{+\infty} x^2 f(x)\mathrm{d}x;$$

$$E(Y)=E\left[g(X)\right]=\int_{-\infty}^{+\infty} g(x)f(x)\mathrm{d}x.$$

3．数学期望的性质（设所涉及到的随机变量的数学期望都存在）

性质 1　C 为常数，则 $E(C)=C$；

性质 2　设 k 为常数，则 $E(kX)=kE(X)$；

性质 3　设 X，Y 均为随机变量，则 $E(X+Y)=E(X)+E(Y)$；

性质 4　设 X，Y 均为随机变量且相互独立，则 $E(XY)=E(X)E(Y)$．

三、随机变量的方差

1．方差的计算公式

$$D(X)=E\left\{\left[X-E(X)\right]^2\right\};$$

$$D(X)=E(X^2)-\left[E(X)\right]^2.$$

2．方差的一般计算步骤

（1）计算 $E(X)$：$E(X)=\begin{cases}\sum\limits_i x_i p_i, & X\text{为离散型随机变量},\\ \int_{-\infty}^{+\infty} xf(x)\mathrm{d}x, & X\text{为连续型随机变量};\end{cases}$

（2）计算 $E(X^2)$：$E(X^2)=\begin{cases}\sum\limits_i x_i^2 p_i, & X\text{为离散型随机变量},\\ \int_{-\infty}^{+\infty} x^2 f(x)\mathrm{d}x, & X\text{为连续型随机变量};\end{cases}$

（3）计算 $D(X)$：$D(X)=E(X^2)-\left[E(X)\right]^2$．

3．方差的性质

性质 1　设 C 为常数，则 $D(C)=0$；

性质 2　设 C 为常数，则 $D(X+C)=D(X)$；

性质 3　设 k 为常数，则 $D(kX)=k^2D(X)$；

性质 4　设随机变量 X，Y 相互独立且方差 $D(X)$，$D(Y)$ 都存在，则有

$$D(X\pm Y)=D(X)+D(Y).$$

四、矩、协方差与相关系数

1．矩

原点矩　对于正整数 k，若 $E(X^k)$ 存在，则称它为 X 的 k 阶原点矩．

（1）若 X 为离散型随机变量，概率分布为 $P\{X=x_i\}=p_i(i=1,2,\cdots)$，则 $E(X^k)=$

$\sum_i x_i^k p_i$；

（2）若 X 为连续型随机变量，概率密度为 $f(x)$，则 $E(X^k) = \int_{-\infty}^{+\infty} x^k f(x) \mathrm{d}x$.

中心矩 设 X 是随机变量，对于正整数 k，若 $E[X - E(X)]^k$ 存在，则称它为 X 的 k 阶中心矩. 一阶中心矩为 $E[X - E(X)]$ 恒为零；二阶中心矩为 $E\{[X - E(X)]^2\}$，即方差 $D(X)$.

2. 协方差

设 X 与 Y 为随机变量，$E\{[X - E(X)][Y - E(Y)]\}$ 存在，则称它为随机变量 X 与 Y 的协方差，记为 $\mathrm{Cov}(X,Y)$，即 $\mathrm{Cov}(X,Y) = E\{[X - E(X)][Y - E(Y)]\}$.

协方差的计算常采用下面的公式

$$\mathrm{Cov}(X,Y) = E(XY) - E(X)E(Y).$$

协方差具有下列性质：

（1）$\mathrm{Cov}(X,Y) = \mathrm{Cov}(Y,X)$；

（2）$\mathrm{Cov}(aX,bY) = ab\,\mathrm{Cov}(X,Y)$，其中 a，b 为常数；

（3）$\mathrm{Cov}(X_1 + X_2,Y) = \mathrm{Cov}(X_1,Y) + \mathrm{Cov}(X_2,Y)$；

（4）$\mathrm{Cov}(X,X) = D(X)$；

（5）$E(XY) = E(X)E(Y) + \mathrm{Cov}(X,Y)$；

（6）$D(X+Y) = D(X) + D(Y) + 2\mathrm{Cov}(X,Y)$.

3. 相关系数

若 X 与 Y 为随机变量，协方差 $\mathrm{Cov}(X,Y)$ 存在，且 $D(X) > 0$，$D(Y) > 0$，则

$\rho_{xy} = \dfrac{\mathrm{Cov}(X,Y)}{\sqrt{D(X)}\sqrt{D(Y)}}$ 称为随机变量 X 与 Y 的相关系数或标准协方差.

相关系数 ρ_{xy} 具有如下的重要性质：

（1）$|\rho_{xy}| \leqslant 1$；

（2）$|\rho_{xy}| = 1$ 的充要条件是 $P\{Y = aX + b\} = 1$，a，b 为常数；

（3）$\rho_{xy} = \rho_{yx}$.

相关系数 ρ_{xy} 反映了随机变量 X 与 Y 的线性相依程度，如果 $\rho_{xy} \neq 0$，则 X 与 Y 相关；如果 $\rho_{xy} = 0$，则 X 与 Y 不相关；若 $\rho_{xy} = \pm 1$，则 X 与 Y 有线性关系.

（4）对随机变量 X 与 Y，下面事实是等价的：

① X 与 Y 不相关；

② $\mathrm{Cov}(X,Y) = 0$；

③ $\rho_{xy} = 0$；

④ $E(XY) = E(X)E(Y)$；

⑤ $D(X+Y) = D(X) + D(Y)$.

习题三

1．已知随机变量 X 的概率分布为

$$P\{X=k\}=\frac{1}{10} \quad (k=2, 4, \cdots, 18, 20)$$

求 $E(X)$．

2．袋中有 5 个乒乓球，编号为 1，2，3，4，5，现从中任取 3 个，用 X 表示取出的 3 个球中的最大编号，求 $E(X)$, $D(X)$．

3．一批零件中有 9 个合格品与 3 个废品，安装机器时，从这批零件中任取一个．如果取出的是废品就不再放回去，求在取得合格品之前已取出的废品数的数学期望．

4．射击比赛，每人射 3 次（每次一发），约定全部不中得 0 分，只中一弹得 15 分，中两弹得 55 分，中三弹得 100 分．甲每次射击命中率为 $\frac{3}{5}$，问他期望能得多少分?

5．某人有 5 发子弹，射击一次（每次一发），命中率为 0.9，现连续向同一目标射击，直到击中目标或子弹用尽为止，求其耗用子弹数 X 的数学期望 $E(X)$．

6．设随机变量 X 的概率密度为

$$f(x)=\begin{cases}\dfrac{1}{\pi\sqrt{1-x^2}}, & |x|<1,\\ 0, & |x|\geqslant 1,\end{cases}$$

求 $E(X)$．

7．设随机变量 X 的概率密度为

$$f(x)=\begin{cases}x, & 0<x\leqslant 1,\\ 2-x, & 1<x<2,\\ 0, & \text{其他},\end{cases}$$

求 $E(X)$, $D(X)$．

8．设随机变量 X 的分布列为

X	0	a	4	5
p	0.4	0.2	0.1	b

已知 $E(X^2)=10.9$, $a>0$，求 a 和 b．

9．设随机变量 X 的分布列为

X	−1	0	1	2
p	0.4	0.2	0.1	0.3

求 $E(X)$，$E(2-3X)$，$E(X^2)$, $E(3X^2-X+5)$．

10．设随机变量 X 的概率密度为

$$f(x)=\begin{cases}e^{-x}, & x\geqslant 0,\\ 0, & x<0,\end{cases}$$

求$E(2X)$，$E(e^{-2X})$.

11．某车间生产的圆盘其直径在区间$[a,b]$上服从均匀分布，试求圆盘面积的数学期望.

12．一工厂生产的某种设备的寿命X（以年计）服从指数分布，概率密度为

$$f(x)=\begin{cases}\dfrac{1}{4}e^{-\frac{1}{4}x}, & x\geqslant 0,\\ 0, & x<0,\end{cases}$$

工厂规定，出售的设备若在售出一年内损坏可予以调换．若工厂售出一台设备盈利100元，调换一台设备厂方需花费300元．试求厂方出售一台设备净盈利的数学期望.

13．设随机变量X的概率密度为

$$f(x)=\begin{cases}\dfrac{3x^2}{8}, & 0<x<2,\\ 0, & 其他,\end{cases}$$

求$E(X)$，$D(X)$，$E\left(\dfrac{1}{X^2}\right)$.

14．盒中共有5个球，3个白色的，2个黑色的．从中任取两个，求抽得的白球数X的方差$D(X)$.

15．设随机变量X服从$\left[-\dfrac{1}{2},\dfrac{1}{2}\right]$上的均匀分布，又$Y=\sin X$，求$E(Y)$，$D(Y)$.

16．设$X\sim N(1,2^2)$，$Y=-2X+3$，求$E(X^2)$，$D(Y)$.

17．已知$E(X)=30$，$D(X)=11$，$Y=\dfrac{1-X}{3}$，求$E(X^2)$，$E(Y)$，$D(Y)$.

18．设随机变量$X\sim P(\lambda)$，且已知$E[(X-2)(X-3)]=2$，求λ的值.

19．已知$X\sim B(100,0.1)$，$Y\sim N(-1,2^2)$，$D(X+Y)=15$，求$\mathrm{Cov}(X,Y)$，ρ_{xy}及$\mathrm{Cov}(2X,-3Y)$，$E(XY)$.

一、填空题

1．设随机变量X的概率密度为$f(x)=\dfrac{1}{\sqrt{\pi}}e^{-x^2+4x-4}$　$(-\infty<x<+\infty)$，则$E(X)=$________，$D(X)=$________.

2．设$E(X)=5$，$D(X)=3$，则$E(2X+1)=$________，$D(-2X+10)=$________.

3．若$X\sim B(50,0.2)$，则$E(X)=$________，$D(X)=$________.

4．若$X\sim P(5)$，则$E(X)=$________，$D(X)=$________.

5．已知 X 的概率密度为 $f(x)=\frac{1}{2\sqrt{2\pi}}\mathrm{e}^{-\frac{(x-1)^2}{8}}$ （$-\infty<x<+\infty$），则 $E(X)=$__________，$D(X)=$__________.

6．已知随机变量 X 与 Y 的相关系数为 0.5，$E(X)=E(Y)=0$，$E(X^2)=E(Y^2)=2$，则 $E\left[(X+Y)^2\right]=$__________.

7．设随机变量 X 服从参数为 λ 的泊松分布，则 $\frac{E(X)}{D(X)}=$__________.

8．设随机变量 $X\sim N(a,1^2)$，若 $E(X^2)=1$，则 $a=$__________.

9．X 服从 $[a,b]$ 上的均匀分布，则 $E(X)=$__________，$D(X)=$__________.

10．设 $X\sim N(3,2^2)$，则 $D(2-3X)=$__________，$E(2+3X^2)=$__________.

二、单选题

1．已知 $X\sim B(n,p)$，且 $E(X)=2.4$，$D(X)=1.44$，则 n, p 的值为（　　）

A．$n=4,\ p=0.6$；
B．$n=6,\ p=0.4$；
C．$n=3,\ p=0.8$；
D．$n=8,\ p=0.3$.

2．已知 $X\sim B(100,0.1)$，则 $D(X)$ 为（　　）

A．9；　B．10；　C．90；　D．120.

3．已知 $X\sim N(10,2^2)$，则 $D(3X+1)=$（　　）

A．9；　B．4；　C．36；　D．37.

4．若随机变量 X 的 $E(X)=3$，$D(X)=4$，则 $E(X^2)=$（　　）

A．7；　B．1；　C．13；　D．5.

5．设随机变量 X 的方差 $D(X)$ 存在，$Y=aX+b$（a，b 为常数），则（　　）

A．$D(X)=D(Y)$；
B．$D(Y)=aD(X)$；
C．$D(Y)=a^2D(X)$；
D．$D(Y)=a^2D(X)+b$.

6．设 $X\sim N(3,2^2)$, $Y\sim E(0.2)$，则下列式子错误的是（　　）

A．$E(X+Y)=8$；
B．$D(X+Y)=29$；
C．$E(X^2+Y^2)=63$；
D．$E\left(\frac{X}{2}+\frac{Y}{5}-\frac{5}{2}\right)=0$.

7．如果随机变量 X 服从（　　）上的均匀分布，则 $E(X)=3,\ D(X)=\frac{4}{3}$

A．$[0,6]$；　B．$[1,5]$；　C．$[-3,3]$；　D．$[2,4]$.

三、计算题

1．已知随机变量 X 的分布列为

X	-1	0	1	5
p	0.2	0.3	0.1	0.4

求：$E(X)$，$E(2-3X)$，$E(X^2)$，$D(X)$．

2．一口袋中有红球 3 个，白球 4 个，从中任取 5 个，求取出的 5 个球中所含白球数 X 的数学期望与方差．

3．已知某人射击的命中率为 0.8，试求：（1）此人射击一次的平均命中次数；（2）此人独立射击四次的平均命中次数．

4．设 X 为连续型随机变量，且概率密度为

$$f(x)=\begin{cases}2x, & 0\leqslant x\leqslant 1,\\ 0, & \text{其他},\end{cases}$$

求 $E(X)$，$E(X^2)$，$D(X)$．

5．设随机变量 X 的概率密度为

$$f(x)=\begin{cases}\dfrac{1}{2}\cos\dfrac{x}{2}, & 0\leqslant x\leqslant \pi,\\ 0, & \text{其他},\end{cases}$$

对 X 独立重复观察 4 次，用 Y 表示观察值大于 $\dfrac{\pi}{3}$ 的次数，求 Y^2 的数学期望．

第 4 章　大数定律和中心极限定理

- 了解切比雪夫不等式
- 了解大数定律和中心极限定理
- 会用中心极限定理对独立同分布随机变量相关概率进行近似计算

本章将介绍有关随机变量序列的最基本的两类极限定理：大数定律和中心极限定理，它们在概率论与数理统计的理论研究和实际应用中都具有重要的意义.

我们可以注意到，随机现象的统计规律性是在相同条件下进行大量重复试验时呈现出来的. 例如，在概率的统计定义中，谈到一个事件发生的频率具有稳定性，即频率趋于事件的概率，这里是指试验的次数无限增大时，在某种收敛意义下逼近某一定数，这就是最早的一个大数定律. 一般的大数定律讨论 n 个随机变量平均值的稳定性. 大数定律对上述情况从理论的高度给予了概括和论证.

中心极限定理证明了在很一般的条件下，n 个随机变量的和当 $n \to \infty$ 时的极限分布是正态分布. 利用这些结论，在数理统计中许多复杂的随机变量的分布可以用正态分布近似，而正态分布有许多完美的理论，从而可以获得既简单又实用的统计分析.

下面将介绍大数定律和中心极限定理中最简单也是最重要的结论.

4.1　大数定律

4.1.1　切比雪夫（Chebyshev）不等式

定理 1（切比雪夫不等式）设随机变量 X 具有有限方差 $D(X)$，则对任一正数 ε，有

$$P\{|X-E(X)| \geqslant \varepsilon\} \leqslant \frac{D(X)}{\varepsilon^2}.$$

证　这里仅就连续型场合给出证明. 设随机变量 X 有分布密度 $f(x)$，于是

$$P\{|X-E(X)| \geqslant \varepsilon\} = \int_{|x-E(X)|\geqslant\varepsilon} f(x)\mathrm{d}x \qquad \text{（放大被积函数）}$$

$$\leqslant \int_{|x-E(X)|\geqslant\varepsilon} \frac{(x-E(X))^2}{\varepsilon^2} f(x)\mathrm{d}x \qquad \text{（放大积分区域）}$$

$$\leqslant \int_{-\infty}^{+\infty} \frac{(x-E(X))^2}{\varepsilon^2} f(x)\mathrm{d}x$$

$$= \frac{1}{\varepsilon^2}\int_{-\infty}^{+\infty}(x-E(X))^2 f(x)\mathrm{d}x$$
$$= \frac{D(X)}{\varepsilon^2}.$$

不等式表明，当方差 $D(X)$ 越来越小时，事件 $\{|X-E(X)| \geqslant \varepsilon\}$ 发生的概率将会变得更小．此时，X 落入 $E(X)$ 的小邻域 $(E(X)-\varepsilon, E(X)+\varepsilon)$ 内的可能性相当大．由此说明 X 的取值将集中在 $E(X)$ 的附近，这正是方差概念的本意．

切比雪夫不等式的等价形式是

$$P\{|X-E(X)|<\varepsilon\} \geqslant 1-\frac{D(X)}{\varepsilon^2}.$$

设想，取 $\varepsilon = k\sigma$，以及记 $E(X)=\mu,\ D(X)=\sigma^2$，于是有

$$P\{|X-\mu|<k\sigma\} \geqslant 1-\frac{\sigma^2}{k^2\sigma^2} = 1-\frac{1}{k^2}.$$

可见，不管随机变量 X 服从什么分布，X 落入区间 $(\mu-k\sigma, \mu+k\sigma)$ 内的概率不小于 $1-\frac{1}{k^2}$．当取 $k=3$ 时，X 落入区间 $(\mu-3\sigma, \mu+3\sigma)$ 内的概率不小于 0.8889．等价地，有 $P\{|X-\mu| \geqslant 3\sigma\} \leqslant 0.1111$，即 X 落入区间 $(\mu-3\sigma, \mu+3\sigma)$ 外的概率不大于 0.1111．于是 $\{|X-\mu| \geqslant 3\sigma\}$ 是发生可能性很小的事件．这里的概率估计与正态分布下的“3σ 原则”相比，精度不是很高，但它的最大优点是这种估计是在不涉及分布情况下进行的．

切比雪夫不等式仅仅借助数学期望、方差就给出了事件 $\{|X-E(X)| \geqslant \varepsilon\}$ 或事件 $\{|X-E(X)|<\varepsilon\}$ 的概率估计，所以它在应用和理论两方面都很有价值．大数定律的讨论将以此为工具．

例 1 已知随机变量 X 的期望 $E(X)=14$，方差 $D(X)=\frac{35}{3}$，试估计 $P\{10<X<18\}$ 的大小．

解 因为

$$P\{10<X<18\} = P\{10-E(X)<X-E(X)<18-E(X)\}$$
$$= P\{|X-14|<4\},$$

由切比雪夫不等式，得

$$P\{|X-14|<4\} \geqslant 1-\frac{35/3}{4^2} \approx 0.271.$$

即 $$P\{10<X<18\} \geqslant 0.271.$$

4.1.2 切比雪夫大数定理

众所周知，随机现象是在大量重复试验中才能呈现出明显的规律性．集中体现这个概率的是频率的稳定性，可是至今确切的数学含义尚不清晰．大数定律将为此提供理论依据．

定理 2（**切比雪夫大数定理**）假定 $X_1, X_2, \cdots, X_n$ 为两两相互独立的随机变量序列，且方差一致有上界，即存在有限常数 c，使得

$$D(X_i) \leqslant c, \qquad i=1, 2, 3, \cdots, n$$

则对任一正数ε，有

$$\lim_{n\to\infty} P\left\{\left|\frac{1}{n}\sum_{i=1}^{n} X_i - \frac{1}{n}\sum_{i=1}^{n} E(X_i)\right| < \varepsilon\right\} = 1 .$$

证 记$f_n = \frac{1}{n}\sum_{i=1}^{n} X_i$，于是

$$E(f_n) = E\left(\frac{1}{n}\sum_{i=1}^{n} X_i\right) = \frac{1}{n}\sum_{i=1}^{n} E(X_i),$$

$$D(f_n) = D\left(\frac{1}{n}\sum_{i=1}^{n} X_i\right) = \frac{1}{n^2}\sum_{i=1}^{n} D(X_i) \leqslant \frac{c}{n}.$$

对于随机变量f_n，运用切比雪夫不等式的等价形式，得

$$P\{|f_n - E(f_n)| < \varepsilon\} \geqslant 1 - \frac{D(f_n)}{\varepsilon^2},$$

于是

$$1 - \frac{c}{n\varepsilon^2} \leqslant P\left\{\left|\frac{1}{n}\sum_{i=1}^{n} X_i - \frac{1}{n}\sum_{i=1}^{n} E(X_i)\right| < \varepsilon\right\} \leqslant 1 .$$

从而，对于任一正数ε，有

$$\lim_{n\to\infty} P\left\{\left|\frac{1}{n}\sum_{i=1}^{n} X_i - \frac{1}{n}\sum_{i=1}^{n} E(X_i)\right| < \varepsilon\right\} = 1 .$$

满足$\lim_{n\to\infty} P\left\{\left|\frac{1}{n}\sum_{i=1}^{n} X_i - \frac{1}{n}\sum_{i=1}^{n} E(X_i)\right| < \varepsilon\right\} = 1$的随机变量序列$\{X_n\}$被称为服从大数定律. 这一结果由俄国数学家切比雪夫于1866年所证明. 它是关于大数定律的相当普遍的结论，许多大数定律的古典形式可视为其特例.

由切比雪夫大数定理，容易得出如下推论.

推论（辛钦大数定理）设随机变量$X_1, X_2, \cdots, X_n$相互独立且服从同一分布，$E(X_i) = \mu,\ D(X_i) = \sigma^2 < +\infty$，则

$$\lim_{n\to\infty} P\left\{\left|\frac{1}{n}\sum_{i=1}^{n} X_i - \mu\right| < \varepsilon\right\} = 1,$$

即n个相互独立同分布的随机变量的算术平均值以极大的可能性接近于它们的数学期望μ. 需要指出的是辛钦大数定理可以去掉$D(X_i) = \sigma^2 < +\infty$这个条件.

4.1.3 伯努利大数定理

定理 3（**伯努利大数定理**）假设事件A在一重伯努利试验中发生的概率为p，记随机变量n_A为A在n重伯努利试验中发生的次数. 则对于任一正数ε，有

$$\lim_{n\to\infty} P\left\{\left|\frac{n_A}{n} - p\right| < \varepsilon\right\} = 1 .$$

证 另记 A 在第 i 重伯努利试验中发生的次数为 $X_i(i=1,2,\cdots,n)$，则 X_i 服从以 p 为参数的两点分布．故 $E(X_i)=p$，$D(X_i)=p(1-p)$．又 $n_A=\sum_{i=1}^{n}X_i$，于是

$$\frac{n_A}{n}=\frac{1}{n}\sum_{i=1}^{n}X_i,\quad E\left(\frac{n_A}{n}\right)=\frac{1}{n}\sum_{i=1}^{n}E(X_i)=p.$$

此外，

$$D(X_i)=p(1-p)\leqslant\frac{1}{4}.$$

对随机变量 $\frac{n_A}{n}$ 使用切比雪夫定理，得

$$\lim_{n\to\infty}P\left\{\left|\frac{n_A}{n}-p\right|<\varepsilon\right\}=1.$$

大数定律揭示了大量随机变量在取极限的过程中的概率性质．

切比雪夫大数定理告诉我们，随机变量的算术平均以极大的可能性接近于它们的数学期望的平均．由此说明，在给定的条件下，随机变量的平均几乎是一个确定的常数．这为在实际工作中广泛使用的算术平均法则提供了理论依据．例如，为确定某一零件的长度，在相同条件下进行了 n 次重复测量，每次测量值不尽相同．那么，究竟采用哪一次测量值作为长度真值的近似呢？依据切比雪夫定理，应以所有测量值的平均作为零件长度真值的近似为最佳．

伯努利大数定理确切的数学含义是频率 $f_n=\frac{n_A}{n}$ 将依概率 1 收敛于事件概率 p．这就是说，伯努利定理以严格的数学形式表述了频率稳定于概率的事实．这样，频率的稳定性以及由此形成的统计定义就有了理论上的依据．同时也提示了我们，当 n 充分大时，可用事件发生的频率来近似替代该事件发生的概率．

4.2 中心极限定理

前面我们提到，在自然现象和社会现象中，大量的随机变量都是服从或近似服从正态分布的．中心极限定理就是以此为背景的，关于“在一定条件下大量的相互独立的随机变量和的极限分布是正态分布”的一系列定理．在这里只介绍其中两个．

4.2.1 独立同分布中心极限定理

定理 4（独立同分布中心极限定理） 设 $X_1, X_2,\cdots, X_n$ 相互独立同分布，且 $E(X_i)=\mu$，$D(X_i)=\sigma^2>0$，则对一切实数 x，有

$$\lim_{n\to\infty}P\left\{\frac{\sum_{i=1}^{n}X_i-n\mu}{\sqrt{n}\sigma}\leqslant x\right\}=\frac{1}{\sqrt{2\pi}}\int_{-\infty}^{x}\mathrm{e}^{-\frac{t^2}{2}}\mathrm{d}t=\Phi(x).$$

此定理说明，相互独立且服从同一分布，但不一定服从正态分布的随机变量 X_1，X_2，

…, X_n 的 n 项和的标准化随机变量

$$\frac{\sum_{i=1}^{n} X_i - n\mu}{\sqrt{D\left(\sum_{i=1}^{n} X_i\right)}} \triangleq Z_n,$$

在 n 充分大时，Z_n 近似服从标准正态分布，n 项和 $\sum_{i=1}^{n} X_i$ 近似服从正态分布 $N(n\mu, n\sigma^2)$.

进一步还有以下结论：在一定的条件下，定理 4 中的 X_1, X_2, …, X_n 服从同一分布的条件可以去掉，只要 X_1, X_2, …, X_n 独立，$E(X_i)=\mu_i$, $D(X_i)=\sigma_i^2$($i=1, 2, \cdots, n$) 存在，则 n 充分大时，同样有上述结论. 在许多问题中，所考虑的随机变量经常可以表示成这样的大量相互独立的随机变量之和，因而近似服从正态分布. 这就是为什么正态分布在概率论中占有重要地位的主要原因.

例 1 已知相互独立的随机变量 X_1, X_2, …, X_{100} 都在区间 $[-1,1]$ 上服从均匀分布，试求这些随机变量总和的绝对值不超过 10 的概率.

解 由均匀分布的题设可知

$$E(X_i)=0,\ D(X_i)=\frac{[1-(-1)]^2}{12}=\frac{1}{3}, \quad (i=1, 2, \cdots, 100)$$

于是，对于它们的总和 $n_A=\sum_{i=1}^{100} X_i$，有

$$E(n_A)=0,\ D(n_A)=\frac{100}{3},$$

且

$$n_A \sim N\left(0, \frac{100}{3}\right),$$

故

$$\begin{aligned} P\{|n_A|<10\} &= P\{-10<n_A<10\} \\ &\approx \Phi\left(\frac{10}{\sqrt{100/3}}\right)-\Phi\left(\frac{-10}{\sqrt{100/3}}\right) \\ &= \Phi(1.73)-\Phi(-1.73)=2\Phi(1.73)-1 \\ &= 2\times 0.958\,2-1=0.916\,4. \end{aligned}$$

定理 4 的特例是最终完成于 18 世纪中叶、被誉为第一个中心极限定理的棣莫弗一拉普拉斯（De Moiver一Laplace）中心极限定理.

4.2.2 棣莫弗－拉普拉斯中心极限定理

定理 5（棣莫弗一拉普拉斯中心极限定理） 设 X_1, X_2, …, X_n 相互独立且 $X_i \sim B(1,p)$（$i=1, 2, \cdots, n$），$n_A=\sum_{i=1}^{n} X_i \sim B(n,p)$，则对任意一个 x（$-\infty<x<+\infty$），总有

$$\lim_{n\to\infty} P\left\{\frac{n_A - np}{\sqrt{np(1-p)}} \leqslant x\right\} = \frac{1}{\sqrt{2\pi}}\int_{-\infty}^{x} \mathrm{e}^{-\frac{t^2}{2}}\mathrm{d}t = \Phi(x).$$

由此定理可知：当n充分大时，二项分布$B(n,p)$可近似地用正态分布$N(np,(\sqrt{np(1-p)})^2)$来代替．因此，当$X\sim B(n,p)$，且n充分大时，有

$$P\{a<x\leqslant b\}\approx\Phi\left(\frac{b-np}{\sqrt{np(1-p)}}\right)-\Phi\left(\frac{a-np}{\sqrt{np(1-p)}}\right).$$

由此，利用积分中值定理可以进一步证明对于随机变量$X\sim B(n,p)$，n充分大时，

$$P\{X=k\}\approx\frac{1}{\sqrt{2\pi np(1-p)}}\mathrm{e}^{-\frac{(k-np)^2}{2np(1-p)}}$$

$$=\frac{1}{\sqrt{np(1-p)}}\Phi\left(\frac{k-np}{\sqrt{np(1-p)}}\right)$$

其中，$\Phi(x)$为标准正态分布$N(0,1)$的分布函数．

这表明，除了泊松分布是二项分布的极限分布外，正态分布也是二项分布的极限分布．但前者以“$n\to\infty$同时$p\to 0$，$np\to\lambda$”为条件，而后者只要求$n\to\infty$这一条件．一般来说，对于n很大，p（或$1-p$）很小（$np\leqslant 5$）的二项分布，用泊松分布计算的近似程度较好；而当n较大（$n\geqslant 50$，或放宽到$n\geqslant 30$）且p不太接近0或1（一般$0.1\leqslant p\leqslant 0.9$，$\sqrt{np(1-p)}\geqslant 3$）时，常用正态分布来近似计算．

例2　每颗炮弹命中飞机的概率都为0.01．求：（1）500发炮弹命中5发的概率；（2）500发炮弹至少命中2发的概率．

解　（1）500发炮弹命中飞机的炮弹数$X\sim B(n,p)$，

$$n=500,\ p=0.01,\ np=5,\ \sqrt{np(1-p)}\approx 2.225.$$

下面用三种方法计算并加以比较．

①用二项分布计算$\lambda=np=5$．

$$P\{X=5\}=\mathrm{C}_{500}^{5}\times 0.01^5\times 0.99^{495}=0.176\ 35;$$

②用泊松分布近似计算．

$$P\{X=5\}\approx\frac{5^5}{5!}\mathrm{e}^{-5}\approx 0.175\ 467;$$

③用正态分布近似计算．

$$P\{X=5\}\approx\frac{1}{\sqrt{np(1-p)}}\Phi\left(\frac{5-np}{\sqrt{np(1-p)}}\right)\approx 0.179\ 3.$$

比较上述结果可见，此时用泊松分布比用正态分布要好．

（2）要求的是$P\{X\geqslant 2\}$．

①用二项分布计算．

$$P\{X\geqslant 2\}=1-P\{X=0\}-P\{X=1\}$$

$$=1-\mathrm{C}_{500}^{0}\times 0.01^0\times 0.99^{500}-\mathrm{C}_{500}^{1}\times 0.01^1\times 0.99^{499}$$

$$\approx 0.960\ 24;$$

②用泊松分布近似计算 $\lambda = np = 5$.

$$P\{X \geqslant 2\} \approx 1 - \frac{5^0}{0!}e^{-5} - \frac{5^1}{1!}e^{-5} \approx 0.959\ 57;$$

③用正态分布近似计算.

$$\begin{aligned} P\{X \geqslant 2\} &\approx 1 - P\{X < 2\} = 1 - P\{X \leqslant 1\} \\ &\approx 1 - \Phi\left(\frac{1-np}{\sqrt{np(1-p)}}\right) \\ &= 1 - \Phi(-1.797\ 8) \\ &= 0.963\ 27. \end{aligned}$$

例 3 设一个车间有 400 台同类型的机器，每台机器工作需要用电为 Q 瓦. 由于工艺关系，每台机器并不连续开动，开动的时间只占工作时间的 $\frac{3}{4}$. 问应该供应多少瓦电力才能以 99% 的概率保证该车间的机器正常工作？这里，假定各台机器的停、开是相互独立的.

解 令 X 为考虑的时刻正在开动的机器的台数. 那么 X 可以看作是 400 次相互独立的重复试验中事件“开动”出现的次数. 在每次试验中，“开动”的概率为 $\frac{3}{4}$. 因此，X 服从 $B\left(400, \frac{3}{4}\right)$.

由于 $n = 400$ 比较大，所以，由棣莫弗—拉普拉斯中心极限定理，对于任一实数 x，有

$$P\left\{\frac{X - 400 \cdot \frac{3}{4}}{\sqrt{400 \cdot \frac{3}{4}\left(1 - \frac{3}{4}\right)}} \leqslant x\right\} \approx \Phi(x).$$

现在，希望 $\Phi(x) = 0.99$. 查正态分布表，得满足这个等式的 x 为 2.326. 因此

$$P\left\{\frac{X - 400 \cdot \frac{3}{4}}{\sqrt{400 \cdot \frac{3}{4}\left(1 - \frac{3}{4}\right)}} \leqslant 2.326\right\} \approx 0.99.$$

即

$$\begin{aligned} X &\leqslant 400 \cdot \frac{3}{4} + 2.326\sqrt{400 \cdot \frac{3}{4}\left(1 - \frac{3}{4}\right)} \\ &= 300 + 2.326 \times 20 \times \frac{\sqrt{3}}{4} \approx 300 + 20 = 320. \end{aligned}$$

从而，只要供应 $320Q$ 瓦电力便能以 99%的概率保证该车间的机器正常工作.

一、切比雪夫不等式

设随机变量X具有有限方差$D(X)$，则对任一正数ε，有

$$P\{|X-E(X)|\geqslant\varepsilon\}\leqslant\frac{D(X)}{\varepsilon^2}.$$

其等价形式为

$$P\{|X-E(X)|<\varepsilon\}\geqslant 1-\frac{D(X)}{\varepsilon^2}.$$

二、大数定律

1. 切比雪夫大数定理

假定$X_1, X_2, \cdots, X_n$为两两相互独立的随机变量序列，且方差一致有上界，即存在有限常数c，使得

$$D(X_i)\leqslant c(i=1, 2, 3, \cdots, n),$$

则对任一正数ε，有

$$\lim_{n\to\infty}P\left\{\left|\frac{1}{n}\sum_{i=1}^{n}X_i-\frac{1}{n}\sum_{i=1}^{n}E(X_i)\right|<\varepsilon\right\}=1.$$

2. 辛钦大数定理

设随机变量$X_1, X_2, \cdots, X_n$相互独立且服从同一分布，$E(X_i)=\mu$, $D(X_i)=\sigma^2<+\infty$，则

$$\lim_{n\to\infty}P\left\{\left|\frac{1}{n}\sum_{i=1}^{n}X_i-\mu\right|<\varepsilon\right\}=1,$$

即n个相互独立同分布的随机变量的算术平均值以极大的可能性接近于它们的数学期望μ.

3. 伯努利大数定理

假定事件A在一重伯努利试验中发生的概率为p，记随机变量n_A为A在n重伯努利试验中发生的次数. 则对于任一正数ε，有

$$\lim_{n\to\infty}P\left\{\left|\frac{n_A}{n}-p\right|<\varepsilon\right\}=1.$$

三、中心极限定理

1. 独立同分布的极限定理

设$X_1, X_2, \cdots, X_n$相互独立同分布且$E(X_i)=\mu, D(X_i)=\sigma^2>0$，则对一切实数$x$，有

$$\lim_{n\to\infty}P\left\{\frac{\sum_{i=1}^{n}X_i-n\mu}{\sqrt{n}\sigma}\leqslant x\right\}=\frac{1}{\sqrt{2\pi}}\int_{-\infty}^{x}\mathrm{e}^{-\frac{t^2}{2}}\mathrm{d}t=\Phi(x).$$

2．棣莫弗－拉普拉斯中心极限定理

设 $X_1, X_2, \cdots, X_n$ 相互独立且 $X_i \sim B(1,p)(i=1,2,\cdots,n)$，$n_A=\sum\limits_{i=1}^{n} X_i \sim B(n,p)$，则对任意一个 $x(-\infty<x<+\infty)$，总有

$$\lim_{n\to\infty} P\left\{\frac{n_A-np}{\sqrt{np(1-p)}}\leqslant x\right\}=\frac{1}{\sqrt{2\pi}}\int_{-\infty}^{x} e^{-\frac{t^2}{2}}\mathrm{d}t=\Phi(x).$$

结论:（1）当 n 充分大时，二项分布 $\mathrm{B}(n,p)$ 可近似地用正态分布 $N(np,(\sqrt{np(1-p)})^2)$ 来代替.

（2）对于随机变量 $X\sim B(n,p)$，当 n 充分大时，有

$$P\{a<x\leqslant b\}\approx\Phi\left(\frac{b-np}{\sqrt{np(1-p)}}\right)-\Phi\left(\frac{a-np}{\sqrt{np(1-p)}}\right).$$

（3）对于随机变量 $X\sim B(n,p)$，当 n 充分大时,

$$P\{X=k\}\approx\frac{1}{\sqrt{2\pi np(1-p)}}e^{-\frac{(k-np)^2}{2np(1-p)}}$$

$$=\frac{1}{\sqrt{np(1-p)}}\Phi\left(\frac{k-np}{\sqrt{np(1-p)}}\right)$$

其中，$\Phi(x)$ 为标准正态分布 $N(0,1)$ 的分布函数.

习题四

1．现有某种农作物的种子，其发芽率为95%．利用切比雪夫不等式估计是否可以用大于95%的概率保证在1 000粒这样的种子中发芽的种子数在905～995之间.

2．设 $X_1, X_2, \cdots, X_{20}$ 相互独立且都服从均匀分布 $U[0,1]$，记 $Y_{20}=\sum\limits_{i=1}^{20} X_i$，求

（1）$P\{Y_{20}<9.1\}$，（2）$P\{8.5<Y_{20}<11.7\}$.

3．有一批灯泡，一等品占 $\frac{1}{5}$，从中任取1000只，问:（1）能以0.95的概率保证其中一等品的比例与 $\frac{1}{5}$ 相差不超过多少？（2）能以95%的概率断定在这1000只灯泡中一等品的个数在什么范围内？

4．袋装味精用机器装袋，每袋的净重为随机变量，且相互独立，其期望值为100g，标准差为10g．一纸箱内装200袋，求纸箱内味精净重大于20.5 kg的概率.

5．某学校有二年级学生2 000人，在某期间内，每个学生想借某种教学参考书的概率都是0.1．试估计图书馆至少应准备多少本这样的书，才能以97%的概率满足同学的借书需要.

一、填空题

1．设随机变量 X 的方差为 2，则根据切比雪夫不等式，$P\{|X-E(X)|\geqslant 2\}\leqslant$__________.

2．设 X_1，X_2，…，X_{100} 独立同分布，期望为 1，方差为 2.4，则 $P\left\{\sum_{i=1}^{100}X_i\geqslant 90\right\}=$__________.

3．设 X_1，…，X_n 独立同服从参数为 λ 的指数分布，则 $\lim\limits_{n\to\infty}P\left\{\frac{1}{\sqrt{n}}\left(\lambda\sum_{i=1}^{n}X_i-n\right)\leqslant x\right\}=$__________.

4．一部件包括 10 部分，每部分的长度是一个随机变量．它们相互独立，且服从同一分布，其数学期望为 2 mm，均方差为 0.05 mm．规定总长度为（20 ± 0.1）mm 时产品合格，则产品合格的概率的近似值为__________.

二、计算题

1．从一大批废品率为 0.01 的产品中，任取 400 件．试求（1）其中有 4 件废品的概率；（2）至少有两件废品的概率．

2．计算机在进行加法时，每个加数取整数（取最接近它的整数）．设所有的取整误差是相互独立的，且它们都在[−0.5,0.5]上服从均匀分布．若将 1500 个数相加，求误差总和的绝对值超过 15 的概率．

3．设某保险公司的老年人寿保险一年有一万人参加，每人每年交保险金 40 元．若老人死亡，公司付给家属 2 000 元．设老年死亡率为 0.017，试求保险公司在这次保险中亏本的概率．

4．某单位设置一电话总机，共有 200 架电话分机．设每个电话分机是否使用外线通话是相互独立的，设每时刻每个分机有 5%的概率使用外线通话．问至少需要设计多少外线才能不低于 90%的概率保证每个分机要使用外线时可供使用？

第 5 章　数理统计初步

- 理解总体、个体、样本和统计量的概念，掌握直方图的作法
- 了解 χ^2 分布、t 分布、F 分布的定义，并会查表计算
- 理解点估计的概念，了解矩估计算法（一阶、二阶），了解估计量的评选标准（无偏性、有效性）
- 理解区间估计的概念，会求单个和两个正态总体的均值与方差的置信区间
- 理解假设检验的基本概念，掌握假设检验的基本算法，知道假设检验可能产生的两类错误
- 掌握单个正态总体的均值与方差的假设检验

概率论是研究随机现象统计规律性的一门学科，例如随机变量的概率分布、数字特征等. 而数理统计学则是运用概率论的基本知识，对所要研究的随机现象通过进行多次观察或试验，研究如何合理地获得数据资料，并根据获得的数据资料运用有效的数学方法，对所关心的问题作出科学的估计与检验. 也就是说数理统计所研究的对象不外乎有以下两个方面：一是如何更合理地获得试验数据，这就是所谓的试验设计问题；二是如何对获得的试验数据进行合理的分析，从而对所关心的问题作出尽可能精确可靠的结论，这就是所谓的统计推断问题. 下面介绍数理统计的有关概念.

5.1　样本与统计量

5.1.1　总体与样本

在数理统计中，将所研究对象的全体称为总体（或母体），组成总体的每个单元称为个体. 总体中所含个体的总数称为总体的容量. 容量为有限的称为有限总体，容量为无限的称为无限总体.

例如，考察某大学学生的学习情况. 总体：该大学的所有学生的学习情况；个体：该大学的每个学生的学习情况. 再如，考察某一天的气温. 总体：该天的气温；个体：该天各个时刻的气温. 前者为有限总体，后者为无限总体.

在统计问题中，我们关心的不是每个个体的所有特性，而仅仅是它的某一项或某几项数量指标和该数量指标在总体中的分布情况. 对总体而言，一个数量指标就是一个随机变量. 由于我们主要是研究总体的某个数量指标，所以总体也可以等同地视为一个随机变量 X，总体的分布就是指对应的随机变量的分布.

若采取对每个个体逐一地进行观察来获取总体 X 的分布情况是不切实际的. 因为对某些总体 X 的取值试验是具有破坏性的. 例如，考察灯泡的寿命，一旦某灯泡的寿命被测得，该灯泡也就报废了；另外，有些观测需要耗费大量的时间、人力和物力等，或受客观条件所限，不能逐一进行观察，所以我们只需进行有限次观察.

以研究灯泡寿命为例，若随机地从总体中抽取一个个体，其使用寿命值在观测前是不可预知的，因此，每次观测的使用寿命值也可看作是一个随机变量. 若观测 n 次，则依次对应着 n 个随机变量 $X_1, X_2, \cdots, X_n$. X_i 的取值 x_i 为第 i 次所观测到的结果. 称这组随机变量 $X_1, X_2, \cdots, X_n$ 为来自总体 X 的一个样本，记为 $(X_1, X_2, \cdots, X_n)$，称 n 为样本容量，称 $(x_1, x_2, \cdots, x_n)$ 为样本观察值，简称样本值. 由于抽取的随机性，在一个总体中，两次抽取相同容量的样本，所得的样本值 $(x_1, x_2, \cdots, x_n)$ 和 $(x_1', x_2', \cdots, x_n')$ 不一定相同. 因此，样本 $(X_1, X_2, \cdots, X_n)$ 是一个 n 维随机变量.

抽取样本的目的是根据样本的取值情况来推断出总体的情况. 由于样本取值的随机性给推断带来一定程度的不确定性，因此，在有限次观测中所抽取的样本应尽可能地反映总体的真实情况，这就要求样本应具有以下两个性质：

（1）代表性：每个随机变量 X_i 与总体 X 具有相同的分布，即 X_i 与 X 同分布；

（2）独立性：$X_1, X_2, \cdots, X_n$ 相互独立，即每次观测结果互不影响.

满足以上两个条件的样本 $(X_1, X_2, \cdots, X_n)$ 称为简单随机样本，简称样本，而取得这种样本的抽样方法称为简单随机抽样，由此可知 $X_1, X_2, \cdots, X_n$ 是独立且同分布的. 若不特别声明，本书所说样本和抽样都是指简单随机样本和简单随机抽样. 在实际中，采取放回随机抽样或当 $\dfrac{n}{N} \leqslant 0.1$（$N$ 为总体容量）时的不放回随机抽样所得的样本，可以认为是简单随机样本.

综上所述，所谓总体就是随机变量 X，样本就是相互独立且与总体 X 同分布的随机变量 $X_i(i=1, 2, \cdots, n)$ 所组成的 n 维随机变量 $(X_1, X_2, \cdots, X_n)$，每一次具体抽样所得结果 $(x_1, x_2, \cdots, x_n)$ 就是样本观察值.

设总体 X 的分布函数为 $F(x)$，则样本 $(X_1, X_2, \cdots, X_n)$ 的联合分布函数为

$$F(x_1, x_2, \cdots, x_n) = \prod_{i=1}^{n} F(x_i).$$

如果总体为离散型随机变量，其分布列为 $P\{X = x_i\} = p_i (i=1, 2, \cdots, n)$，则样本的联合分布列为

$$P\{X_1 = x_{i_1}, X_2 = x_{i_2}, \cdots, X_n = x_{i_n}\} = \prod_{k=1}^{n} p_{i_k}.$$

如果总体为连续型随机变量，其概率密度函数为 $f(x)$，则样本的联合概率密度为

$$f(x_1, x_2, \cdots, x_n) = \prod_{i=1}^{n} f(x_i).$$

例 1 设 $(X_1, X_2, \cdots, X_n)$ 为来自总体 $X \sim N(\mu, \sigma^2)$ 的样本，试写出 $(X_1, X_2, \cdots, X_n)$ 的

联合概率密度，并计算 $E(\bar{X})$，$D(\bar{X})$，其中 $\bar{X}=\frac{1}{n}\sum_{i=1}^{n}X_i$.

解 由于 X 的概率密度为

$$f(x)=\frac{1}{\sqrt{2\pi}\sigma}\mathrm{e}^{-\frac{(x-\mu)^2}{2\sigma^2}},$$

因此样本的联合概率密度为

$$f(x_1,\ x_2,\ \cdots,\ x_n)=\frac{1}{(\sqrt{2\pi}\sigma)^n}\mathrm{e}^{-\frac{1}{2\sigma^2}\sum_{i=1}^{n}(x_i-\mu)^2}.$$

因为 $E(X)=\mu$，$D(X)=\sigma^2$，所以

$$E(\bar{X})=E(\frac{1}{n}\sum_{i=1}^{n}X_i)=\frac{1}{n}\sum_{i=1}^{n}E(X_i)=\mu,$$

$$D(\bar{X})=D(\frac{1}{n}\sum_{i=1}^{n}X_i)=\frac{1}{n^2}\sum_{i=1}^{n}D(X_i)=\frac{\sigma^2}{n}.$$

5.1.2 统计量

虽然样本是总体的代表与反映，但抽样所得的样本值初看起来是杂乱无序的，必须先对这些数据进行加工与整理，将样本中所包含的信息集中起来．整理与加工的方法千差万别，其中之一就是根据问题的需要相应地构造出样本的某种函数．这样的函数，在数理统计中称为统计量．

定义 1 设 $(X_1,\ X_2,\ \cdots,\ X_n)$ 为来自总体 X 的一个样本，若 $X_1,\ X_2,\ \cdots,\ X_n$ 的某一 n 元函数 $f(X_1,\ X_2,\cdots,\ X_n)$ 不含任何未知参数，则称 $f(X_1,\ X_2,\cdots,\ X_n)$ 为样本 $(X_1,\ X_2,\ \cdots,\ X_n)$ 的一个统计量．

若 $(x_1,\ x_2,\ \cdots,\ x_n)$ 是样本观察值，则 $f(x_1,\ x_2,\ \cdots,\ x_n)$ 是 $f(X_1,\ X_2,\cdots,\ X_n)$ 的一次观察值．

注： 因为样本 $(X_1,\ X_2,\ \cdots,\ X_n)$ 是随机变量，而 $f(X_1,\ X_2,\ \cdots,\ X_n)$ 为样本函数，所以 $f(X_1,\ X_2,\ \cdots,\ X_n)$ 也是一个随机变量．

例如，设 $(X_1,\ X_2,\ \cdots,\ X_n)$ 为来自正态总体 $N(\mu,\sigma^2)$ 的一个样本，参数 μ 已知，σ^2 未知，则

$$f_1(X_1,\ X_2,\ \cdots,\ X_n)=X_1^2+X_2^2+\cdots+X_n^2$$

及

$$f_2(X_1,\ X_2,\ \cdots,\ X_n)=X_1+X_2+\cdots+X_n-n\mu$$

都是统计量；

而

$$f_3(X_1,\ X_2,\ \cdots,\ X_n)=X_1^2+X_2^2+\cdots+X_n^2-n\sigma^2$$

及

$$f_4(X_1,\ X_2,\ \cdots,\ X_n)=\frac{1}{\sigma^2}\sum_{i=1}^{n}(X_i-\mu)^2$$

都不是统计量．

常用的统计量有：

（1）样本均值

$$\bar{X}=\frac{1}{n}\sum_{i=1}^{n}X_i$$

（2）样本方差

$$S^2=\frac{1}{n-1}\sum_{i=1}^{n}(X_i-\bar{X})^2=\frac{1}{n-1}(\sum_{i=1}^{n}X_i^2-n\bar{X}^2)$$

（3）样本标准差（样本均方差）

$$S=\sqrt{S^2}=\sqrt{\frac{1}{n-1}\sum_{i=1}^{n}(X_i-\bar{X})^2}$$

（4）k 阶样本原点矩

$$A_k=\frac{1}{n}\sum_{i=1}^{n}X_i^k\ (k=1,2,\cdots)$$

（5）k 阶样本中心矩

$$B_k=\frac{1}{n}\sum_{i=1}^{n}(X_i-\bar{X})^k\ (k=2,3,\cdots)$$

以上统计量称为样本的数字特征，其相应的观察值分别为：

（1）样本均值

$$\bar{x}=\frac{1}{n}\sum_{i=1}^{n}x_i$$

（2）样本方差

$$s^2=\frac{1}{n-1}\sum_{i=1}^{n}(x_i-\bar{x})^2=\frac{1}{n-1}(\sum_{i=1}^{n}x_i^2-n\bar{x}^2)$$

（3）样本标准差（样本均方差）

$$s=\sqrt{s^2}=\sqrt{\frac{1}{n-1}\sum_{i=1}^{n}(x_i-\bar{x})^2}$$

（4）k 阶样本原点矩

$$a_k=\frac{1}{n}\sum_{i=1}^{n}x_i^k\ (k=1,2,\cdots)$$

（5）k 阶样本中心矩

$$b_k=\frac{1}{n}\sum_{i=1}^{n}(x_i-\bar{x})^k\ (k=2,3,\cdots)$$

性质 若总体 X 的期望为 μ，方差为 σ^2，则

（1）$E(\bar{X})=E(X)=\mu$；

（2）$D(\bar{X})=\dfrac{D(X)}{n}=\dfrac{\sigma^2}{n}$；

（3）$E(S^2)=D(X)=\sigma^2$.（证略）

5.1.3 直方图

为研究随机现象，通常要通过随机抽样来取得统计数据．一般来自某总体 X 容量为 n 的样本观察值 x_1，x_2，…，x_n 也是杂乱无序的，经整理后才能显示出其内在的规律性．直方图就是在对这些统计数据进行加工整理的基础上，作出能近似地反映总体概率分布情况的图形．常用的是频数直方图与累积频率直方图．

下面举例说明直方图的作法．

例 2 由于随机因素的影响，某铅球运动员的铅球出手速度可看作是一个随机变量．下面是一组出手速度的观测统计数据．试根据这组数据，作频数直方图、频率直方图及累积频率直方图．

数据（单位：m/s）如下：

13.51 14.08 13.82 13.40 13.77 13.41 13.56 14.08 13.23 13.35

13.09 13.86 13.07 13.39 13.30 13.58 13.95 13.59 13.45 13.76

13.58 13.47 13.39 13.35 13.37 13.46 13.20 13.18 13.21 13.38

解 首先对原始数据进行整理，作出频率分布表，其步骤为：

（1）找出这组数据中最小的数 $m=13.07$，最大的数 $M=14.08$，极差为 $M-m=14.08-13.07=1.01$；

（2）根据样本容量，将这组数据分为 k 组，k 应与样本容量 n 的大小相适应，一般地

$30\leqslant n\leqslant 40$，　取 $5\leqslant k\leqslant 6$

$40\leqslant n\leqslant 60$，　取 $6\leqslant k\leqslant 8$

$60\leqslant n\leqslant 100$，　取 $8\leqslant k\leqslant 10$

$100\leqslant n\leqslant 500$，　取 $10\leqslant k\leqslant 20$

本例中 $n=30$，可取 $k=5$．

（3）取第一个分点 X_0 略小于最小数 m，最后一个分点 X_k 略大于最大数 M．本例取 $X_0=13.06,\ X_k=14.11$．

（4）计算组距 d：一般采取等距分组（也可不等距分组），组距等于极差除以组数，即组距 $d=\dfrac{M-m}{k}$（即组距$=\dfrac{极差}{组数}$）．除 X_0，X_k 外，其余 $k-1$ 个分点为 $X_i=X_0+id$（$i=1, 2, \cdots, k-1$）．这样就得到了 k 个区间：$(X_0,X_1],(X_1,X_2],\cdots,(X_{k-1},X_k]$．

本例组距为：$d=\dfrac{14.11-13.06}{5}=\dfrac{1.01}{5}=0.202\approx 0.21$（即可取比 0.202 稍大的数），取 $X_i=13.06+0.21i$（$i=1, 2, 3, 4$），得到 5 个区间为：$(13.06,13.27],\cdots,(13.90,14.11]$．

（5）用唱票法统计落入第 i 个区间的样本个数，计算各组频数、频率（频数/n）及累积频率，作出频率分布表．

组序	各组范围	频数 ν_i	频率 $f_i=\nu_i/n$（%）	累积频率 F_i（%）
1	13.06～13.27	6	20	20
2	13.27～13.48	12	40	60
3	13.48～13.69	5	16.7	76.7
4	13.69～13.90	4	13.3	90
5	13.90～14.11	3	10	100

（6）作直方图.

①频数直方图（见图 5.1）.

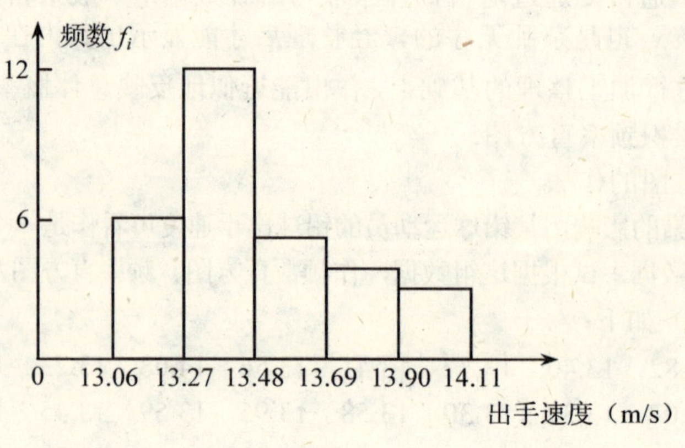

图 5.1

②频率直方图（见图 5.2）.

在以样本值为横坐标，频率/组距为纵坐标的直角坐标系中，以分组区间为底，落入此区间的样本频率 f_i 与 d 之商 $\dfrac{f_i}{d}$ 为高作一系列矩形，即得到频率直方图. 此时若 X 为连续随机变量（如本例），则可大致通过各小矩形顶部（中点）描绘出一条光滑曲线，这条曲线就是 X 的密度函数的一条近似曲线（读者可自行作出）.

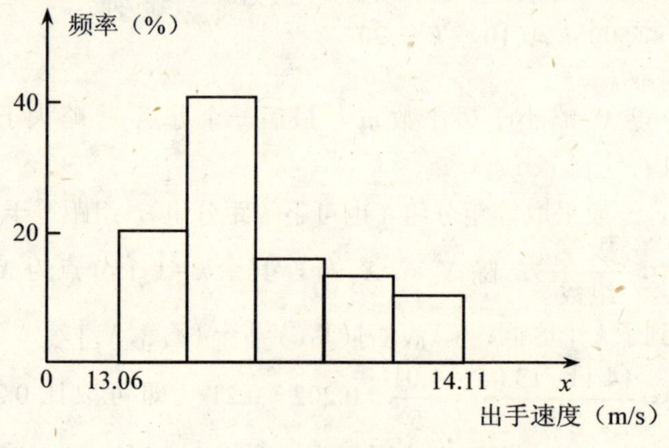

图 5.2

注：作频率直方图时以 $d=0.21$ 为底，以 $Y_i=\dfrac{f_i}{x_{i+1}-x_i}=\dfrac{f_i}{d}=\dfrac{f_i}{0.21}$ 为高，而不以 f_i 为高作一系列矩形，是为了使直方图中各矩形面积之和等于 1. 连接直方条的顶边中点所形成的阶梯曲线称为频率密度曲线. 可以想象，当数据不断增加，分组越来越多，组距也越来越小，频率密度曲线将接近于总体的真实分布密度曲线，即所谓概率密度曲线.

③累积频率直方图（见图 5.3）.

以分组区间为底，累积频率为高作一系列矩形，即得到累积频率直方图. 此时若 X 为连续随机变量（如本例），也可大致通过各小矩形顶部（中点）描绘出一条光滑曲线（读者可自行作出），这条曲线近似地勾画出了出手速度 X 的分布函数 $F(x)$ 的图形.

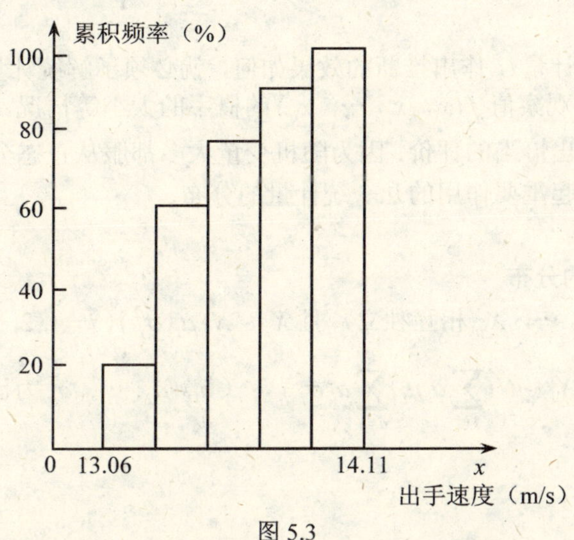

图 5.3

注：对于连续型随机变量，可以把频率直方图作为总体概率密度曲线的一种近似. 对于离散型随机变量而言，由于没有密度曲线的概念，因此，对离散型随机变量，频率直方图只是直观地表明在各区间取值的概率的大小. 但累积频率直方图所代表的曲线 $F_n(x)$ 无论是对离散型还是连续型随机变量来说，都是总体分布函数曲线 $F(x)$ 的近似曲线.

5.1.4 样本分布函数

如果对样本数据作不等距分组，就可以得到以下形式的分布函数 $F_n(x)$.

定义 2 设总体为 X，样本 $(X_1, X_2, \cdots, X_n)$ 的观察值为 $(x_1, x_2, \cdots, x_n)$，将 $x_1, x_2, \cdots, x_n$ 从小到大排列为 $x_1^* \leqslant x_2^* \leqslant \cdots \leqslant x_n^*$，令

$$F_n(x)=\begin{cases} 0, & x<x_1^*, \\ 1/n, & x_1^* \leqslant x<x_2^*, \\ 2/n, & x_2^* \leqslant x<x_3^*, \\ \vdots & \vdots \\ k/n, & x_k^* \leqslant x<x_{k+1}^*, \\ \vdots & \vdots \\ 1, & x \geqslant x_n^*, \end{cases}$$

则称 $F_n(x)$ 为样本分布函数（或经验分布函数）.

对任意实数 x，$F_n(x)$ 等于样本的 n 个观察值 $x_1, x_2, \cdots, x_n$ 中不超过 x 的观察值的个数除以样本容量 n. 由频率与概率的关系知，$F_n(x)$ 可作为总体分布函数 $F(x)$ 的近似，n 越大，近似程度越好.

5.1.5 抽样分布

统计量是随机变量，其取值具有随机性. 因此，用统计量对总体作出的推断结果带有一

定程度的不确定性. 这种不确定性可用概率的大小来度量，称在一定的概率意义下作出的判断为统计推断.

为了了解用某个统计量 U 作出推断的效果如何，就必须了解统计量的概率分布及其性质，从而了解 U 取到所得的观察值 $f(x_1, x_2, \cdots, x_n)$ 的概率的大小等情况，进而可以对 U 的优劣及所作的推断的可靠性作出恰当的评价. 因为随机变量大多都服从正态分布，所以着重介绍在正态总体中的统计推断中起重要作用的几个统计量的分布.

一、几个重要分布

1．样本线性函数的分布

定理 1 设 $X_1, X_2, \cdots, X_n$ 相互独立，且 $X_i \sim N(\mu_i, \sigma_i^2)\ (i=1, 2, \cdots, n)$，则

$$U=\sum_{i=1}^{n} a_i X_i \sim N\left(\sum_{i=1}^{n} a_i \mu_i, \sum_{i=1}^{n} a_i^2 \sigma_i^2\right) \quad (a_1, a_2, \cdots, a_n \text{ 为已知常数}).$$

证明略.

2． χ^2 分布

定义 3 设 $(X_1, X_2, \cdots, X_n)$ 为来自总体 $X \sim N(0,1)$ 的一个样本，则称统计量 $\chi^2=\sum_{i=1}^{n} X_i^2$ 服从自由度为 n 的 χ^2（卡方）分布，记作 $\chi^2 \sim \chi^2(n)$.

注：自由度 n 指 $\sum_{i=1}^{n} X_i^2$ 中独立变量的个数.

χ^2 分布的密度函数为

$$f(x)=\begin{cases} \dfrac{1}{2^{\frac{n}{2}}\Gamma\left(\dfrac{n}{2}\right)} x^{\frac{n}{2}-1} \mathrm{e}^{-\frac{x}{2}}, & x>0, \\ 0, & x \leqslant 0, \end{cases}$$

其中 $\Gamma(t)$ 是伽玛函数，$\Gamma(t)=\int_0^{+\infty} x^{t-1} \mathrm{e}^{-x} \mathrm{d}x\ (t>0)$.

$f(x)$ 的图形如图 5.4 所示.

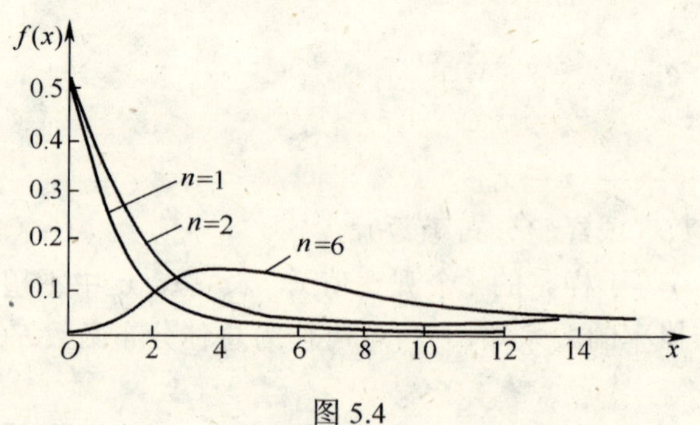

图 5.4

χ^2 分布具有如下两个性质：

性质 1 设 $\chi^2 \sim \chi^2(n)$，则 $E(\chi^2)=n$；$D(\chi^2)=2n$.

性质 2 （χ^2 分布具有可加性）若 Y_1，Y_2，…，Y_k 相互独立且 $Y_i \sim \chi^2(n_i)$（$i=1, 2, \cdots, k$），则 $\sum_{i=1}^{k} Y_i \sim \chi^2(n_1+n_2+\cdots+n_k)$．

χ^2 分布实际上是特殊的 $\Gamma(\lambda, p)$ 分布，其中 $\lambda=\frac{1}{2}$，$p=\frac{n}{2}$．

3．*t* 分布

定义 4 设 $X \sim N(0,1)$，$Y \sim \chi^2(n)$，且 X，Y 相互独立，则称 $T=\frac{X}{\sqrt{Y/n}}$ 服从自由度为 n 的 t 分布，记为 $T \sim t(n)$．

t 分布又称学生氏（Student）分布．$t(n)$ 分布的密度函数为

$$f(x)=\frac{\Gamma\left(\frac{n+1}{2}\right)}{\sqrt{n\pi}\,\Gamma\left(\frac{n}{2}\right)}\left(1+\frac{x^2}{n}\right)^{-\frac{n+1}{2}} \qquad (-\infty<x<+\infty)$$

t 分布密度函数图形如图 5.5 所示．

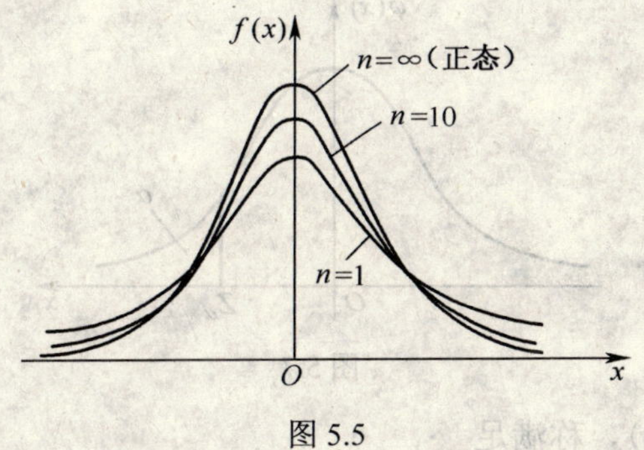

图 5.5

4．*F* 分布

定义 5 设 $X \sim \chi^2(n_1)$，$Y \sim \chi^2(n_2)$，且 X 与 Y 相互独立，则称 $F=\frac{X/n_1}{Y/n_2}$ 服从第一自由度为 n_1，第二自由度为 n_2 的 F 分布，记为 $F \sim F(n_1, n_2)$．

F 分布的密度函数为

$$f(x)=\begin{cases}\dfrac{\Gamma\left(\frac{n_1+n_2}{2}\right)}{\Gamma\left(\frac{n_1}{2}\right)\Gamma\left(\frac{n_2}{2}\right)}\left(\dfrac{n_1}{n_2}\right)^{\frac{n_1}{2}} x^{\frac{n_1}{2}-1}\left(1+\dfrac{n_1}{n_2}x\right)^{-\frac{n_1+n_2}{2}}, & x \geqslant 0, \\ 0, & x<0.\end{cases}$$

F 分布密度如图 5.6 所示，$f(x)$ 的图形是不对称的．但当参数 n_1，n_2 增大时，图形趋于对称．

F 分布的性质：若 $F \sim F(n_1, n_2)$，则 $\frac{1}{F} \sim F(n_2, n_1)$．

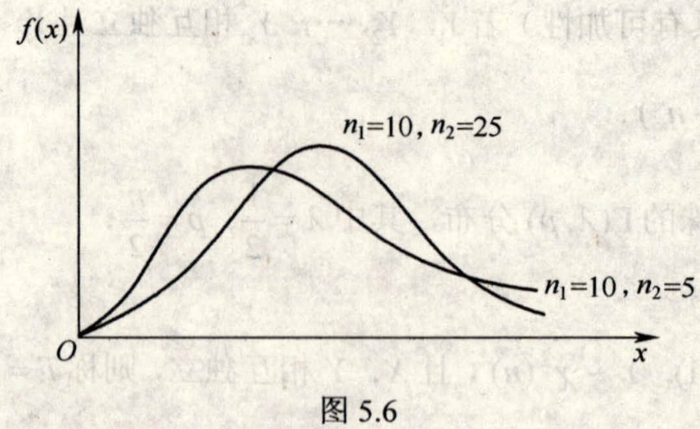

图 5.6

二、几个重要分布的分位数

1. 标准正态分布的分位数

设 $X \sim N(0,1)$，对给定 $\alpha(0<\alpha<1)$，称满足

$$P\{X>Z_{\alpha}\}=\int_{Z_{\alpha}}^{+\infty}\frac{1}{\sqrt{2\pi}}\mathrm{e}^{-\frac{1}{2}t^{2}}\,\mathrm{d}t=\alpha$$

的点 Z_{α} 为标准正态分布的 α 上侧分位数，如图 5.7 所示．

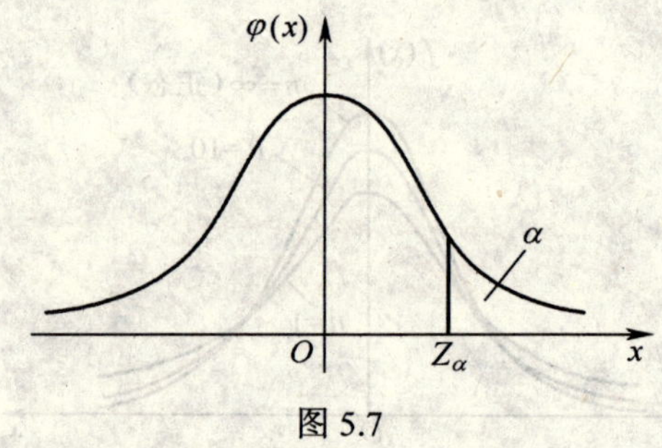

图 5.7

对于给定的 $\alpha(0<\alpha<1)$，称满足

$$P\{|X|>Z_{\frac{\alpha}{2}}\}=\alpha$$

的点 $Z_{\frac{\alpha}{2}}$ 为标准正态分布的 α 双侧分位数．

由标准正态分布的对称性知，$P\{|X|>Z_{\frac{\alpha}{2}}\}=2P\{X>Z_{\frac{\alpha}{2}}\}$，因此只需由式 $P\{X>Z_{\frac{\alpha}{2}}\}=\dfrac{\alpha}{2}$ 查出 $Z_{\frac{\alpha}{2}}$ 即可．例如 $\alpha=0.05,\ \dfrac{\alpha}{2}=0.025,\ 1-\dfrac{\alpha}{2}=0.975$，查表得

$$Z_{\frac{\alpha}{2}}=Z_{0.025}=1.96\,.$$

2. t 分布的分位数

设 $T\sim t(n)$，密度函数为 $f(t)$，对于给定 $\alpha(0<\alpha<1)$，称满足

$$P\{T>t_{\alpha}(n)\}=\int_{t_{\alpha}(n)}^{+\infty}f(t)\mathrm{d}t=\alpha$$

的点 $t_{\alpha}(n)$ 为 t 分布的 α 上侧分位数，如图 5.8 所示．

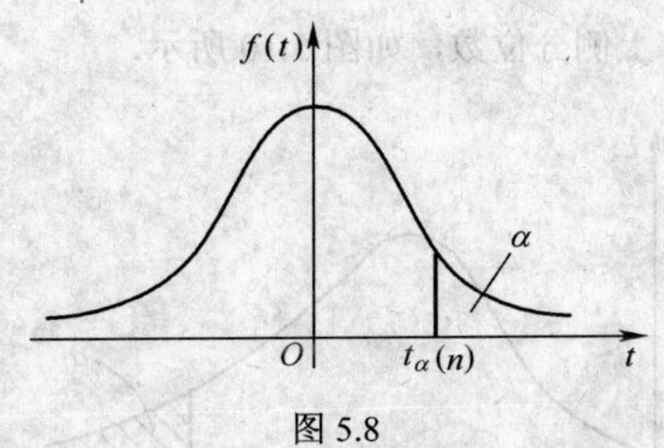

图 5.8

$t_{\alpha}(n)$ 的值可查附表，例如 $\alpha=0.05$，$n=10$，$t_{0.05}(10)=1.812\,5$.

对于给定 $\alpha(0<\alpha<1)$，称满足

$$P\{|T|>t_{\frac{\alpha}{2}}(n)\}=\alpha$$

的点 $t_{\frac{\alpha}{2}}(n)$ 为 t 分布的 α 双侧分位数．查表可由 α 求出 $\dfrac{\alpha}{2}$，再根据 $\dfrac{\alpha}{2}$ 直接查附表.

当 $n>45$，附表不够用时，可用正态分布来近似

$$t_{\alpha}(n)\approx Z_{\alpha}.$$

3．χ^2 分布的分位数

设 $\chi^2\sim\chi^2(n)$，概率密度函数为 $f(x)$，对于给定 $\alpha(0<\alpha<1)$，称满足

$$P\{\chi^2>\chi_{\alpha}^2(n)\}=\int_{\chi_{\alpha}^2(n)}^{+\infty}f(x)\,\mathrm{d}x=\alpha$$

的点 $\chi_{\alpha}^2(n)$ 为 χ^2 分布的 α 上侧分位数，如图 5.9 所示.

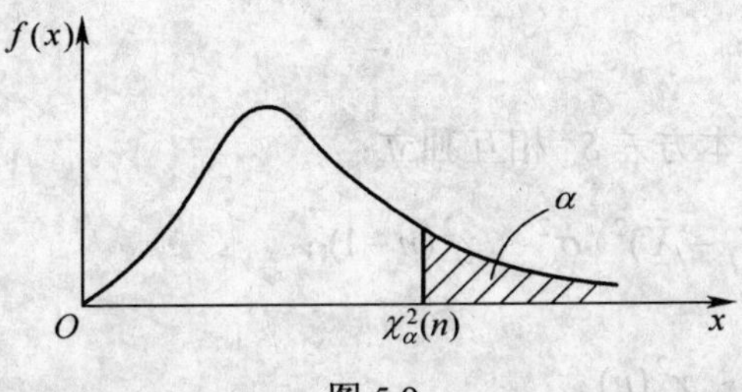

图 5.9

$\chi_{\alpha}^2(n)$ 的值可查附表，例如 $\alpha=0.025$，$n=3$，查得 ${\chi^2}_{0.025}(3)=9.348$．但当 $n>45$ 时，无表可查．费歇（R.A.Fisher）曾证明，当 n 充分大时，近似地有

$$\chi_{\alpha}^2(n)\approx\frac{1}{2}(Z_{\alpha}+\sqrt{2n-1})^2,$$

其中 Z_{α} 是标准正态分布的 α 上侧分位数，例如 $n=60$，$\alpha=0.05$，$Z_{0.05}=1.645$，所以

$$\chi_{0.05}^2(60)\approx\frac{1}{2}(1.645+\sqrt{2\times60-1})^2=78.80.$$

4．F 分布的分位数

设 $F\sim F(n_1,n_2)$，概率密度函数为 $f(x)$，对于给定 $\alpha(0<\alpha<1)$，称满足

$$P\{F>F_{\alpha}(n_1,n_2)\}=\int_{F_{\alpha}(n_1,n_2)}^{+\infty}f(x)\mathrm{d}x=\alpha$$

的点 $F_\alpha(n_1,n_2)$ 为 F 分布的 α 上侧分位数，如图 5.10 所示.

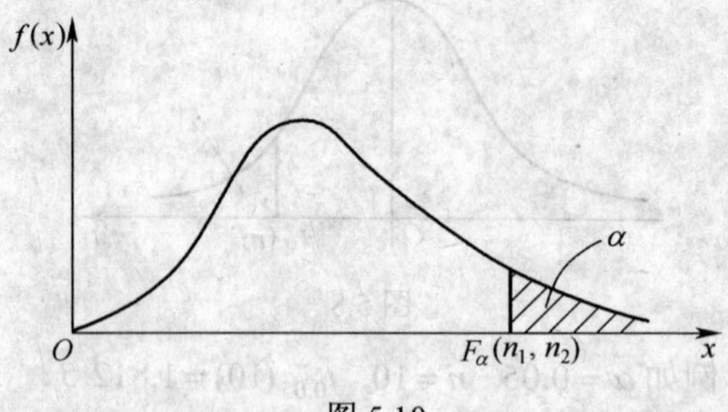

图 5.10

例如，$\alpha=0.05$，$n_1=15$，$n_2=12$，$F_{0.05}(15,12)=2.62$．在附表中只列出了 $\alpha=0.1$，0.05，0.025，0.01，0.005 的情形，对于 $\alpha=0.90$，0.95，0.975，0.99，0.995 的情形可用公式

$$F_{1-\alpha}(n_1,n_2)=\frac{1}{F_\alpha(n_2,n_1)}.$$

例如，

$$F_{0.95}(12,15)=\frac{1}{F_{0.05}(15,12)}=\frac{1}{2.62}=0.381\ 7.$$

三、正态总体的抽样分布

定理 2 设 $(X_1, X_2, \cdots, X_n)$ 为来自总体 $X\sim N(\mu,\sigma^2)$ 的一个样本，则

（1）$\bar{X}\sim N\left(\mu,\dfrac{\sigma^2}{n}\right)$；

（2）$\dfrac{\bar{X}-\mu}{\sigma/\sqrt{n}}\sim N(0,1)$；

（3）样本均值 $\bar{X}$ 与样本方差 S^2 相互独立;

（4）$\dfrac{(n-1)S^2}{\sigma^2}=\sum\limits_{i=1}^{n}(X_i-\bar{X})^2/\sigma^2\sim\chi^2(n-1)$；

（5）$\sum\limits_{i=1}^{n}(X_i-\mu)^2/\sigma^2\sim\chi^2(n)$；

（6）$\dfrac{\bar{X}-\mu}{S/\sqrt{n}}\sim t(n-1)$．

证　（1）和（2），只需在定理 1 中取 $a_i=\dfrac{1}{n}$，而 $X_i\sim N(\mu,\sigma^2)$（$i=1, 2, \cdots, n$），且 $X_1, X_2, \cdots, X_n$ 相互独立，即得（1），进而得（2）.

注：当 X 为任意总体时，若 $E(X)=\mu$，$D(X)=\sigma^2$，由中心极限定理知，只要样本容量 n 充分大，$\bar{X}$ 近似服从正态分布 $N\left(\mu,\dfrac{\sigma^2}{n}\right)$.

定理 3 设 $(X_1, X_2, \cdots, X_{n_1})$ 和 $(Y_1, Y_2, \cdots, Y_{n_2})$ 为分别来自相互独立的正态总体 $N(\mu_1,\sigma_1^2)$ 和 $N(\mu_2,\sigma_2^2)$ 的样本，则

（1）$\bar{X} \pm \bar{Y} = N\left(\mu_1 \pm \mu_2, \dfrac{\sigma_1^2}{n_1} + \dfrac{\sigma_2^2}{n_2}\right)$；

（2）$\dfrac{(\bar{X} - \bar{Y}) - (\mu_1 - \mu_2)}{\sqrt{\dfrac{\sigma_1^2}{n_1} + \dfrac{\sigma_2^2}{n_2}}} \sim N(0,1)$；

（3）$\dfrac{S_1^2 / \sigma_1^2}{S_2^2 / \sigma_2^2} \sim F(n_1 - 1, n_2 - 1)$，其中 S_1^2，S_2^2 分别为两个总体的样本方差；

（4）当 $\sigma_1 = \sigma_2 = \sigma$ 时，

$$\frac{S_1^2}{S_2^2} \sim F(n_1 - 1, n_2 - 1),$$

$$\frac{(\bar{X} - \bar{Y}) - (\mu_1 - \mu_2)}{S_w\sqrt{\dfrac{1}{n_1} + \dfrac{1}{n_2}}} \sim t(n_1 + n_2 - 2),$$

其中 $S_w^2 = \dfrac{(n_1 - 1)S_1^2 + (n_2 - 1)S_2^2}{n_1 + n_2 - 2}$.

5.2　统计推断

本节介绍数理统计的基本问题——统计推断.

简单地说，统计推断就是根据样本所提供的信息，对总体的分布或分布的数字特征进行估计或作出判断.

统计推断包括：参数估计和假设检验.

5.2.1　参数估计

总体 X 的分布函数形式已知或未知，估计该总体分布的未知参数或总体的某些数字特征的问题，称为参数估计问题.

参数估计分：点估计和区间估计.

一、参数的点估计

1．点估计的概念

设 θ 为总体 X 分布中的未知参数，即待估参数，从总体 X 中抽取一个样本 $(X_1, X_2, \cdots, X_n)$，相应的一个样本观察值为 $(x_1, x_2, \cdots, x_n)$．利用样本 $X_1, X_2, \cdots, X_n$ 构造适当的统计量 $\hat{\theta} = \hat{\theta}(X_1, X_2, \cdots, X_n)$，用它的观察值 $\hat{\theta}(x_1, x_2, \cdots, x_n)$ 来估计未知参数 θ 的方法称为点估计．称统计量 $\hat{\theta}(X_1, X_2, \cdots, X_n)$ 为 θ 的估计量，称 $\hat{\theta}(x_1, x_2, \cdots, x_n)$ 为 θ 的估计值．在不致混淆的情况下，统称估计量与估计值为估计，简记为 $\hat{\theta}$.

下面介绍常用的矩估计法.

2．矩估计法——数字特征法

矩估计法就是用样本平均值和样本方差等数字特征来估计与之相应的总体的数字特征，

此方法又称为数字特征法．而总体的数学期望和方差等数字特征称为总体矩，样本的平均值、样本方差等称为样本矩．因此，矩估计法就是利用样本矩来估计对应的总体矩．

设总体 X 的一个样本为 $(X_1, X_2, \cdots, X_n)$，总体矩为 EX^k，样本矩为

$$\frac{1}{n}\sum_{i=1}^{n} X_i^k \quad (k=1, 2, \cdots)$$

则令 $EX^k = \frac{1}{n}\sum_{i=1}^{n} X_i^k$（$k=1, 2, \cdots, L$），$L$ 为未知参数的个数．

（1）一个未知参数．

解方程 $EX = \bar{X}$，便得到矩估计．

例 1 设 $(X_1, X_2, \cdots, X_n)$ 为来自总体 $U[0,\theta]$ 的样本，求 θ 的矩估计．

解 $EX = \frac{0+\theta}{2} = \frac{\theta}{2}$，令 $EX = \bar{X}$，即 $\frac{\theta}{2} = \bar{X}$，解得 $\theta = 2\bar{X}$，所以 θ 的矩估计为 $\hat{\theta} = 2\bar{X}$．

（2）两个未知参数．

解方程组

$$\begin{cases} EX = \bar{X}, \\ DX = S_n^2. \end{cases}$$

便可得到矩估计，其中 $S_n^2 = \frac{1}{n}\sum_{i=1}^{n}(X_i - \bar{X})^2 = \frac{1}{n}\sum_{i=1}^{n} X_i^2 - \bar{X}^2$．

例 2 设总体 X 的密度函数为

$$f(x) = \begin{cases} \frac{1}{\sigma} e^{-\frac{x-\mu}{\sigma}}, & x > \mu, \\ 0, & x \leqslant \mu, \end{cases}$$

$(X_1, X_2, \cdots, X_n)$ 为来自总体 X 的样本，求 μ, σ 的矩估计．

解 $EX = \int_{-\infty}^{+\infty} x f(x) dx = \int_{\mu}^{+\infty} x \frac{1}{\sigma} e^{-\frac{x-\mu}{\sigma}} dx \overset{\frac{x-\mu}{\sigma}=t}{=} \frac{1}{\sigma}\int_0^{+\infty} (\sigma t + \mu) e^{-t} \sigma dt = \sigma + \mu$，

$$\begin{aligned} EX^2 &= \int_{-\infty}^{+\infty} x^2 f(x) dx \\ &= \int_{\mu}^{+\infty} x^2 \frac{1}{\sigma} e^{-\frac{x-\mu}{\sigma}} dx \overset{\frac{x-\mu}{\sigma}=t}{=} \frac{1}{\sigma}\int_0^{+\infty} (\sigma t + \mu)^2 e^{-t} \sigma dt \\ &= \int_0^{+\infty} (\sigma^2 t^2 + 2\sigma\mu t + \mu^2) e^{-t} dt \\ &= \sigma^2 \Gamma(3) + 2\sigma\mu\Gamma(2) + \mu^2\Gamma(1) = 2\sigma^2 + 2\sigma\mu + \mu^2, \end{aligned}$$

$$DX = EX^2 - (EX)^2 = \sigma^2,$$

令 $\begin{cases} EX = \bar{X}, \\ DX = S_n^2, \end{cases}$ 得 $\begin{cases} \sigma + \mu = \bar{X}, \\ \sigma^2 = S_n^2, \end{cases}$ 解得 σ 的矩估计为 $\hat{\sigma} = S_n$，μ 的矩估计为 $\hat{\mu} = \bar{X} - S_n$．

例 3 已知某批灯泡寿命 $X \sim N(\mu, \sigma^2)$，今从中抽取 4 只进行寿命试验，测得数据如下：

（单位：小时）1 502，1 453，1 367，1 650，试估计参数 μ 和 σ^2.

解 由方程组 $\begin{cases} EX=\bar{X}, \\ DX=S_n^2, \end{cases}$ 可直接得出 μ 和 σ^2 的矩估计.

μ 的矩估计：$\hat{\mu}=\bar{X}=\dfrac{1}{4}(1\ 502+1\ 453+1\ 367+1\ 650)=1493$（小时），

$$\sigma^2 \text{ 的矩估计：} \hat{\sigma}^2=S_n^2=\frac{1}{4}\sum_{i=1}^{4}X_i^2-\bar{X}^2$$

$$=\frac{1}{4}(1\ 502^2+1\ 453^2+1\ 367^2+1\ 650^2)-1\ 493^2$$

$=10\ 551.5$（小时平方）.

矩估计的优点：简单易算，n 越大，精确程度越高，不依赖于总体分布形式.

点估计的方法还有极大似然估计法等，这里就不作介绍了.

3．点估计的优良标准

对于给定的总体未知参数，点估计的求法不尽相同，那么就有必要给出评价同一参数不同的点估计量好坏的标准.

（1）无偏性.

估计量是一个随机变量，对于不同的样本观察值得到的参数估计值也是不同的，但总希望这些值能在待估计的参数真值附近摆动，且这种摆动尽可能地小，这就是无偏性的概念.

定义 1 设 $\hat{\theta}$ 为未知参数 θ 的估计量，若 $E(\hat{\theta})=\theta$，则称 $\hat{\theta}$ 为 θ 的无偏估计.

定理 样本均值是总体均值的无偏估计；样本方差是总体方差的无偏估计.

证 设总体 X 的数学期望和方差分别为 μ 和 σ^2，$(X_1,\ X_2,\ \cdots,\ X_n)$ 为来自总体 X 的一个样本.

由 $E(\hat{\theta})=\theta$，有 $E(\bar{X})=E\left(\dfrac{1}{n}\displaystyle\sum_{i=1}^{n}X_i\right)=\dfrac{1}{n}\displaystyle\sum_{i=1}^{n}EX_i=\mu$，

所以样本均值 $\bar{X}$ 是总体均值 μ 的一个无偏估计.

$$\text{而} E(S^2)=E\left(\frac{n}{n-1}S_n^2\right)=\frac{n}{n-1}\left[E\frac{1}{n}\sum_{i=1}^{n}X_i^2-E\bar{X}^2\right]$$

$$=\frac{n}{n-1}\left[\frac{1}{n}\sum_{i=1}^{n}EX_i^2-D\bar{X}-(E\bar{X})^2\right]$$

$$=\frac{n}{n-1}\left(\sigma^2+\mu^2-\frac{\sigma^2}{n}-\mu^2\right)=\sigma^2,$$

所以样本方差 S^2 是总体方差 σ^2 的一个无偏估计.

若用 $\dfrac{1}{n}\displaystyle\sum_{i=1}^{n}(X_i-\bar{X})^2$ 作为 σ^2 的估计量，

则 $E\left[\dfrac{1}{n}\displaystyle\sum_{i=1}^{n}(X_i-\bar{X})^2\right]=\dfrac{1}{n}(n-1)\sigma^2\neq\sigma^2$，

即 $\frac{1}{n}\sum_{i=1}^{n}(X_i-\overline{X})^2$ 不是 σ^2 的无偏估计.

（2）有效性.

当未知参数 θ 存在两个无偏估计 $\hat{\theta}_1$，$\hat{\theta}_2$，即 $E(\hat{\theta}_1)=\theta$，$E(\hat{\theta}_2)=\theta$，如何判断两者的好与坏呢？我们希望估计量能密集在 θ 的附近，即以方差小的估计量为好，这就是有效性的概念.

定义 2 设 $\hat{\theta}_1$，$\hat{\theta}_2$ 是 θ 的两个无偏估计量，若

$$\frac{D(\hat{\theta}_1)}{D(\hat{\theta}_2)}\leqslant 1\text{，即 }D(\hat{\theta}_1)\leqslant D(\hat{\theta}_2)$$

则称 $\hat{\theta}_1$ 较 $\hat{\theta}_2$ 有效.

例 4 设总体 X 的数学期望和方差分别为 μ 和 σ^2，X_1，X_2 为来自总体 X 的容量为 2 的样本，问下面参数 μ 的三个无偏估计量

$$\hat{\mu}_1=\frac{3}{4}X_1+\frac{1}{4}X_2,$$

$$\hat{\mu}_2=\frac{1}{2}X_1+\frac{1}{2}X_2,$$

$$\hat{\mu}_3=\frac{2}{3}X_1+\frac{1}{3}X_2$$

哪一个更有效？

解 容易验证 $\hat{\mu}_1$，$\hat{\mu}_2$，$\hat{\mu}_3$ 皆为 μ 的无偏估计，分别求它们的方差

$$D\hat{\mu}_1=D\left(\frac{3}{4}X_1+\frac{1}{4}X_2\right)=\frac{9}{16}\sigma^2+\frac{1}{16}\sigma^2=\frac{5}{8}\sigma^2,$$

同理有

$$D\hat{\mu}_2=\frac{1}{2}\sigma^2\text{，}\quad D\hat{\mu}_3=\frac{5}{9}\sigma^2,$$

故

$$D\hat{\mu}_2<D\hat{\mu}_3<D\hat{\mu}_1,$$

所以 $\hat{\mu}_2$ 最为有效.

二、参数的区间估计

未知参数的点估计，只给出未知参数的一个估计值，不管所得到的点估计量有多好的性质，但并未给出估计值与参数真值的接近程度，亦即没有给出估计的精度. 例如，用样本均值 $\overline{X}$ 来估计总体的数学期望 $E(X)$，用样本方差 S^2 来估计总体方差 $D(X)$，必然存在误差，那么 $\overline{X}$ 与 $E(X)$，S^2 与 $D(X)$ 相差多少？即 $E(X)$ 或 $D(X)$ 在距 $\overline{X}$ 或 S^2 的一个什么范围内？而且希望范围越小越好. 这种范围常以区间形式给出，称这种形式的估计为区间估计，这样的区间即为所谓的置信区间.

置信区间 设总体分布中含有一个未知参数 θ，若由样本确定的两个统计量 $\theta_1(X_1, X_2, \cdots, X_n)$ 及 $\theta_2(X_1, X_2, \cdots, X_n)$，对于给定的 $\alpha\ (0<\alpha<1)$ 有

$$P\{\theta_1<\theta<\theta_2\}=1-\alpha,$$

则称区间 (θ_1,θ_2) 为 θ 的置信水平为 $1-\alpha$ 的置信区间，称 θ_1 和 θ_2 为 θ 的 $1-\alpha$ 置信限（分别称 θ_1，θ_2 为置信下限及置信上限），称 $1-\alpha$ 为置信水平（或置信度）.

置信度$1-\alpha$要根据具体问题选定，为查表方便，常取$\alpha=0.1, 0.05, 0.01$.

区间估计的优良标准：

（1）可靠性：$1-\alpha$越大越可靠；

（2）精确性：$E(\theta_2-\theta_1)$越小越精确.

这两条标准是一对矛盾，可靠性的提高往往会降低精确性，通常是在保证可靠性的前提下，找平均长度最短的区间估计，即为最优的区间估计.

下面讨论正态总体的区间估计.

1．单个正态总体参数的区间估计

设总体$X\sim N(\mu,\sigma^2)$，$(X_1, X_2, \cdots, X_n)$为来自X的一个样本.

（1）μ的区间估计.

1）当σ已知时，求μ的置信水平为$1-\alpha$的置信区间.

由$X\sim N(\mu,\sigma^2)$，所以$\overline{X}\sim N\left(\mu,\dfrac{\sigma^2}{n}\right)$，而统计量

$$Z=\frac{\overline{X}-\mu}{\sigma/\sqrt{n}}\sim N(0,1),$$

由标准正态分布的特点（如图5.11所示），对于给定的α，查附表得$Z_{\frac{\alpha}{2}}$，使

$$P\left\{-Z_{\frac{\alpha}{2}}<\frac{\overline{X}-\mu}{\sigma/\sqrt{n}}<Z_{\frac{\alpha}{2}}\right\}=1-\alpha,$$

即

$$P\left\{\frac{\overline{X}-\mu}{\sigma/\sqrt{n}}<Z_{\frac{\alpha}{2}}\right\}=1-\frac{\alpha}{2},$$

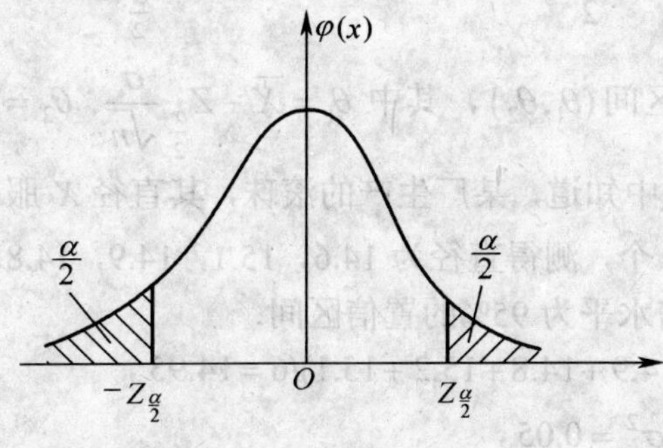

图5.11

由不等式

$$-Z_{\frac{\alpha}{2}}<\frac{\overline{X}-\mu}{\sigma/\sqrt{n}}<Z_{\frac{\alpha}{2}}$$

转化为等价形式

$$\overline{X}-Z_{\frac{\alpha}{2}}\frac{\sigma}{\sqrt{n}}<\mu<\overline{X}+Z_{\frac{\alpha}{2}}\frac{\sigma}{\sqrt{n}},$$

可得μ的置信区间为$\left(\overline{X}-Z_{\frac{\alpha}{2}}\frac{\sigma}{\sqrt{n}}, \overline{X}+Z_{\frac{\alpha}{2}}\frac{\sigma}{\sqrt{n}}\right)$.

例如，取$\alpha=0.05$，

则 $P\left\{\frac{\overline{X}-\mu}{\sigma/\sqrt{n}}<Z_{\frac{\alpha}{2}}\right\}=1-\frac{0.05}{2}=0.975$，

由标准正态分布表查得

$$Z_{\frac{\alpha}{2}}=Z_{0.025}=1.96，$$

所以 $$P\left\{-1.96<\frac{\overline{X}-\mu}{\sigma/\sqrt{n}}<1.96\right\}=0.95，$$

整理后得 $$P\left\{\overline{X}-1.96\frac{\sigma}{\sqrt{n}}<\mu<\overline{X}+1.96\frac{\sigma}{\sqrt{n}}\right\}=0.95，$$

这表示在95%的概率下，包含参数μ的区间为

$$\left(\overline{X}-1.96\frac{\sigma}{\sqrt{n}}, \overline{X}+1.96\frac{\sigma}{\sqrt{n}}\right)，$$

称该区间为μ的$1-0.05=95\%$的置信区间.

若$\alpha=0.10$，即$1-\alpha=0.90$，则μ的90%的置信区间为

$$\left(\overline{X}-1.645\frac{\sigma}{\sqrt{n}}, \overline{X}+1.645\frac{\sigma}{\sqrt{n}}\right).$$

求μ的$1-\alpha$置信区间的步骤：

①求$\overline{X}$；

②由$P\left\{\frac{\overline{X}-\mu}{\sigma/\sqrt{n}}<Z_{\frac{\alpha}{2}}\right\}=1-\frac{\alpha}{2}$，查标准正态分布表得$Z_{\frac{\alpha}{2}}$，并计算$Z_{\frac{\alpha}{2}}\frac{\sigma}{\sqrt{n}}$；

③写出μ的$1-\alpha$置信区间(θ_1,θ_2)，其中$\theta_1=\overline{X}-Z_{\frac{\alpha}{2}}\frac{\sigma}{\sqrt{n}}, \theta_2=\overline{X}+Z_{\frac{\alpha}{2}}\frac{\sigma}{\sqrt{n}}$.

例5 从长期生产实践中知道，某厂生产的滚珠，其直径X服从正态分布$N(\mu,0.05)$，现从某天的产品中随机抽取6个，测得直径为14.6，15.1，14.9，14.8，15.2，15.1（单位：mm），试求滚珠的平均直径的置信水平为95%的置信区间.

解 $\overline{X}=(14.6+15.1+14.9+14.8+15.2+15.1)/6=14.95$，

因为 $n=6, \alpha=0.05, \sigma^2=0.05$，

所以 $1.96\frac{\sigma}{\sqrt{n}}=1.96\sqrt{\frac{0.05}{6}}=0.18$，

则 $$\theta_1=\overline{X}-1.96\frac{\sigma}{\sqrt{n}}=14.95-0.18=14.77，$$

$$\theta_2=\overline{X}+1.96\frac{\sigma}{\sqrt{n}}=14.95+0.18=15.13，$$

即滚珠平均直径的置信水平为 95%的置信区间为(14.77,15.13). 也就是说，滚珠直径的均值

$E(X)$ 落在 14.77～15.13 mm 之间的机会约为 95%.

2）当 σ 未知时，求 μ 的置信水平为 $1-\alpha$ 的置信区间.

因为 $D(X)$ 未知，可用 $D(X)$ 的估计量

$$S^2 = \frac{1}{n-1}\sum_{i=1}^{n}(X_i - \overline{X})^2$$

来代替 $D(X)$，而用随机变量

$$T = \frac{\overline{X} - E(X)}{S/\sqrt{n}}$$

来代替 1）中的统计量 Z，这时 T 不再服从 $N(0,1)$，但是当 $X \sim N(\mu,\sigma^2)$ 时，可以证明

$$T = \frac{\overline{X} - E(X)}{S/\sqrt{n}} = \frac{\overline{X} - \mu}{S/\sqrt{n}}$$

的概率密度为

$$f(t) = \frac{\Gamma\left(\frac{n}{2}\right)}{\sqrt{(n-1)\pi}\,\Gamma\left(\frac{n-1}{2}\right)}\left(1+\frac{t^2}{n-1}\right)^{-\frac{n}{2}}.$$

可见 $f(t)$ 与原随机变量的期望 μ，方差 σ^2 无关，只与样本容量 n 有关，由 t 分布知，T 服从自由度为 $n-1$ 的 t 分布，即 $T \sim t(n-1)$，概率密度曲线关于 $t=0$ 是对称的.

由 t 分布的特点（如图 5.12 所示）.

$$P\left\{-t_{\frac{\alpha}{2}}(n-1) < \frac{\overline{X}-\mu}{S/\sqrt{n}} < t_{\frac{\alpha}{2}}(n-1)\right\} = 1-\alpha .$$

其中 $t_{\frac{\alpha}{2}}(n-1)$ 可查 t 分布表得到.

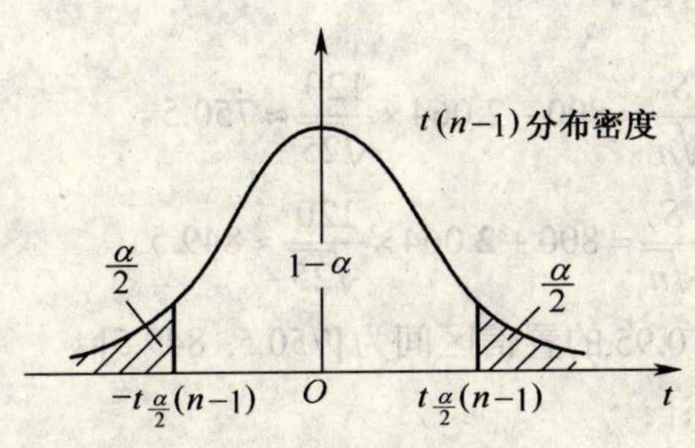

图 5.12

于是 μ 的 $1-\alpha$ 置信区间为

$$\left(\overline{X} - t_{\frac{\alpha}{2}}(n-1)\frac{S}{\sqrt{n}},\ \overline{X} + t_{\frac{\alpha}{2}}(n-1)\frac{S}{\sqrt{n}}\right).$$

当 σ^2 未知，求 μ 的置信水平为 $1-\alpha$ 的置信区间的步骤：

① 求 $\overline{X}$，S；

② 查t分布表得$t_{\frac{\alpha}{2}}(n-1)$，并计算$t_{\frac{\alpha}{2}}(n-1)\frac{S}{\sqrt{n}}$；

③ 写出μ的$1-\alpha$的置信区间

$$\left(\overline{X}-t_{\frac{\alpha}{2}}(n-1)\frac{S}{\sqrt{n}},\ \overline{X}+t_{\frac{\alpha}{2}}(n-1)\frac{S}{\sqrt{n}}\right).$$

例 6 今从某机器所生产的一批产品中抽取 9 件产品，分别称得重量为（单位：千克）：

52.1 50.5 51.2 49.7 49.5 50.5 58.7 50.5 48.3

试求产品平均重量的 95%的置信区间.

解 因为σ^2未知，所以不能用统计量Z，而应用统计量T，

由于$\overline{X}=\frac{1}{9}(52.1+50.5+\cdots+48.3)=461/9=51.22$，$S=3.00$，又由$1-\alpha=0.95$，$\alpha=0.05$及自由度$n-1=8$，查$t$分布表得

$$t_{\frac{\alpha}{2}}(n-1)=t_{0.025}(8)=2.306,$$

因此

$$t_{\frac{\alpha}{2}}(n-1)\frac{S}{\sqrt{n}}=2.306\times 1\approx 2.31,$$

即 (48.91, 53.53).

表示产品平均重量在 48.91 ～ 53.53 千克之间的机会约为 95%.

例 7 对某旅行社随机访问了 25 名旅游者，得知平均消费额$\overline{X}=800$元，样本标准差$S=120$元，已知旅游者消费额服从正态分布，求该地旅游者平均消费额μ的置信度为 0.95 的置信区间.

解 因为$1-\alpha=0.95$，所以$\alpha=0.05$，

$$t_{\frac{\alpha}{2}}(n-1)=t_{0.025}(24)=2.064,$$

$$\overline{X}-t_{\frac{\alpha}{2}}(n-1)\frac{S}{\sqrt{n}}=800-2.064\times\frac{120}{\sqrt{25}}\approx 750.5,$$

$$\overline{X}+t_{\frac{\alpha}{2}}(n-1)\frac{S}{\sqrt{n}}=800+2.064\times\frac{120}{\sqrt{25}}\approx 849.5,$$

即平均消费额μ的置信度为 0.95 的置信区间为[750.5, 849.5].

（2）方差σ^2的区间估计.

上面讨论了$E(X)$的区间估计，给出了$E(X)$的置信区间. 但有些实际问题要求对$D(X)$进行区间估计，即根据样本找出$D(X)$的置信区间. 下面只就正态总体的情形进行讨论.

设$X\sim N(\mu,\sigma^2)$，当μ未知时，求σ^2的$1-\alpha$置信区间，用σ^2的无偏估计量S^2求置信区间，可以证明随机变量

$$\chi^2=\frac{(n-1)S^2}{\sigma^2}$$

的概率密度为

$$f(x)=\begin{cases}\dfrac{1}{2^{\frac{n-1}{2}}\Gamma\left(\dfrac{n-1}{2}\right)}x^{\frac{n-3}{2}}\mathrm{e}^{-\frac{x}{2}}, & x>0,\\ 0, & x\leqslant 0,\end{cases}$$

且 $\chi^2\sim\chi^2(n-1)$.

对给定的 $\alpha(0<\alpha<1)$，由 χ^2 分布的上侧 α 分位数（如图 5.13 所示）的定义，得

$$P\left\{\chi^2_{1-\frac{\alpha}{2}}(n-1)\leqslant\frac{(n-1)S^2}{\sigma^2}\leqslant\chi^2_{\frac{\alpha}{2}}(n-1)\right\}=1-\alpha ,$$

即

$$P\left\{\frac{(n-1)S^2}{\chi^2_{\frac{\alpha}{2}}(n-1)}\leqslant\sigma^2\leqslant\frac{(n-1)S^2}{\chi^2_{1-\frac{\alpha}{2}}(n-1)}\right\}=1-\alpha ,$$

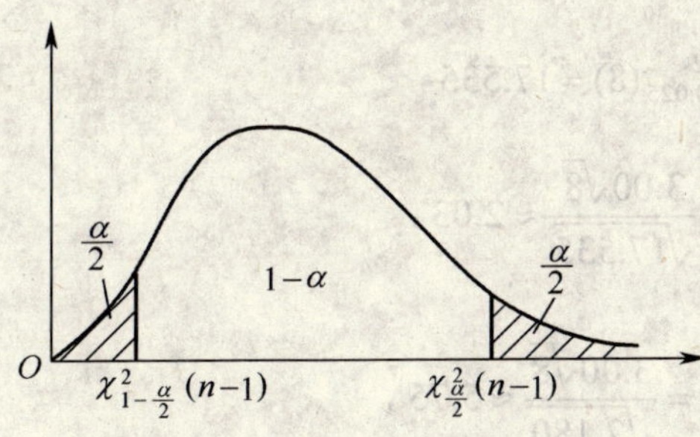

图 5.13

从而得方差 σ^2 的 $1-\alpha$ 置信区间为

$$\left(\frac{(n-1)S^2}{\chi^2_{\frac{\alpha}{2}}(n-1)},\ \frac{(n-1)S^2}{\chi^2_{1-\frac{\alpha}{2}}(n-1)}\right), \tag{5.1}$$

其中 $\chi^2_{\frac{\alpha}{2}}(n-1)$， $\chi^2_{1-\frac{\alpha}{2}}(n-1)$ 可查 χ^2 分布表.

因为 $(n-1)S^2=\sum\limits_{i=1}^{n}(X_i-\bar{X})^2$ ，故（5.1）式可写作

$$\left(\frac{\sum\limits_{i=1}^{n}(X_i-\bar{X})^2}{\chi^2_{\frac{\alpha}{2}}(n-1)},\ \frac{\sum\limits_{i=1}^{n}(X_i-\bar{X})^2}{\chi^2_{1-\frac{\alpha}{2}}(n-1)}\right). \tag{5.2}$$

（3）标准差 σ 的区间估计.

由（5.1）式，可得标准差 σ 的 $1-\alpha$ 置信区间为

$$\left(\frac{\sqrt{n-1}S}{\sqrt{\chi^2_{\frac{\alpha}{2}}(n-1)}}, \frac{\sqrt{n-1}S}{\sqrt{\chi^2_{1-\frac{\alpha}{2}}(n-1)}}\right);$$

由（5.2）式，又可得标准差σ的$1-\alpha$置信区间为

$$\left(\sqrt{\frac{\sum_{i=1}^{n}(X_i-\bar{X})^2}{\chi^2_{\frac{\alpha}{2}}(n-1)}}, \sqrt{\frac{\sum_{i=1}^{n}(X_i-\bar{X})^2}{\chi^2_{1-\frac{\alpha}{2}}(n-1)}}\right).$$

例 8 对例 6 求产品重量的均方差σ的 95%的置信区间.

解 因为$S=3.00,\ n=9,\ \alpha=0.05$，查$\chi^2$分布表得

$$\chi^2_{1-\frac{\alpha}{2}}(n-1)=\chi^2_{0.975}(8)=2.180,$$

$$\chi^2_{\frac{\alpha}{2}}(n-1)=\chi^2_{0.025}(8)=17.535,$$

于是

$$\frac{\sqrt{n-1}S}{\sqrt{\chi^2_{\frac{\alpha}{2}}(n-1)}}=\frac{3.00\sqrt{8}}{\sqrt{17.535}}\approx 2.03,$$

$$\frac{\sqrt{n-1}S}{\sqrt{\chi^2_{1-\frac{\alpha}{2}}(n-1)}}=\frac{3.00\sqrt{8}}{\sqrt{2.180}}\approx 5.75,$$

所以产品重量的均方差σ的 95%的置信区间为$(2.03, 5.75)$.

2．两个正态总体均值差和方差比的区间估计

设总体$X\sim N(\mu_1,\sigma_1^2)$，$Y\sim N(\mu_2,\sigma_2^2)$，$(X_1,\ X_2,\ \cdots,\ X_n)$与$(Y_1,\ Y_2,\ \cdots,\ Y_n)$分别为来自总体$X$与$Y$的两个独立样本.

（1）两个正态总体均值差$\mu_1-\mu_2$的区间估计.

1）总体方差σ_1^2，σ_2^2已知.

设$\bar{X}$，$\bar{Y}$分别为两个样本的均值，因为$\bar{X}$，$\bar{Y}$分别为$\mu_1,\ \mu_2$的点估计，故取$\bar{X}-\bar{Y}$为$\mu_1-\mu_2$的点估计，且

$$E(\bar{X}-\bar{Y})=\mu_1-\mu_2,$$

$$D(\bar{X}-\bar{Y})=D\bar{X}+D\bar{Y}=\frac{\sigma_1^2}{n_1}+\frac{\sigma_2^2}{n_2},$$

由此可知

$$\bar{X}-\bar{Y}\sim N\left(\mu_1-\mu_2,\frac{\sigma_1^2}{n_1}+\frac{\sigma_2^2}{n_2}\right),$$

所以

$$Z=\frac{(\bar{X}-\bar{Y})-(\mu_1-\mu_2)}{\sqrt{\frac{\sigma_1^2}{n_1}+\frac{\sigma_2^2}{n_2}}}\sim N(0,1).$$

对于给定的置信度$1-\alpha$，有

$$P\{|Z|<Z_{1-\frac{\alpha}{2}}\}=1-\alpha,$$

即 $$P\left\{\left|\frac{(\bar{X}-\bar{Y})-(\mu_1-\mu_2)}{\sqrt{\frac{\sigma_1^2}{n_1}+\frac{\sigma_2^2}{n_2}}}\right|<Z_{1-\frac{\alpha}{2}}\right\}=1-\alpha,$$

由此得到$\mu_1-\mu_2$的置信度为$1-\alpha$的置信区间为

$$\left(\bar{X}-\bar{Y}-Z_{1-\frac{\alpha}{2}}\sqrt{\frac{\sigma_1^2}{n_1}+\frac{\sigma_2^2}{n_2}},\bar{X}-\bar{Y}+Z_{1-\frac{\alpha}{2}}\sqrt{\frac{\sigma_1^2}{n_1}+\frac{\sigma_2^2}{n_2}}\right). \tag{5.3}$$

例 9 设总体$X\sim N(\mu_1,5^2)$，$Y\sim N(\mu_2,6^2)$．从总体X中抽取容量为 10 的样本，计算出样本均值$\bar{X}=19.8$；从总体Y中抽取容量为 12 的样本，计算出样本均值$\bar{Y}=24.0$，设两样本是相互独立的，求总体X与Y的均值差$\mu_1-\mu_2$的置信度为 95%的置信区间．

解 已知两样本容量$n_1=10$，$n_2=12$，两总体的方差$\sigma_1^2=25$，$\sigma_2^2=36$，样本均值$\bar{X}=19.8$，$\bar{Y}=24.0$，置信度$1-\alpha=0.95$，由

$$Z=\frac{(\bar{X}-\bar{Y})-(\mu_1-\mu_2)}{\sqrt{\frac{25}{10}+\frac{36}{12}}}\sim N(0,1),$$

查标准正态分布表得

$$Z_{1-\frac{\alpha}{2}}=Z_{0.975}=1.96,$$

故有

$$P\{|Z|<1.96\}=0.95,$$

从而$\mu_1-\mu_2$的置信度为 95%的置信区间为

$$\left(\bar{X}-\bar{Y}-1.96\sqrt{\frac{25}{10}+\frac{36}{12}},\bar{X}-\bar{Y}+1.96\sqrt{\frac{25}{10}+\frac{36}{12}}\right)$$
$$=(19.8-24-1.96\times 2.345,19.8-24+1.96\times 2.345)$$
$$=(-8.796,0.396).$$

2）总体方差σ_1^2，σ_2^2未知．

① 当n_1，n_2都比较大时（一般n_1，$n_2\geqslant 50$），可分别用S_1^2，S_2^2作为σ_1^2，σ_2^2的点估计，再利用（5.3）式作出区间估计．

② σ_1^2，σ_2^2未知，但$\sigma_1^2=\sigma_2^2=\sigma^2$，

由 5.1.5 节中定理 3，可知

$$T=\frac{(\bar{X}-\bar{Y})-(\mu_1-\mu_2)}{\sqrt{\frac{1}{n_1}+\frac{1}{n_2}}\sqrt{\frac{(n_1-1)S_1^2+(n_2-1)S_2^2}{n_1+n_2-2}}}\sim t(n_1+n_2-2),$$

其中S_1^2，S_2^2分别为两个样本的方差.

对给定的置信度为$1-\alpha$，有

$$P\{|T|<t_{1-\frac{\alpha}{2}}(n_1+n_2-2)\}=1-\alpha,$$

所以$\mu_1-\mu_2$的置信度为$1-\alpha$的置信区间为

$$\left(\bar{X}-\bar{Y}-t_0S_w\sqrt{\frac{1}{n_1}+\frac{1}{n_2}},\bar{X}-\bar{Y}+t_0S_w\sqrt{\frac{1}{n_1}+\frac{1}{n_2}}\right).$$

其中

$$t_0=t_{1-\frac{\alpha}{2}}(n_1+n_2-2),$$

$$S_w^2=\frac{(n_1-1)S_1^2+(n_2-1)S_2^2}{n_1+n_2-2}.$$

一般地，若两个总体均值差$\mu_1-\mu_2$的置信区间为(θ_1,θ_2)，则由θ_1，θ_2的取值状况，便可判断μ_1，μ_2之间的大小关系：

若$\theta_1>0$，则可认为$\mu_1>\mu_2$；

若$\theta_2<0$，则可认为$\mu_1<\mu_2$；

$\theta_1<0$，$\theta_2>0$，则不能由(θ_1,θ_2)对μ_1，μ_2的大小关系作出推断.

（2）两个正态总体方差比$\frac{\sigma_1^2}{\sigma_2^2}$的区间估计.

设正态总体$X\sim N(\mu_1,\sigma_1^2)$，$Y\sim N(\mu_2,\sigma_2^2)$，参数$\mu_1$，$\mu_2$，$\sigma_1^2$，$\sigma_2^2$都未知，从中分别抽取容量为$n_1$和$n_2$的样本，两样本相互独立，修正样本方差分别为$S_1^{*2}=\frac{n}{n-1}S_1^2$，$S_2^{*2}=\frac{n}{n-1}S_2^2$.可以证明

$$F=\frac{S_1^{*2}/S_2^{*2}}{\sigma_1^2/\sigma_2^2}\sim F(n_1-1,n_2-1),$$

于是，对给定的置信度$1-\alpha$，由

$$P\{\lambda_1<F<\lambda_2\}=1-\alpha,$$

取

$$P\{F<\lambda_1\}=P\{F>\lambda_2\}=\frac{\alpha}{2}$$（如图 5.14 所示）

由F分布表可查得

$$\lambda_2=F_{1-\frac{\alpha}{2}}(n_1-1,n_2-1),$$

从而

$$\lambda_1 = F_{\frac{\alpha}{2}}(n_1-1,n_2-1) = \frac{1}{F_{1-\frac{\alpha}{2}}(n_2-1,n_1-1)},$$

于是

$$P\{F_{\frac{\alpha}{2}}(n_1-1,n_2-1) < F < F_{1-\frac{\alpha}{2}}(n_1-1,n_2-1)\} = 1-\alpha,$$

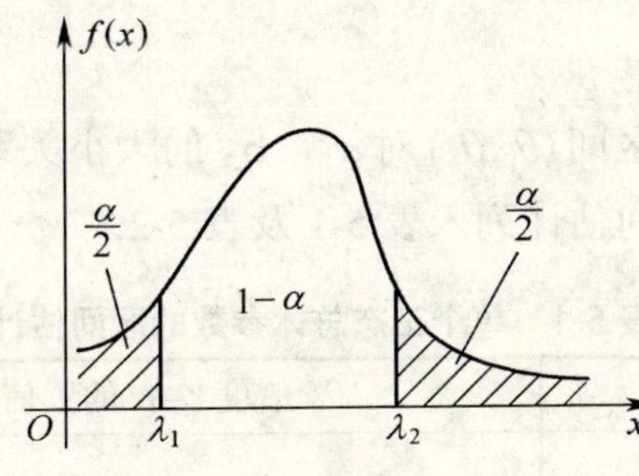

图 5.14

$$P\left\{\frac{S_1^{*^2}/S_2^{*^2}}{F_{1-\frac{\alpha}{2}}(n_1-1,n_2-1)} < \frac{\sigma_1^2}{\sigma_2^2} < \frac{S_1^{*^2}/S_2^{*^2}}{F_{\frac{\alpha}{2}}(n_1-1,n_2-1)}\right\} = 1-\alpha,$$

所以，$\frac{\sigma_1^2}{\sigma_2^2}$的置信度为$1-\alpha$的置信区间为

$$\left(\frac{S_1^{*^2}/S_2^{*^2}}{F_{1-\frac{\alpha}{2}}(n_1-1,n_2-1)}, \frac{S_1^{*^2}/S_2^{*^2}}{F_{\frac{\alpha}{2}}(n_1-1,n_2-1)}\right).$$

例 10 甲、乙两厂的同类产品的某项质量指标都服从正态分布，从甲、乙两厂的产品中分别抽取 10 个、11 个，计算出样本修正标准差$S_1^* = 0.74$，$S_2^* = 0.78$，试对甲、乙两厂产品该项质量指标的方差比$\frac{\sigma_1^2}{\sigma_2^2}$作出区间估计（$\alpha = 0.10$）.

解 由题意得

$$F = \frac{S_1^{*^2}/S_2^{*^2}}{\sigma_1^2/\sigma_2^2} \sim F(10-1,11-1),$$

由$\alpha = 0.10$，查F分布表可查得

$$F_{1-\frac{\alpha}{2}}(9,10) = F_{0.95}(9,10) = 3.02,$$

$$F_{\frac{\alpha}{2}}(9,10) = \frac{1}{F_{0.95}(10,9)} = \frac{1}{3.14},$$

所以，甲、乙两厂产品该项质量指标的方差比$\frac{\sigma_1^2}{\sigma_2^2}$的置信度为 0.90 的置信区间为

$$\left(\frac{0.74^2/0.78^2}{3.02}, \frac{0.74^2/0.78^2}{1/3.14}\right),$$

即 $(0.298, 2.826)$.

一般地，若两个总体方差比 $\dfrac{\sigma_1^2}{\sigma_2^2}$ 的置信区间为 (θ_1,θ_2)，则由 θ_1，θ_2 的取值状况，便可判断 σ_1^2，σ_2^2 的大小关系：

若 $\theta_1>1$，则可认为 $\sigma_1^2>\sigma_2^2$；

若 $\theta_2<1$，则可认为 $\sigma_1^2<\sigma_2^2$；

$\theta_1<1$，$\theta_2>1$，则不能由区间 (θ_1,θ_2) 对 σ_1^2，σ_2^2 的大小关系作出推断.

单个与两个总体参数的区间估计列入表 5-1 及表 5-2.

表 5-1　单个正态总体参数的区间估计

待估参数	条件	置信度 $1-\alpha$ 的置信区间	分布
$EX=\mu$	$DX=\sigma^2$ 已知	$\left(\overline{X}-Z_{\frac{\alpha}{2}}\dfrac{\sigma}{\sqrt{n}},\ \overline{X}+Z_{\frac{\alpha}{2}}\dfrac{\sigma}{\sqrt{n}}\right)$	$N(0,1)$
$EX=\mu$	$DX=\sigma^2$ 未知	$\left(\overline{X}-t_{\frac{\alpha}{2}}(n-1)\dfrac{S}{\sqrt{n}},\ \overline{X}+t_{\frac{\alpha}{2}}(n-1)\dfrac{S}{\sqrt{n}}\right)$	t 分布
$EX=\mu$	非正态总体 $DX=\sigma^2$ 已知	$\left(\overline{X}-Z_{1-\frac{\alpha}{2}}\dfrac{\sigma}{\sqrt{n}},\overline{X}+Z_{1-\frac{\alpha}{2}}\dfrac{\sigma}{\sqrt{n}}\right)$	$N(0,1)$
$EX=\mu$	非正态总体 $DX=\sigma^2$ 未知	$\left(\overline{X}-Z_{1-\frac{\alpha}{2}}\dfrac{S}{\sqrt{n}},\ \overline{X}+Z_{1-\frac{\alpha}{2}}\dfrac{S}{\sqrt{n}}\right)$	$N(0,1)$
$DX=\sigma^2$	$EX=\mu$ 未知	$\left(\dfrac{(n-1)S^2}{\chi^2_{\frac{\alpha}{2}}(n-1)},\dfrac{(n-1)S^2}{\chi^2_{1-\frac{\alpha}{2}}(n-1)}\right)$	χ^2 分布
$\sqrt{DX}=\sigma$	$EX=\mu$ 未知	$\left(\dfrac{\sqrt{n-1}S}{\sqrt{\chi^2_{\frac{\alpha}{2}}(n-1)}},\dfrac{\sqrt{n-1}S}{\sqrt{\chi^2_{1-\frac{\alpha}{2}}(n-1)}}\right)$	χ^2 分布

表 5-2　两个正态总体均值差和方差比的区间估计

待估参数	条件	置信度 $1-\alpha$ 的置信区间	分布
$\mu_1-\mu_2$	σ_1^2，σ_2^2 已知	$\left(\overline{X}-\overline{Y}-Z_{1-\frac{\alpha}{2}}\sqrt{\dfrac{\sigma_1^2}{n_1}+\dfrac{\sigma_2^2}{n_2}},\overline{X}-\overline{Y}+Z_{1-\frac{\alpha}{2}}\sqrt{\dfrac{\sigma_1^2}{n_1}+\dfrac{\sigma_2^2}{n_2}}\right)$	$N(0,1)$
$\mu_1-\mu_2$	σ_1^2，σ_2^2 未知 但 $\sigma_1^2=\sigma_2^2$	$\left(\overline{X}-\overline{Y}-t_0S_w\sqrt{\dfrac{1}{n_1}+\dfrac{1}{n_2}},\overline{X}-\overline{Y}+t_0S_w\sqrt{\dfrac{1}{n_1}+\dfrac{1}{n_2}}\right)$ 其中 $t_0=t_{1-\frac{\alpha}{2}}(n_1+n_2-2)$，$S_w^2=\dfrac{(n_1-1)S_1^2+(n_2-1)S_2^2}{n_1+n_2-2}$	t 分布

续表

待估参数	条件	置信度$1-\alpha$的置信区间	分布
$\dfrac{\sigma_1^2}{\sigma_2^2}$	μ_1，μ_2 未知	$\left(\dfrac{S_1^{*2}/S_2^{*2}}{F_{1-\frac{\alpha}{2}}(n_1-1,n_2-1)},\dfrac{S_1^{*2}/S_2^{*2}}{F_{\frac{\alpha}{2}}(n_1-1,n_2-1)}\right)$	F 分布

3．分布自由时总体均值的区间估计

设总体X的分布自由，记$EX=\mu$，$DX=\sigma^2$，$(X_1, X_2, \cdots, X_n)$为来自总体X的一个样本，求μ的置信水平为$1-\alpha$的近似区间估计.

当σ已知时，因为

$$\bar{X}\sim N\left(\mu,\frac{\sigma^2}{n}\right),$$

所以

$$\frac{\bar{X}-\mu}{\sigma}\sqrt{n}\sim N(0,1),$$

故有

$$P\left\{\bar{X}-Z_{1-\frac{\alpha}{2}}\frac{\sigma}{\sqrt{n}}\leqslant\mu\leqslant\bar{X}+Z_{1-\frac{\alpha}{2}}\frac{\sigma}{\sqrt{n}}\right\}\approx 1-\alpha,$$

即μ的置信水平为$1-\alpha$的近似区间为

$$\left(\bar{X}-Z_{1-\frac{\alpha}{2}}\frac{\sigma}{\sqrt{n}},\bar{X}+Z_{1-\frac{\alpha}{2}}\frac{\sigma}{\sqrt{n}}\right);$$

当σ未知时，用S代入可得

$$\frac{\bar{X}-\mu}{S}\sqrt{n}\sim N(0,1),$$

所以
$$P\left\{\bar{X}-Z_{1-\frac{\alpha}{2}}\frac{S}{\sqrt{n}}\leqslant\mu\leqslant\bar{X}+Z_{1-\frac{\alpha}{2}}\frac{S}{\sqrt{n}}\right\}\approx 1-\alpha,$$

即μ的置信水平为$1-\alpha$的近似区间为

$$\left(\bar{X}-Z_{1-\frac{\alpha}{2}}\frac{S}{\sqrt{n}},\ \bar{X}+Z_{1-\frac{\alpha}{2}}\frac{S}{\sqrt{n}}\right).$$

利用计算机随机模拟的方法，已经对这一近似区间估计的近似效果进行了研究，其结果显示，当$n\geqslant 5$时，近似效果较好.

例 11 对某旅游社随机访问了 25 名旅游者，得知平均消费额$\bar{X}=800$元，样本标准差$S=120$元，已知旅游者消费额分布自由，求该地旅游者平均消费额μ的置信度为 0.95 的置信区间.

解 因为$1-\alpha=0.95$，所以$\alpha=0.05$，

$$Z_{1-\frac{\alpha}{2}}=Z_{0.975}=1.96,$$

故

$$\overline{X}-Z_{1-\frac{\alpha}{2}}\frac{S}{\sqrt{n}}=800-1.96\times\frac{120}{\sqrt{25}}\approx 752.96,$$

$$\overline{X}+Z_{1-\frac{\alpha}{2}}\frac{S}{\sqrt{n}}=800+1.96\times\frac{120}{\sqrt{25}}\approx 847.04,$$

所以平均消费额 μ 的置信度为 0.95 的置信区间为 $[752.96,847.04]$.

5.2.2 假设检验

一、假设检验的概念

上一节介绍了参数估计的方法，但在实践中有许多重要问题与参数估计问题的提法不同，也需要我们去解决.

1．问题的提出

例 12 某厂有一批产品共 200 件，须经检验合格才能出厂，按国家标准，次品率不得超过 1%，今从其中任意抽取 5 件，发现这 5 件中含有次品，问这批产品能否出厂？

若设这批产品的次品率为 p，问题转化为：如何根据抽样的结果来判断不等式“$p\leqslant 1\%$”是否成立？

例 13 用某仪器间接测量温度，重复 5 次，所得数据为 1 250℃，1 265℃，1 245℃，1 260℃，1 275℃，而用另外的精确办法测量温度为 1 277℃（可看作是温度的真值），试问此仪器间接测量有无系统偏差？

若设 X 代表用这台仪器测量的温度（是随机变量），问题转化为：判断等式“$EX=1\,277$ ℃”是否成立？

例 14 设 X 表示某型号子弹的射程，得到样本观察值（单位：m）：1 125，1 248，1 250，1 295，1 273，1 285，1 293，1 305，判断 X 是否服从正态分布？

类似的问题还很多，其共同特点：从样本值出发，判断一个“假设”是否成立. 如例 1，判断“$p\leqslant 1\%$”是否成立；例 2，判断“$EX=1\,277$ ℃”是否成立；例 3，判断 X 是否服从正态分布，甚至需要判断两个正态总体的数学期望、方差是否相等，即“$EX=EY$”、“$DX=DY$”是否成立.

这些判断假设是否成立的问题就是所谓假设检验问题. 关于参数的判断，就称为参数检验，不涉及参数的检验称为非参数检验. 检验的基本思想是带有概率意义下的反证法，并运用实际推断原理.

实际推断原理：概率非常小的事件在一次试验中几乎不会发生，可以认为基本上不会发生.

2．假设检验的基本步骤

下面通过一个例子说明假设检验的具体过程.

例 15 葡萄糖自动装袋机的装袋量服从正态分布，在正常工作时，每袋标准重量为 500 g. 按以往生产经验标准差 σ 为 10 g. 现从装好的葡萄糖中任取 9 袋，测得各袋净重为（单位：g）496，510，514，498，519，515，506，509，505，问机器工作是否正常？

解 设 μ，σ 分别表示装袋量总体 X 的期望和标准差，按经验标准差稳定不变为 $\sigma=10$ g，则 $X\sim N(\mu,10^2)$，但是 μ 未知. 问题是已知正态分布前提下，判断 μ 是否等于 500（即机器是否有系统偏差).

（1）提出假设.

提出原假设 H_0: $\mu=500$，（备择假设 H_1: $\mu\neq500$）；

在此假设成立的条件下，$X\sim N(500,10^2)$．现用抽得的样本值来判断 H_0 是否成立，若假设成立，则认为生产正常，反之认为不正常.

（2）选择合适的统计量.

在 H_0 成立的前提下，即 $\mu=500$，$\overline{X}\sim N\left(500,\dfrac{10^2}{n}\right)$（因 $\overline{X}$ 是 μ 的无偏估计），则统计量 $Z=\dfrac{\overline{X}-500}{10/\sqrt{9}}\sim N(0,1)$；

（3）确定分位数 $Z_{\frac{\alpha}{2}}$.

对于给定的小概率 α，一般取 5%，1%，10%，查附表可得 $Z_{\frac{\alpha}{2}}$，使

$$P\{|Z|>Z_{\frac{\alpha}{2}}\}=\alpha \text{（如图 5.15 所示）.}$$

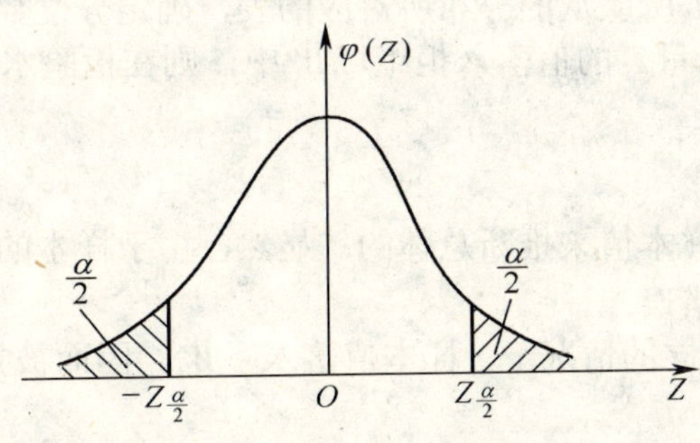

图 5.15

当 $\alpha=0.05$ 时，由附表查得 $Z_{\frac{\alpha}{2}}=u_{0.025}=1.96$，则

$$P\{|Z|>1.96\}=0.05.$$

也即当 H_0 成立时，$|Z|$ 超过 1.96 的概率 α 只有 5%，

即
$$P\left\{\frac{|\overline{X}-500|}{10/3}>1.96\right\}=0.05.$$

显然，事件 $\left\{\dfrac{|\overline{X}-500|}{10/3}>1.96\right\}$ 可以认为是小概率事件.

（4）作出判断：现进行一次试验后得到的样本均值 $\overline{X}$ 的观察值

$$\overline{x}=\frac{1}{9}(496+510+\cdots+505)=508,$$

而统计量 Z 相应的值 z 为

$$|z|=\frac{|\overline{x}-500|}{10/3}=(508-500)\times\frac{3}{10}=2.4>1.96,$$

即小概率事件在一次试验中竟然发生了，自然会使人感到不正常，究其原因，只能认为最初的假设“H_0: $\mu=500$”值得怀疑，出现了这样的小概率事件就应该否定原来的假设 H_0，即认为装袋量的期望值不是 500 g，而接受备择假设 H_1: $\mu\neq 500$.

由此给出拒绝域的概念.

当样本均值 $\overline{X}$ 的取值 $\overline{x}$ 使 Z 的取值 z 落入区域 $|z|>1.96$ 时，就拒绝 H_0，将 $\{|z|>1.96\}$ 表示的区域称为拒绝域，记为 W.

例 4 中，$W=\{|z|>1.96\}$，即 $W=\{\overline{x}<493.47$ 或 $\overline{x}>506.53\}$. 拒绝域的界限值，称为临界值，本例临界值为 -1.96 及 1.96.

假设检验的步骤：

（1）提出原假设 H_0：待检假设 H_0 和备择假设 H_1 的具体内容；

（2）选择合适的统计量：根据 H_0 的内容，选取合适的统计量 T，进而确定统计量 T 的分布，由样本观察值算出统计量的具体值；

（3）查表确定相应分布的分位数：给定检验水平 α（$\alpha=0.05,\ 0.01$或0.10），在检验水平为 α 的条件下，查统计量 T 所服从的分布所对应的表，确定分位数，得到拒绝域 W.

（4）做出判断：统计量 T 的值落入拒绝域 W 中，则在检验水平 α 条件下拒绝假设 H_0，否则就不能拒绝 H_0.

3．两类错误

在进行检验时，是由样本值来推断总体的．显然，由于样本的随机性，可能做出正确的判断，但也可能犯两类错误.

第一类错误：在 H_0 成立的情况下，样本值落入了 W，因而被拒绝了，称这种错误为第一类错误或“弃真”错误.

第二类错误：在 H_0 不成立、H_1 成立的情况下，样本值落入了 $\overline{W}$，因而被拒绝了，称这种错误为第二类错误或“取伪”错误.

犯第一类错误的概率可表示为

$$P\{T\in W \mid H_0\text{成立}\}=\alpha,$$

这是个小概率，即检验的显著性水平（检验水平）；

犯第二类错误的概率记为

$$P\{T\notin W \mid H_1\text{成立}\}=\beta,$$

β 的计算通常很复杂.

一般来说，当样本容量 n 固定时，若减少犯第一类错误的概率，则犯第二类错误的概率往往就会增大．若要使犯两类错误的概率都减小（也是我们希望的），可通过增加样本容量．在给定样本容量时，总是控制犯第一类错误的概率，使它小于或等于 α．α 的大小视具体情况而定，通常取 $\alpha=0.1,\ 0.05,\ 0.01,\ 0.005$ 等值．这种只对犯第一类错误的概率加以控制，而不考虑犯第二类错误的概率的检验，称为显著性检验，其中 α 称为显著性水平.

二、单个正态总体参数的假设检验

1. 单个正态总体均值的假设检验

设 $X \sim N(\mu,\sigma^2)$，$(X_1, X_2, \cdots, X_n)$ 为来自 X 的一个样本.

（1）σ^2 已知时，检验假设 H_0: $\mu=\mu_0$（U 检验）.

检验步骤：

①提出假设 H_0: $\mu=\mu_0$；

②选择统计量 $Z=\dfrac{\overline{X}-\mu_0}{\sigma}\sqrt{n}$；

③查表确定 $Z_{1-\frac{\alpha}{2}}$；

④若 $|Z| \geqslant Z_{1-\frac{\alpha}{2}}$，则拒绝 H_0，即认为 μ 与 μ_0 有显著差异；若 $|Z| < Z_{1-\frac{\alpha}{2}}$，则接受 H_0，即认为 μ 与 μ_0 无显著差异.

（2）σ^2 未知时，检验假设 H_0: $\mu=\mu_0$（t 检验）.

因为 σ 未知，所以可用 S 代替 σ，

得

$$P\left\{\frac{\left|\overline{X}-\mu_0\right|}{S}\sqrt{n} > t_{\frac{\alpha}{2}}(n-1)\right\}=\alpha .$$

检验步骤：

①提出假设 H_0: $\mu=\mu_0$；

②选择统计量 $T=\dfrac{\overline{X}-\mu_0}{S}\sqrt{n}$；

③查表确定 $t_{\frac{\alpha}{2}}(n-1)$；

④若 $|T| \geqslant t_{\frac{\alpha}{2}}(n-1)$，则拒绝 H_0，即认为 μ 与 μ_0 有显著差异；若 $|T| < t_{\frac{\alpha}{2}}(n-1)$，则接受 H_0，即认为 μ 与 μ_0 无显著差异.

（3）σ^2 已知时，检验假设 H_0: $\mu \geqslant \mu_0$.

检验步骤：

①提出假设 H_0: $\mu \geqslant \mu_0$；

②选择统计量 $Z=\dfrac{\overline{X}-\mu_0}{\sigma}\sqrt{n}$；

③查表确定 Z_α；

④若 $Z<Z_\alpha$，则拒绝 H_0；若 $Z \geqslant Z_\alpha$，则接受 H_0.

（4）σ^2 已知时，检验假设 H_0: $\mu \leqslant \mu_0$.

检验步骤：

①提出假设 H_0: $\mu \leqslant \mu_0$；

②选择统计量 $Z=\frac{\bar{X}-\mu_0}{\sigma}\sqrt{n}$；

③查表确定 $Z_{1-\alpha}$；

④若 $Z>Z_{1-\alpha}$，则拒绝 H_0；若 $Z\leqslant Z_{1-\alpha}$，则接受 H_0.

（5）σ^2 未知时，检验假设 H_0: $\mu\geqslant\mu_0$.

检验步骤：

①提出假设 H_0: $\mu\geqslant\mu_0$；

②选择统计量 $T=\frac{\bar{X}-\mu_0}{S}\sqrt{n}$；

③查表确定 $t_{1-\alpha}(n-1)$；

④若 $T<t_{1-\alpha}(n-1)$，则拒绝 H_0；若 $T\geqslant t_{1-\alpha}(n-1)$，则接受 H_0.

（6）σ^2 未知时，检验假设 H_0: $\mu\leqslant\mu_0$.

检验步骤：

①提出假设 H_0: $\mu\leqslant\mu_0$；

②选择统计量 $T=\frac{\bar{X}-\mu_0}{S}\sqrt{n}$；

③查表确定 $t_\alpha(n-1)$；

④若 $T>t_\alpha(n-1)$，则拒绝 H_0；若 $T\leqslant t_\alpha(n-1)$，则接受 H_0.

例 16 某工厂生产一种产品，原月产量 X 服从平均值 $\mu=75$，方差 $\sigma^2=14$ 的正态分布.设备更新后，为了考察产量是否提高，抽查了 6 个月产量，求得平均产量为 78，假定方差不变，问在显著性水平 $\alpha=0.05$ 下，设备更新后的月产量是否有显著提高？

解 H_0: $\mu\leqslant 7$，

$$Z=\frac{\bar{X}-\mu_0}{\sigma}\sqrt{n}=\frac{78-75}{\sqrt{14}}\sqrt{6}=1.964.$$

查表得 $Z_{1-\alpha}=Z_{0.95}=1.65$. 因为 $Z=1.964>1.65$，所以拒绝 H_0；即认为月产量有明显提高.

2. 单个正态总体方差的假设检验

设 $X\sim N(\mu,\sigma^2)$，$(X_1, X_2, \cdots, X_n)$ 为来自 X 的一个样本.

（1）检验假设 H_0: $\sigma^2=\sigma_0^2$（χ^2 检验）.

因为 S^2 是 σ^2 的很好估计，通常情况下，因 S^2 在 σ^2 的附近，当 H_0 为真时，比值 $\frac{S^2}{\sigma_0^2}$ 接近于 1，当比值比 1 小得多或比 1 大得多时，则有理由怀疑原假设的正确性．所以拒绝域的形式为

$$\frac{S^2}{\sigma_0^2}\leqslant a \text{ 或 } \frac{S^2}{\sigma_0^2}\geqslant b,$$

$$P\left\{\frac{(n-1)S^2}{\sigma_0^2}\leqslant\chi^2_{1-\frac{\alpha}{2}}(n-1) \text{ 或 } \frac{(n-1)S^2}{\sigma_0^2}\geqslant\chi^2_{\frac{\alpha}{2}}(n-1)\right\}=\alpha.$$

检验步骤：

①提出假设H_0：$\sigma^2=\sigma_0^2$；

②选择统计量$\chi^2=\dfrac{(n-1)S^2}{\sigma_0^2}$；

③查表确定$\chi^2_{1-\frac{\alpha}{2}}(n-1)$，$\chi^2_{\frac{\alpha}{2}}(n-1)$；

④若$\chi^2\geqslant\chi^2_{\frac{\alpha}{2}}(n-1)$或$\chi^2\leqslant\chi^2_{1-\frac{\alpha}{2}}(n-1)$，则拒绝$H_0$，即认为$\sigma^2$与$\sigma_0^2$有显著差异；否则接受$H_0$.

例 17 某厂生产的某种电池，其寿命长期以来服从方差$\sigma^2=5\ 000$（小时平方）的正态分布. 今有一批这种电池，为判断其寿命的波动性是否较以往有所变化，随机抽取了一个容量$n=26$的样本，测得其寿命的样本方差$S^2=7\ 200$（小时）. 试问在检验水平$\alpha=0.05$下，这批电池寿命的波动性较以往是否有显著变化？

解 H_0：$\sigma^2=5\ 000$，$\chi^2=\dfrac{(n-1)S^2}{\sigma_0^2}=\dfrac{(26-1)\times 7\ 200}{5\ 000}=36$，查表得

$$\chi^2_{1-\frac{\alpha}{2}}(n-1)=\chi^2_{0.975}(25)=13.120，\quad \chi^2_{\frac{\alpha}{2}}(n-1)=\chi^2_{0.025}(25)=40.646，$$

因为$13.120<\chi^2=36<40.646$，所以接受H_0，即认为这批电池寿命的波动性较以往没有显著差异.

（2）检验假设H_0：$\sigma^2\geqslant\sigma_0^2$.

注：一般拒绝域的构造应从备择假设H_1着手，当备择假设H_1省略时，这时备择假设H_1是原假设H_0的对立假设.

H_1：$\sigma^2<\sigma_0^2$，拒绝域形式为：$\dfrac{S^2}{\sigma_0^2}<a$，

因为 $P\left\{\dfrac{(n-1)S^2}{\sigma^2}<\chi^2_{1-\alpha}(n-1)\right\}=\alpha$，

所以当H_0为真时，有

$$P\left\{\frac{(n-1)S^2}{\sigma_0^2}<\chi^2_{1-\alpha}(n-1)\right\}\leqslant P\left\{\frac{(n-1)S^2}{\sigma^2}<\chi^2_{1-\alpha}(n-1)\right\}=\alpha，$$

因而当 $\chi^2=\dfrac{(n-1)S^2}{\sigma_0^2}<\chi^2_{1-\alpha}(n-1)$时，拒绝$H_0$.

（3）检验假设H_0：$\sigma^2\leqslant\sigma_0^2$.

备择假设H_1：$\sigma^2>\sigma_0^2$，拒绝域形式为：$\dfrac{S^2}{\sigma_0^2}>a$，

所以 $P\left\{\dfrac{(n-1)S^2}{\sigma^2}>\chi^2_{\alpha}(n-1)\right\}=\alpha$，由上面的方法可知，

当 $\chi^2=\dfrac{(n-1)S^2}{\sigma_0^2}>\chi^2_{\alpha}(n-1)$时，拒绝$H_0$.

3. **单个正态总体标准差的假设检验**

设 $X \sim N(\mu,\sigma^2)$，$(X_1, X_2, \cdots, X_n)$ 为来自 X 的一个样本，检验假设 H_0：$\sigma=\sigma_0$.

由于 H_0：$\sigma=\sigma_0$ 与 H_0：$\sigma^2=\sigma_0^2$ 等价，所以关于标准差的假设检验可以归结为方差的假设检验问题．同理，检验假设 H_0：$\sigma \geqslant \sigma_0$ 等价于检验 H_0：$\sigma^2 \geqslant \sigma_0^2$；检验假设 H_0：$\sigma \leqslant \sigma_0$ 等价于检验 H_0：$\sigma^2 \leqslant \sigma_0^2$.

现将单个正态总体参数假设检验列入表 5-3.

表 5-3 单个正态总体参数的假设检验

原假设 H_0	备择假设 H_1	条件	检验统计量	拒绝域
$\mu=\mu_0$	$\mu \neq \mu_0$	σ^2 已知	$Z=\dfrac{\overline{X}-\mu_0}{\sigma}\sqrt{n}$	$\lvert Z\rvert \geqslant Z_{1-\frac{\alpha}{2}}$
$\mu \geqslant \mu_0$	$\mu < \mu_0$	σ^2 已知	$Z=\dfrac{\overline{X}-\mu_0}{\sigma}\sqrt{n}$	$Z < Z_{\alpha}$
$\mu \leqslant \mu_0$	$\mu > \mu_0$	σ^2 已知	$Z=\dfrac{\overline{X}-\mu_0}{\sigma}\sqrt{n}$	$Z > Z_{1-\alpha}$
$\mu=\mu_0$	$\mu \neq \mu_0$	σ^2 未知	$T=\dfrac{\overline{X}-\mu_0}{S}\sqrt{n}$	$\lvert T\rvert \geqslant t_{\frac{\alpha}{2}}(n-1)$
$\mu \geqslant \mu_0$	$\mu < \mu_0$	σ^2 未知	$T=\dfrac{\overline{X}-\mu_0}{S}\sqrt{n}$	$T < t_{1-\alpha}(n-1)$
$\mu \leqslant \mu_0$	$\mu > \mu_0$	σ^2 未知	$T=\dfrac{\overline{X}-\mu_0}{S}\sqrt{n}$	$T > t_{\alpha}(n-1)$
$\sigma^2=\sigma_0^2$	$\sigma^2 \neq \sigma_0^2$		$\chi^2=\dfrac{(n-1)S^2}{\sigma_0^2}$	$\chi^2 \leqslant \chi^2_{1-\frac{\alpha}{2}}(n-1)$ 或 $\chi^2 \geqslant \chi^2_{\frac{\alpha}{2}}(n-1)$
$\sigma^2 \geqslant \sigma_0^2$	$\sigma^2 < \sigma_0^2$		$\chi^2=\dfrac{(n-1)S^2}{\sigma_0^2}$	$\chi^2 < \chi^2_{1-\alpha}(n-1)$
$\sigma^2 \leqslant \sigma_0^2$	$\sigma^2 > \sigma_0^2$		$\chi^2=\dfrac{(n-1)S^2}{\sigma_0^2}$	$\chi^2 > \chi^2_{\alpha}(n-1)$

1. 本章主要介绍了数理统计的一些基本概念，如总体、样本、统计量等，还介绍了常用统计量及其分布.

在数理统计中，将研究对象的全体称为总体，组成总体的每个单元称为个体．一般所讨论的总体或个体，都是指研究对象的某一数量指标，所以总体也就可以用一个随机变量来表示，总体的分布也就是指对应的随机变量的分布．总体的性质是由每个个体的性质综合而定的，认识总体性质的可行方法是从总体中抽出一部分个体进行研究，这些个体称为总体的样本. 通常是先将样本加工整理成统计量，利用统计量来进行统计推断. 而怎样构造合适的统计量在解决问题的过程中是一个关键. 我们介绍了一些常用的统计量，如样本均值和样本方差等. 本章还介绍了 χ^2 分布、t 分布和 F 分布等. 各种常用分布分位数可以通过查表得到. 这使得在正态总体下统计推断问题常用完美的结果.

一个正态总体下的三个统计量的分布

（1）$\overline{X} \sim N\left(\mu, \dfrac{\sigma^2}{n}\right)$，即 $Z = \dfrac{\overline{X} - \mu}{\sigma / \sqrt{n}} \sim N(0,1)$；

（2）$\overline{X}$ 与 $\overline{S}$ 相互独立且 $\chi^2 = \dfrac{(n-1)S^2}{\sigma^2} \sim \chi^2(n-1)$；

（3）$T = \dfrac{\overline{X} - \mu}{S / \sqrt{n}} \sim t(n-1)$.

2. 参数估计分为点估计和区间估计. 点估计是适当地选择一个统计量作为未知参数的估计（称为估计量），若已取得一样本，将样本值代入估计量，得到估计量的值，以估计量的值作为未知参数的近似值（称为估计值）.

对于一个未知参数可以提出不同的估计量，因此自然提出评定估计量好坏的标准. 对于不同的样本值，一般给出的参数估计值也不同，因而在考虑估计量的好坏时，应从某种整体性能去衡量，而不能只考虑它在个别样本处的情况.

点估计不能反映估计的精度，所以引入了区间估计.

设未知参数为 θ，求 θ 的点估计就是要找一个统计量 $f(X_1, X_2, \cdots, X_n)$，用 $f(X_1, X_2, \cdots, X_n)$ 作为 θ 的估计；求 θ 的区间估计就是要找两个统计量 $f_1(X_1, X_2, \cdots, X_n)$，$f_2(X_1, X_2, \cdots, X_n)$，用随机区间 $(f_1(X_1, X_2, \cdots, X_n), f_2(X_1, X_2, \cdots, X_n))$ 来估计未知参数 θ. 由此看来，θ 的点估计和区间估计可以找到许多，但要找到 θ 的一个较优的点估计和区间估计往往就不那么容易了.

3. 假设检验是统计推断的另一个重要方面，即要求对总体参数的性质、总体分布的类型等作出结论性的判断. 这类问题的一般处理方法是先将一些结论当作某种假设，然后选取适当的统计量，再根据实测资料对假设进行检验，判断是否可以认为假设成立. 这类问题称为假设检验.

习题五

1. 从一批机床零件中抽取 5 个，称得重量（单位：kg）如下：21.5，22.7，21.6，19.2，20.7，计算样本均值和样本标准差.

2. 设 $(X_1, X_2, \cdots, X_n)$ 为来自服从 $N(0,1)$ 分布总体的一个样本，试求：$E(\overline{X})$，$D(\overline{X})$，$E(S^2)$.

3. 证明：$\sum_{i=1}^{n}(X_i - \overline{X})^2 = \sum_{i=1}^{n} X_i^2 - n(\overline{X})^2$.

4．证明：当$k=\overline{X}$时，$\sum\limits_{i=1}^{n}(X_i-k)^2$达到最小．

5．设X_1，X_2，X_3，X_4相互独立且同服从$N(0,1)$分布，指出下列随机变量的分布：

（1）$X_1^2+X_2^2+X_3^2$；（2）$\dfrac{X_1^2+X_2^2}{X_3^2+X_4^2}$；（3）$\dfrac{\sqrt{3}X_1}{\sqrt{X_2^2+X_3^2+X_4^2}}$．

6．设$\overline{X}$是来自总体$X\sim N(80,12^2)$的一个容量为8的样本均值，计算$P\{68<\overline{X}<92\}$．

7．查表求下列分位数：

$Z_{0.85}$，$Z_{0.01}$，$t_{0.95}(8)$，$\chi^2_{0.90}(12)$，$F_{0.05}(9,6)$，$F_{0.90}(6,12)$．

8．总体$X\sim N(30,9^2)$，从总体X抽取一个容量为36的样本．求样本均值与总体均值的差的绝对值小于2的概率．

9．设总体X的分布列为

X	0	1	2
$P\{X=k\}$	$\dfrac{1}{2}$	p	$\dfrac{1}{2}-p$

来自X的样本为$(X_1，X_2，\cdots，X_n)$，求p的矩估计．

10．设总体X的密度函数为

$$f(x)=\begin{cases}\theta x^{\theta-1}, & 0<x<1,\\ 0, & x\leqslant 0\text{或}x\geqslant 1,\end{cases}$$

$(X_1，X_2，\cdots，X_n)$为来自X的一个样本，试求未知参数θ的矩估计．

11．设随机变量X服从区间$[a,b]$上的均匀分布，参数a，b未知，X_1，X_2，$\cdots$，X_n为来自X的一个样本，求参数a与b的矩估计．

12．设总体$X\sim E(\lambda)$，$(X_1，X_2，\cdots，X_n)$为来自X的一个样本，试求未知参数λ的矩估计．

13．设X_1，X_2，X_3为来自总体X的样本，记$EX=\mu$，求常数c，使统计量$T=\dfrac{1}{6}X_1+\dfrac{1}{3}X_2+cX_3$是$\mu$的无偏估计．

14．设X_1，X_2为来自总体X的样本，令$T_1=\dfrac{2}{3}X_1+\dfrac{1}{3}X_2$，$T_2=\dfrac{1}{2}X_1+\dfrac{1}{2}X_2$．验证：（1）$T_1$，$T_2$均是$\mu$的无偏估计；（2）$T_1$，$T_2$中哪个估计$\mu$较有效．

15．设某工件的长度X服从正态分布$N(\mu,16)$，今抽取9件测量其长度，得数据如下（单位：mm）：

142，138，150，165，156，148，132，135，160

试求参数μ的置信度为95%的置信区间．

16．为了估计灯泡使用寿命的均值μ及标准差σ，试验10个灯泡得到$\overline{x}=1\,500$小时，$s=20$小时，如果已知灯泡使用寿命服从正态分布，试求参数μ及σ的置信度为0.95的置信区间．

17．取炮弹9发作实验，得炮口速度的样本标准差为11 m/s，求σ的置信度为0.95的置信区间．

18．从自动机床加工的同类零件中抽取 16 件，测得长度为（单位：mm）：

12.15，12.12，12.01，12.28，12.08，12.16，12.03，12.01，

12.06，12.13，12.07，12.11，12.08，12.01，12.03，12.06

试求方差σ^2的95%的置信区间．

19．某种零件的尺寸方差为$\sigma^2=1.21$，对一批这类零件检查 6 件得尺寸数据为（单位：mm）：

32.56，29.66，31.64，30.00，31.87，31.03

问这批零件的平均尺寸能否认为是32.50 mm？（取$\alpha=0.05$）

20．某批矿砂的 5 个样品中的镍含量，经测定为（%）：

3.25，3.27，3.24，3.26，3.24．

设测定值总体服从正态分布，问在$\alpha=0.01$下能否接受假设：这批矿砂的镍含量的均值为3.25．

21．设总体分布为$N(\mu,\sigma^2)$，其中μ，σ^2都未知，从中取了一个容量为 10 的样本，得到数据为：

3.80，4.10，4.20，4.35，4.40，4.50，4.65，4.71，4.80，5.10

在显著水平$\alpha=0.1$下检验假设H_0：$\sigma^2=0.25$，H_1：$\sigma^2\neq0.25$．

22．设有某种溶液，从它的 10 个样品测定值计算出$\bar{x}=0.552\%$，$s=0.03\%$．设溶液中含水量服从正态分布，显著性水平$\alpha=0.05$，该溶液含水量的标准差是否超过0.04%？

自测题五

一、填空题

1．设总体X的概率密度为$f(x,\theta)=\dfrac{1}{\theta}(0<x<\theta)$，$\bar{X}$是样本均值，则$\hat{\theta}=2\bar{X}$是未知参数$\theta$的__________估计量．

2．设T服从自由度为n的t分布，若$P\{|T|>\lambda\}=\alpha$，则$P\{T<\lambda\}=$__________．

3．设随机区间(θ_1,θ_2)是θ的置信度为$1-\alpha$的置信区间，则“θ落入(θ_1,θ_2)的概率是$1-\alpha$”的说法__________（正确/错误）．

4．对于相同的置信度，置信区间的长度越小，表示估计的精确度越__________（高/低）．

5．已知总体$X\sim N(\mu,\sigma^2)$，$(X_1, X_2, \cdots, X_n)$是来自总体X的样本，要检验H_0：$\sigma^2=\sigma_0^2$，则采用的统计量是__________．

二、单选题

1．设$(X_1, X_2, \cdots, X_n)$为来自正态总体$N(\mu,\sigma^2)$的一个样本，其中μ,σ^2均为未知参数，则下列随机变量是统计量的是（　　）

A．$\sum\limits_{i=1}^{n}(X_i-\mu)^2$；　　B．$\dfrac{1}{\sigma^2}\sum\limits_{i=1}^{n}(X_i-\bar{X})^2$；

C．$\sum_{i=1}^{n} X_i$；　　D．$\frac{1}{n-1}\sum_{i=1}^{n}(X_i-\mu)$．

2．下列说法错误的是（　　）

A．χ^2分布的密度曲线是对称的；　　B．正态分布的密度曲线是对称的；

C．指数分布的密度曲线是对称的；　　D．F分布的密度曲线是不对称的．

3．设总体$X \sim N(\mu,\sigma^2)$，作假设检验时，在下列何种情况下，采用$t-$检验法（　　）

A．已知σ^2，原假设H_0：$\mu=\mu_0$；　　B．未知σ^2，原假设H_0：$\mu=\mu_0$；

C．已知μ，原假设H_0：$\sigma^2=\sigma_0^2$；　　D．未知μ，原假设H_0：$\sigma^2=\sigma_0^2$．

4．设总体$X \sim N(\mu,\sigma^2)$，原假设H_0：$\mu \neq \mu_0$．若用$t-$检验法，则在显著性水平α下的拒绝域为（　　）

A．$|t| < t_{1-\frac{\alpha}{2}}(n-1)$；　　B．$|t| > t_{1-\frac{\alpha}{2}}(n-1)$；

C．$t > t_{1-\alpha}(n-1)$；　　D．$t < t_{1-\alpha}(n-1)$．

5．在假设检验中，显著性水平α是表示（　　）

A．原假设为真时，被拒绝的概率；　　B．原假设为假时，被接受的概率；

C．原假设为真时，被接受的概率；　　D．原假设为假时，被拒绝的概率．

三、计算题

1．对总体X的一个容量为9的样本，其观察值为0.497，0.506，0.518，0.524，0.488，0.510，0.510，0.515，0.512，分别使用$\bar{X}$和S^2估计$E(X)$和$D(X)$．

2．设$(X_1, X_2, \cdots, X_n)$（$n \geqslant 4$）是总体X的一个样本，且$E(X)=\mu$，指出下列μ的无偏估计量：

$$\hat{\mu}_1 = X_1,$$

$$\hat{\mu}_2 = \frac{1}{2}X_1 + \frac{1}{2}X_2,$$

$$\hat{\mu}_3 = 2X_1,$$

$$\hat{\mu}_4 = \frac{1}{3}X_1 + \frac{1}{3}X_2,$$

$$\hat{\mu}_5 = \frac{1}{4}(X_1 + X_2 + \cdots + X_{n-1} + X_n).$$

3．某工厂生产的零件长度X被认为服从$N(\mu,0.04)$，现从该厂产品中随机抽取6个零件，其长度的测量值如下（单位：mm）：

14.6，15.1，14.9，14.8，15.2，15.1

求μ的置信度为0.95的置信区间．

4．为估计某一物体的重量μ，将其称了10次，得到的重量（单位：千克）为：

10.1，10.0，9.8，10.5，9.7，10.1，9.9，10.2，10.3，9.9

设所称出的物体重量服从$N(\mu,\sigma^2)$，求μ的置信度为0.95的置信区间．

5．某工厂生产 5 欧的电阻，根据以往生产的实际情况，可以认为电阻值服从正态分布 $N(\mu,\sigma^2)$．现随机抽取 10 个电阻，测得它们的电阻值为

9.9，10.1，10.2，9.7，9.9，9.9，10.0，10.5，10.1，10.2

问能否认为该厂生产的电阻的平均阻值为 10 欧？分别就 $\sigma=0.1$ 和 σ 未知两种情况加以讨论，取 $\alpha=0.05$．

第 6 章　方差分析与回归分析

- 掌握一元线性回归方程的建立步骤，会用正规方程组求出回归系数，会作线性回归的显著性检验，以及利用回归方程进行预测
- 了解多元线性回归的概念与一般方法

6.1　方差分析

6.1.1　单因素方差分析

1．方差分析的意义

在科研、生产和管理中，某项特性指标的优劣是受许多条件影响的．为了弄清诸条件中，哪些是对特性指标有显著影响的条件，并弄清这些条件在什么状态时起的作用最大，就需要进行试验（即进行抽样），并对试验结果进行数据处理．方差分析就是分析、处理试验数据的一种数学方法，它的主要任务是通过对数据的分析、处理，分清各试验条件以及它们所取的状态对试验结果的影响，以便有效地指导实践，提高效益．

试验中，由于试验条件的变异而引起的试验结果的数量变异，称为条件误差（或系统误差）；由于许多未能控制的、微小的偶然因素所引起的试验结果的数量变异，称为随机误差（或试验误差）．

我们称可控制的试验条件为因素，称因素的各种状态为水平．如果在试验中，仅有一个因素在改变，其他可控制的条件不变，则称这种试验为单因素试验；如果在试验中变化的因素多于一个，则称为多因素试验．

2．单因素方差分析

设因素 A 有 l 个水平 $A_1, A_2, \cdots, A_l$，在水平 A_i 下进行 n_i 次试验，共进行 $n=\sum_{i=1}^{l} n_i$ 次试验，假设各次试验都是独立的，得到样本观测值 $x_{ij}\,(i=1, 2, \cdots, l;\ j=1, 2, \cdots, n_i)$，见下表．

水平	A_1	A_2	$\cdots$	A_l
观测值	x_{11} x_{12} $\vdots$ x_{1n_1}	x_{21} x_{22} $\vdots$ x_{2n_2}	$\cdots$	x_{l1} x_{l2} $\vdots$ x_{ln_l}

设在水平 A_i 下总体 $X_i \sim N(\mu+\alpha_i,\sigma^2)$，其中 α_i 称为因素 A 在水平 A_i 下的效应 $(i=1, 2, \cdots, l)$，要检验的假设是

$$H_0:\ \alpha_1=\alpha_2=\cdots=\alpha_l=0,$$

记

$$\overline{x}_i=\frac{1}{n_i}\sum_{j=1}^{n_i}x_{ij}\ (i=1, 2, \cdots, l),\quad \overline{x}=\frac{1}{n}\sum_{i=1}^{l}\sum_{j=1}^{n_i}x_{ij}=\frac{1}{n}\sum_{i=1}^{l}n_i\overline{x}_i,$$

$$S_T=\sum_{i=1}^{l}\sum_{j=1}^{n_i}(x_{ij}-\overline{x})^2, \tag{6.1}$$

$$S_A=\sum_{i=1}^{l}n_i(\overline{x}_i-\overline{x})^2, \tag{6.2}$$

$$S_E=\sum_{i=1}^{l}\sum_{j=1}^{n_i}(x_{ij}-\overline{x}_i)^2. \tag{6.3}$$

可以证明：$S_T=S_A+S_E$.

选择统计量

$$F=\frac{S_A/(l-1)}{S_E/(n-l)}\sim F(l-1,n-l),$$

式中 l 为水平个数，n 为试验数据个数.

对于给定的 $\alpha(0<\alpha<1)$，查 F 分布表确定临界值 $F_\alpha(l-1,n-l)$ 使 $P\{F>F_\alpha\}=\alpha$，并由样本观测值求出 F 的值.

（1）当 $F\leqslant F_\alpha(l-1,n-l)$ 时，接受原假设 H_0，即可认为因素 A 对试验结果的影响不显著；

（2）当 $F>F_\alpha(l-1,n-l)$ 时，说明小概率事件 $\{F>F_\alpha\}$ 在一次抽样中发生了. 拒绝原假设 H_0，即可认为因素 A 对试验结果的影响显著.

由于 F 的观察值的计算比较复杂，在实际工作中，通常将（6.1），(6.2)，(6.3) 改写成

$$S_T=\sum_{i=1}^{l}\sum_{j=1}^{n_i}x_{ij}^2-\frac{T^2}{n}, \tag{6.4}$$

$$S_A=\sum_{i=1}^{l}\frac{T_i^2}{n_i}-\frac{T^2}{n}, \tag{6.5}$$

$$S_E=\sum_{i=1}^{l}\sum_{j=1}^{n_i}x_{ij}^2-\sum_{i=1}^{l}\frac{T_i^2}{n_i}, \tag{6.6}$$

其中 $T_i=\sum_{j=1}^{n_i}x_{ij}$，$T=\sum_{i=1}^{l}\sum_{j=1}^{n_i}x_{ij}=\sum_{i=1}^{l}T_i$.

并采取下面的方差分析表：

方差来源	平方和	自由度	均方	F 值	分位数
组间	S_A	$l-1$	$\dfrac{S_A}{l-1}$	$F=\dfrac{\dfrac{S_A}{l-1}}{\dfrac{S_E}{n-1}}$	$F_{\alpha}(l-1,n-l)$
组内	S_E	$n-l$	$\dfrac{S_E}{n-l}$		
总和	S_T	$n-1$			

下面举例说明单因素方差分析方法.

例 1 一批由同种原料织成的布，用不同的染整工艺处理，每台进行缩水率试验，目的是考察不同的工艺对布的缩水率是否有显著影响，现采用 5 种不同的染整工艺，每种工艺处理 4 块布样，测得缩水率的百分数见下表：

布样号＼染整工艺	A_1	A_2	A_3	A_4	A_5
1	4.3	6.1	6.5	9.3	9.5
2	7.8	7.3	8.3	8.7	8.8
3	3.2	4.2	8.6	7.2	11.4
4	6.5	4.2	8.2	10.1	7.8

试问染整工艺对缩水率影响是否显著（$\alpha=0.01$）？

解 （1）选择统计量 F.

$$F=\frac{S_A/(l-1)}{S_E/(n-l)}\sim F(l-1,n-l),$$

依题意，$l=5$，$n=5\times 4=20$.

（2）计算统计量 F 的观测值.

由 $T_i=\sum\limits_{j=1}^{4}x_{ij}$ 得 $T_1=21.8$，$T_2=21.7$，$T_3=31.6$，$T_4=35.3$，$T_5=37.5$，

$$T=\sum_{i=1}^{5}T_i=147.9,$$

$$S_T=\sum_{i=1}^{5}\sum_{j=1}^{4}x_{ij}^2-\frac{T^2}{n}=1\,183.64-\frac{147.9^2}{20}=89.91,$$

$$S_A=\sum_{i=1}^{5}\frac{T_i^2}{n_i}-\frac{T^2}{n}=55.54,$$

$$S_E=\sum_{i=1}^{5}\sum_{j=1}^{4}x_{ij}^2-\sum_{i=1}^{5}\frac{T_i^2}{4}=34.37,$$

得

$$F=\frac{\dfrac{S_A}{l-1}}{\dfrac{S_E}{n-l}}=\frac{\dfrac{55.54}{4}}{\dfrac{34.37}{15}}=6.06.$$

（3）对于给定的$\alpha = 0.01$，查F分布表得$F_{0.01}(4,15) = 4.89$.

（4）因为$F = 6.06 > F_{0.01}(4,15) = 4.89$，故染整工艺对缩水率影响高度显著.

6.1.2 无重复双因素方差分析

设因素A有l个水平A_1，A_2,…，A_l，因素B有m个水平B_1，B_2，…，B_m，在因素A与B的各个水平的每一种配合(A_i, B_j)下，分别进行一次试验，共进行$n = lm$次试验，假定各次试验都是独立的，得到样本观测值x_{ij}($i = 1, 2, \cdots, l$; $j = 1, 2, \cdots, m$).

设在水平(A_i, B_j)下的总体$X_{ij} \sim N(\mu + \alpha_i + \beta_j, \sigma^2)$，其中$\alpha_i$称为因素$A$在水平$A_i$下的效应，$\beta_j$称为$B$在水平$B_j$下的效应($i = 1, 2, \cdots, l$; $j = 1, 2, \cdots, m$).

检验假设

$$H_0: \alpha_1 = \alpha_2 = \cdots = \alpha_l = 0, \quad H_0': \beta_1 = \beta_2 = \cdots = \beta_m = 0,$$

记 $\bar{x}_{i\cdot} = \dfrac{1}{m}\sum_{j=1}^{m} x_{ij}$($i = 1, 2, \cdots, l$)，$\bar{x}_{\cdot j} = \dfrac{1}{l}\sum_{i=1}^{l} x_{ij}$($j = 1, 2, \cdots, m$)，

$$\bar{x} = \frac{1}{lm}\sum_{i=1}^{l}\sum_{j=1}^{m} x_{ij} = \frac{1}{l}\sum_{i=1}^{l}\bar{x}_{i\cdot} = \frac{1}{m}\sum_{j=1}^{m}\bar{x}_{\cdot j},$$

总离差平方和、因素A的离差平方和、B的离差平方和、误差平方和分别记为S_T，S_A，S_B，S_E，

则 $S_T = \sum_{i=1}^{l}\sum_{j=1}^{m}(x_{ij} - \bar{x})^2$，

$$S_A = m\sum_{i=1}^{l}(\bar{x}_{i\cdot} - \bar{x})^2,$$

$$S_B = l\sum_{j=1}^{m}(\bar{x}_{\cdot j} - \bar{x})^2,$$

$$S_E = S_T - S_A - S_B,$$

因为S_T为总离差平方和，反应了数据总的差异；S_A，S_B分别为因素A，B的离差平方和，分别反映了因素A，B的水平发生变化后所引起的差异；S_E为误差平方和，反映了除因素A，B以外的随机因素引起的差异.

可以证明S_T、S_A、S_B、S_E的自由度分别为：

$$f = lm - 1, \; f_A = l - 1, \; f_B = m - 1, \; f_E = f - f_A - f_B = (l-1)(m-1).$$

实际计算时，常用下列表达式：

$$S_T = \sum_{i=1}^{l}\sum_{j=1}^{m} x_{ij}^2 - \frac{T^2}{lm}, \tag{6.7}$$

$$S_A = \frac{1}{m}\sum_{i=1}^{l} T_{i\cdot}^2 - \frac{T^2}{lm}, \tag{6.8}$$

$$S_B = \frac{1}{l}\sum_{j=1}^{m} T_{\cdot j}^2 - \frac{T^2}{lm}, \tag{6.9}$$

$$S_E = S_T - S_A - S_B . \tag{6.10}$$

其中 $T_{i\cdot} = \sum_{j=1}^{m} x_{ij}$， $T_{\cdot j} = \sum_{i=1}^{l} x_{ij}$， $T = \sum_{i=1}^{l}\sum_{j=1}^{m} x_{ij}$.

选择统计量

$$F_A = \frac{S_A/(l-1)}{S_E/(l-1)(m-1)} \sim F((l-1),(l-1)(m-1)),$$

$$F_B = \frac{S_B/(m-1)}{S_E/(l-1)(m-1)} \sim F((m-1),(l-1)(m-1)) .$$

给定 α 查 F 分布表确定 $F_{A\alpha}((l-1),(l-1)(m-1))$ 和 $F_{B\alpha}((m-1),(l-1)(m-1))$，并与 F_A，F_B 的值进行比较：

（1）若 $F_A \geqslant F_{A\alpha}((l-1),(l-1)(m-1))$，则拒绝假设 H_0，即认为因素 A 对试验结果的影响显著；

（2）若 $F_A < F_{A\alpha}((l-1),(l-1)(m-1))$，则接受假设 H_0，即认为因素 A 对试验结果无显著影响；

（3）若 $F_B \geqslant F_{B\alpha}((m-1),(l-1)(m-1))$，则拒绝假设 H_0'，即认为因素 B 对试验结果的影响显著；

（4）若 $F_B < F_{B\alpha}((m-1),(l-1)(m-1))$，则接受假设 H_0'，即认为因素 B 对试验结果无显著影响.

计算 F_A 与 F_B 的值可采取下面的方差分析表：

方差来源	平方和	自由度	均方	F 值	分位数
因素 A	S_A	$f_A = l-1$	$\frac{S_A}{f_A}$	$F_A = \frac{S_A/(l-1)}{S_E/(l-1)(m-1)}$	$F_{A\alpha}$
因素 B	S_B	$f_B = m-1$	$\frac{S_B}{f_B}$	$F_B = \frac{S_B/(m-1)}{S_E/(l-1)(m-1)}$	$F_{B\alpha}$
误差	S_E	$f_E = (l-1)(m-1)$	$\frac{S_E}{f_E}$		
总和	S_T	$f = lm-1$			

例 2 试验某种钢的不同含铜量在各种温度下的冲击值（单位：kg·m/cm^2），下表列出了试验的数据（冲击值），试检验其差异性是否显著（$\alpha = 0.01$）.

铜含量 试验温度	0.2%	0.4%	0.8%
20	10.6	11.6	14.5
0	7.0	11.1	13.3
−20	4.2	6.8	11.5
−40	4.2	6.3	8.7

解 列表、计算：

$l=4,\ m=3$，

$$S_A=\frac{1}{m}\sum_{i=1}^{l}T_{i\cdot}^2-\frac{T^2}{lm}=\frac{3\ 207.74}{3}-\frac{109.8^2}{12}=64.58,$$

$$S_B=\frac{1}{l}\sum_{j=1}^{m}T_{\cdot j}^2-\frac{T^2}{lm}=\frac{4\ 261.64}{4}-\frac{109.8^2}{12}=60.74,$$

$$S_T=\sum_{i=1}^{l}\sum_{j=1}^{m}x_{ij}^2-\frac{T^2}{lm}=(10.6^2+7^2+4.2^2+4.2^2+11.6^2+\cdots+8.7^2)-\frac{109.8^2}{12}=130.75,$$

$S_E=S_T-S_A-S_B=5.43$，

$f_A=4-1=3,\ f_B=3-1=2$，

$f_E=(4-1)(3-1)=6,\ f=4\times3-1=11$，

$$F_A=\frac{64.58/3}{5.43/(3\times2)}=23.79,$$

$$F_B=\frac{60.74/2}{5.43/(3\times2)}=33.56,$$

列表

试验温度 \ 铜含量	B_1 0.2%	B_2 0.4%	B_3 0.8%	$T_{i\cdot}$	$T_{i\cdot}^2$
A_1 20	10.6	11.6	14.5	36.7	1346.89
A_2 0	7.0	11.1	13.3	31.4	985.96
A_3 −20	4.2	6.8	11.5	22.5	506.25
A_4 −40	4.2	6.3	8.7	19.2	368.64
$T_{\cdot j}$	26.0	35.8	48.0	T=109.8	$\sum_{i=1}^{m}T_{i\cdot}^2=3\ 207.74$
$T_{\cdot j}^2$	676	1 281.64	2 304	$\sum_{i=1}^{n}T_{\cdot j}^2=4\ 261.64$	

双因素的方差分析表

方差来源	平方和	自由度	平均平方和	F 值	临界值	显著性
试验温度作用	$S_A=64.58$	3	21.53	$F_A=23.79$	$F_{A0.01}=9.78$	**
铜含量作用	$S_B=60.74$	2	30.37	$F_B=33.56$	$F_{B0.01}=10.92$	**
试验误差	$S_E=5.43$	6	0.905			
总和	$S_T=130.75$	11				

从上面的表中看出：$F_A=23.79>F_{A0.01}=9.78,\ F_B=33.56>F_{B0.01}=10.92$．检验结果表明，这种钢随着含铜量的增加，冲击值提高的效果是特别显著的；同时，随着试验温度的提高，冲

击值提高的效果也是特别显著的．

6.2 回归分析

6.2.1 一元线性回归

1．回归分析的概念

现实世界中，变量之间相互依赖、相互制约的关系，可大致分为两类：一类是函数关系，即变量之间存在着确定的关系．例如圆半径 r 与圆面积 S 的关系是

$$S=\pi r^2$$

另一类是相关关系．例如消费者对某种商品的月需求量与该种商品的价格的关系．又如农作物的单位面积产量与降雨量、施肥量等的关系．这类关系不能用函数来表达．变量之间的这种非确定性关系，称为相关关系．

对于相关关系，虽然不能求出变量之间精确的函数关系式，但是通过大量的观测数据，可以发现它们之间存在着一定的统计规律性．

由一个（或一组）非随机变量来估计或预测某一个随机变量的观测值时，所建立的数学模型和所进行的统计分析，称为回归分析．如果这个模型是线性的，就称为线性回归分析.研究两个变量间的相关关系的回归分析，称为一元回归分析．

2．一元线性回归

在一元回归分析里，我们要考察的是随机变量 Y 与非随机变量 x 之间的相互关系．虽然 Y 和 x 之间没有确定的函数关系．但是我们可以借助函数关系来表达它们之间的统计规律性．用以近似地描述具有相关关系的变量间的联系的函数，称为回归函数．

由于 Y 与 x 之间不存在完全确定的函数关系，因此必须把随机波动产生的影响考虑在内．于是我们的模型的一般形式为

$$y=f(x)+\varepsilon,$$

其中 ε 是随机项．

进行 n 次独立试验，观测值如下表所示：

x	x_1	x_2	…	x_n
y	y_1	y_2	…	y_n

其中 x_i， y_i 分别表示 x 和 Y 在第 i 次试验中的观测值，则有

$$y_i=f(x_i)+\varepsilon_i\quad(i=1,2,\cdots,n).$$

通常把点 (x_i,y_i)($i=1, 2, \cdots, n$) 画在直角坐标平面上，这样得到的图就是散点图．

如果所有的散点大体上散布在某一条直线附近，就可以认为 Y 对 x 的回归函数的类型为直线型：

$$\hat{y}=a+bx.$$

我们称这个方程为 Y 对 x 的回归直线方程，并称其中的 b 为回归系数．在 y 的上方加“∧”，是为了区别于 Y 的实际观测值 y．

如果随机变量Y与非随机变量x之间存在着线性相关关系，则可用回归直线方程

$$\hat{y}=a+bx$$

来描述．怎样确定该方程中未知参数a和b的值呢？

取一个容量为n的样本(x_i,y_i)($i=1, 2, \cdots, n$)，则有

$$y_i=a+bx_i+\varepsilon_i \quad (i=1, 2, \cdots, n),$$

其中，$\varepsilon_1, \varepsilon_2, \cdots, \varepsilon_n$满足

（1）$\varepsilon_i \sim N(0,\sigma^2)$ （$i=1, 2, \cdots, n$）；

（2）$\varepsilon_1, \varepsilon_2,\cdots, \varepsilon_n$相互独立．

我们用$(y_i-\hat{y}_i)^2$即$[y_i-(a+bx_i)]^2$来描述点(x_i,y_i)与回归直线沿平行于纵轴方向的远近距离，则

$$Q(a,b)=\sum_{i=1}^{n}[y_i-(a+bx_i)]^2 .$$

定量地描述了回归直线与n个观测点的接近程度．要找出一条总的看来最接近这n个观测点的直线，就是要找出使Q达到最小值的a，b（记作$\hat{a}$，$\hat{b}$）．由于平方又叫做二乘方，因此把这种使“偏差平方和为最小”的方法称为最小二乘法．这样求得的a，b称为a，b的最小二乘估计．

$\hat{a}$，$\hat{b}$的求法如下：

$$\begin{cases} \dfrac{\partial Q}{\partial a}=-2\sum\limits_{i=1}^{n}[y_i-(a+bx_i)]=0, \\ \dfrac{\partial Q}{\partial b}=-2\sum\limits_{i=1}^{n}[y_i-(a+bx_i)]x_i=0, \end{cases}$$

整理可得

$$\begin{cases} na+(\sum\limits_{i=1}^{n}x_i)b=\sum\limits_{i=1}^{n}y_i, \\ (\sum\limits_{i=1}^{n}x_i)a+(\sum\limits_{i=1}^{n}x_i^2)b=\sum\limits_{i=1}^{n}x_iy_i, \end{cases}$$

解这个方程组，可得

$$\hat{b}=\frac{L_{xy}}{L_{xx}}, \tag{6.11}$$

$$\hat{a}=\overline{y}-\hat{b}\overline{x}, \tag{6.12}$$

其中

$$L_{xy}=\sum_{i=1}^{n}(x_i-\overline{x})(y_i-\overline{y})=\sum_{i=1}^{n}x_iy_i-n\overline{x}\,\overline{y}, \tag{6.13}$$

$$L_{xx}=\sum_{i=1}^{n}(x_i-\overline{x})^2=\sum_{i=1}^{n}x_i^2-n\overline{x}^2, \tag{6.14}$$

$$L_{yy}=\sum_{i=1}^{n}(y_i-\overline{y})^2=\sum_{i=1}^{n}y_i^2-n\overline{y}^2\text{，}\tag{6.15}$$

可以证明，所求得的 $\hat{a}$，$\hat{b}$，确实使 $Q(a,b)$ 取得最小值.

于是，所求的回归直线方程为

$$\hat{y}=\hat{a}+\hat{b}x\text{ .}$$

例 1 炼钢基本上是一个氧化脱碳过程，设某平炉的熔毕碳（全部炉料熔化完毕时，钢液含碳量）x 与精炼时间 Y 的生产记录列表如下：

x	134	150	180	104	190	163	200	121	154	177
y	135	170	200	100	215	175	220	125	150	185

求 x，Y 的关系式（经验公式）.

解 列表计算

序号	x_i	y_i	x_i^2	y_i^2	x_iy_i
1	104	100	10 816	10 000	10 400
2	121	125	14 641	15 625	15 125
3	134	135	17 956	18 225	18 090
4	150	170	22 500	28 900	25 500
5	154	150	23 716	22 500	23 100
6	163	175	26 569	30 625	28 525
7	177	185	31 329	34 225	32 745
8	180	200	32 400	40 000	36 000
9	190	215	36 100	46 225	40 850
10	200	220	40 000	48 400	44 000
$\sum$	1 573	1 675	256 027	294 725	274 335

$$n=10,\ \overline{x}=157.3,\ \overline{y}=167.5\text{，}$$

$$L_{xy}=274\ 335-10\times157.3\times167.5=10\ 857.5\text{，}$$

$$L_{yy}=29\ 725-10\times(167.5)^2=14\ 162\text{，}$$

$$L_{xx}=256\ 072-10\times(157.3)^2=8\ 594.1\text{，}$$

$$\hat{b}=\frac{L_{xy}}{L_{xx}}=\frac{10\ 857.5}{8\ 594.1}=1.26\text{，}$$

$$\hat{a}=\overline{y}-\hat{b}\overline{x}=167.5-1.26\times157.3=-30.70\text{ .}$$

因此，熔毕碳 x 与精炼时间 Y 间的回归方程为

$$\hat{y}=-30.70+1.26x\text{ .}$$

6.2.2 一元线性回归的统计分析

前面提到，只有当两个变量间存在线性相关关系时，才能用直线方程大致表示它们之间

的关系．但是，对任意两个变量的一组观察数据(x_i, y_i)($i=1, 2, \cdots, n$)都可以用最小二乘法形式上求得 y 对 x 的回归直线．这样就需要考察 y 与 x 间是否确有线性相关关系，能否用直线方程来表示，即判断回归方程是否有意义．这种问题一般称为回归方程的显著性检验．

在$\begin{cases} y=a+bx+\varepsilon, \\ \varepsilon \sim N(0,\sigma^2) \end{cases}$的假设下，如果$b=0$，说明 x 值的变化对 y 没有影响，因而变量 x 不能控制变量 y，用回归直线方程$\hat{y}=a+bx$不能描述两个变量 y 与 x 之间的关系，因此，要判明 y 与 x 是否确有线性相关关系，就是要检验假设 H_0: $b=0$．这和前面介绍的假设检验一样，首先要构造统计量．下面我们先导出一个具有统计意义的分解公式：

设(x_i, y_i)($i=1, 2, \cdots, n$)为变量 x， y 间的一组容量为 n 的样本，$\tilde{y}=\hat{a}+\hat{b}x$为由这组样本出发求得的变量 x， y 间的回归直线方程，则

$$L_{yy}=\sum_{i=1}^{n}(y_i-\overline{y})^2$$

就表示了观测数据的总的变动情况，故称 L_{yy} 为总变动平方和．因为

$$\begin{aligned} L_{yy} &= \sum_{i=1}^{n}(y_i-\overline{y})^2=\sum_{i=1}^{n}(y_i-\tilde{y}_i+\tilde{y}_i-\overline{y})^2 \\ &= \sum_{i=1}^{n}(y_i-\tilde{y}_i)^2+\sum_{i=1}^{n}(\tilde{y}_i-\overline{y})^2+2\sum_{i=1}^{n}(y_i-\tilde{y}_i)(\tilde{y}_i-\overline{y}), \end{aligned}$$

而

$$\begin{aligned} \sum_{i=1}^{n}(y_i-\tilde{y}_i)(\tilde{y}_i-\overline{y}) &= \sum_{i=1}^{n}(y_i-\hat{a}-\hat{b}x_i)(\hat{a}+\hat{b}x_i-\hat{a}-\hat{b}\overline{x}) \\ &= \sum_{i=1}^{n}(y_i-\overline{y}+\overline{y}-\hat{a}-\hat{b}x_i)\hat{b}(x_i-\overline{x}) \\ &= \hat{b}\sum_{i=1}^{n}(y_i-\overline{y})(x_i-\overline{x})-\hat{b}^2\sum_{i=1}^{n}(x_i-\overline{x})^2 \\ &= \hat{b}^2\sum_{i=1}^{n}(x_i-\overline{x})^2-\hat{b}^2\sum_{i=1}^{n}(x_i-\overline{x})^2=0, \end{aligned}$$

所以

$$L_{yy}=\sum_{i=1}^{n}(\tilde{y}_i-\overline{y})^2+\sum_{i=1}^{n}(y_i-\tilde{y}_i)^2=U+Q, \tag{6.16}$$

这里

$$U=\sum_{i=1}^{n}(\tilde{y}_i-\overline{y})^2=\sum_{i=1}^{n}(\hat{a}+\hat{b}x_i-\hat{a}-\hat{b}\overline{x})^2=\hat{b}^2\sum_{i=1}^{n}(x_i-\overline{x})^2, \tag{6.17}$$

$$Q=\sum_{i=1}^{n}(y_i-\tilde{y}_i)^2. \tag{6.18}$$

公式(6.16)称为变动平方和的分解公式．量 U 主要描述 $\tilde{y}_1, \tilde{y}_2, \cdots, \tilde{y}_n$ 离 $\overline{y}$ 的分散程度．而由公式（6.17）看出 $\tilde{y}_1, \tilde{y}_2, \cdots, \tilde{y}_n$ 的分散性又由 $x_1, x_2, \cdots, x_n$ 的分散性通过 x 对于 y 的线性影

响反映出来的，由此U称为回归平方和．量Q表示观察值y_i与经验回归直线上x_i所对应的纵坐标$\tilde{y}_i$的偏离情况，它是扣除了x对y的线性影响后所剩余的平方和，因此称Q为剩余平方和（或残差平方和），它主要反映了试验误差的大小．

不难想到，要分析样本值$(x_i,y_i)(i=1,2,\cdots,n)$是否显著地存在确定的线性相关关系，可以用$U$与$Q$进行比较，如果比值$\dfrac{U}{Q}$相当大（从几何上看就是纵向偏差相对于横向来说要小得多），就可以认为存在着线性相关关系．由此启示我们，要检验x与y之间是否存在线性关系，即样本$(x_i,y_i)(i=1,2,\cdots,n)$是否近似地存在着线性关系，可以构造统计量

$$F=\frac{U}{Q/(n-2)}=\frac{(n-2)U}{Q}. \tag{6.19}$$

数学上已经证明：在H_0：$b=0$成立时，$F\sim F(1,n-2)$．这样，我们得到显著性检验的步骤如下：（1）选取统计量$F=\dfrac{U}{Q/(n-2)}=\dfrac{(n-2)U}{Q}$；

（2）计算U和Q的观察值U_0和Q_0，并按式（6.19）计算F_0；

（3）对给定的显著水平α（一般$\alpha=0.05$或$\alpha=0.01$），从F分布表中查出$F_\alpha(1,n-2)$，使得

$$P\{F>F_\alpha\}=\alpha.$$

如果$F_0>F_\alpha(1,n-2)$，则否定假设H_0，即可以认为回归方程在α水平上显著，反之，不能断定变量x和y之间的线性关系，即回归方程意义不大．

例 2 在例 1 的条件下，检验x，y之间的线性相关关系的显著性（$\alpha=0.05$）．

解 （1）选取统计量$F=\dfrac{U}{Q/(n-2)}=\dfrac{(n-2)U}{Q}\sim F(1,n-2)$；

（2）按式（6.19）计算F观察值$F_0=0.984$；

（3）对给定的显著水平$\alpha=0.05$，$n-2=8$查表求得$F_{0.05}=0.632$；

（4）判断：因$F_0=0.984>F_{0.05}=0.632$，所以x与y之间的线性相关关系显著，回归方程有效（$\alpha=0.05$）．

6.2.3 可线性化的一元非线性回归

对于经验公式的类型是线性的情况下，从上面的讨论可知，可直接用公式（6.11），（6.12）求得a，b．然而，大量的实际问题并不属于线性的类型，怎么办呢？看一个例子．

例 3 在彩色显影中，根据以往的经验，形成染料光学密度与吸出银的光学密度之间有下面类型的关系：

$$y\approx A\mathrm{e}^{-\frac{B}{x}},\ B>0.$$

我们希望通过一组实验数据求出未知参数A与B．

虽然y与x之间的关系不是线性的，但对上面的等式两边取自然对数后便得：

$$\ln y\approx\ln A-B/x,$$

令 $$y^*=\ln y,\ x^*=\frac{1}{x},$$

则两个新变量x^*，y^*之间的关系便是线性的了：$y^* \approx \ln A - Bx^*$.

这样，从n组观察值$(x_1,y_1),(x_2,y_2),\cdots,(x_n,y_n)$出发，按$x_i^* = \dfrac{1}{x_i}$，$y_i^* = \ln y_i (i=1, 2, \cdots, n)$，得$n$组新数据$(x_1^*,y_1^*),(x_2^*,y_2^*),\cdots,(x_n^*,y_n^*)$，再用式（6.11），（6.12）得$a^*$，$b^*$，最后，由$\ln A = a^*$，$-B = b^*$就求得$A$，$B$了.

这个例子说明，要把一个非线性回归问题化为线性回归问题，首先要确定（或近似确定）非线性函数的类型，然后看能否用变量置换使之线性化. 一般说来，确定非线性函数的类型是不容易的，但有些问题可凭专业知识和经验确定，或者用数学方法估出. 为方便使用，下面把常用的一些非线性函数的线性化变换列出. 如果实测数据的散点图大致围绕下列的某一曲线散布，就可采用与之相应的变换化为线性回归问题处理.

1．双曲线$\dfrac{1}{y} = a + \dfrac{b}{x}$型

令$u = \dfrac{1}{y}$，$v = \dfrac{1}{x}$，则得到$u = a + bv$.

2．指数曲线$y = ce^{bx}$型

令$u = \ln y$，$v = x$，$a = \ln c$，则得到$u = a + bv$.

3．负指数曲线$y = c\mathrm{e}^{\frac{b}{x}}$型

令$u = \ln y$，$v = \dfrac{1}{x}$，$a = \ln c$，则得到$u = a + bv$.

4．幂函数$y = cx^b$型

令$u = \ln y$，$a = \ln c$，$v = \ln x$，则得到$u = a + bv$.

5．对数曲线$y = a + b\ln x$型

令$u = y$，$v = \ln x$,则得到$u = a + bv$.

6．S 曲线$y = \dfrac{1}{a + b\mathrm{e}^{-x}}$型

令$u = \dfrac{1}{y}$，$v = \mathrm{e}^{-x}$则得到$u = a + bv$.

6.2.4　多元线性回归

在实际应用中，由于事物的复杂性，在很多情况下要采用多元回归方法，就方法的实质来说，多元跟一元在很多方面是相同的，只是多元回归方法更复杂些. 在这里主要讨论多元线性回归模型.

一、模型

设因变量Y与自变量$x_1,x_2,\cdots,x_k$有关系式：

$$Y = b_0 + b_1x_1 + \cdots + b_kx_k + \varepsilon$$

其中ε是随机变量. 现有n组数据：

$$\begin{array}{l}(y_1;x_{11},x_{21},\cdots,x_{k1})\\(y_2;x_{12},x_{22},\cdots,x_{k2})\\\cdots\cdots\cdots\cdots\\(y_n;x_{1n},x_{2n},\cdots,x_{kn})\end{array}\tag{6.20}$$

（其中 x_{ij} 是自变量 x_i 的第 j 个值，是 Y 的第 j 个观测值.）

假定

$$\begin{cases}Y_1=b_0+b_1x_{11}+b_2x_{21}+\cdots+b_kx_{k1}+\varepsilon_1\\Y_2=b_0+b_1x_{12}+b_2x_{22}+\cdots+b_kx_{k2}+\varepsilon_2\\\cdots\cdots\cdots\cdots\cdots\cdots\\Y_n=b_0+b_1x_{1n}+b_2x_{2n}+\cdots+b_kx_{kn}+\varepsilon_n\end{cases}\tag{6.21}$$

其中 $b_0,b_1,\cdots,b_k$ 是待估计的参数；而 $\varepsilon_0,\varepsilon_1,\cdots,\varepsilon_n$ 相互独立且服从相同的分布 $N(0,\sigma^2)$， σ 未知.

说明：

（1）所谓“多元”是指自变量有多个，而因变量还是只有一个；自变量是普通变量，因变量是随机变量.

（2）（6.20）中的诸 y 是数据，而（6.21）中的诸 Y 是随机变量．我们把（6.20）中的诸 y 当作（6.21）中相应的 Y 的观测值.

（3）（6.21）表示 Y 跟 $x_1,x_2,\cdots,x_k$ 的关系是线性的．对于某些非线性的关系，可通过适当的变换转化为形式上是线性的问题；比如，一元多项式回归问题（即虽然只有一个 x，但 Y 对 x 的回归式是多项式：$\hat{y}=b_0+b_1x_1+b_2x^2+\cdots+b_kx^k$），就可以通过变换转化为多元线性回归问题（令 $x_1=x,x_2=x^2,\cdots,x_k=x^k$ 就可以了）.

二、最小二乘估计与正规方程

我们称使

$$Q(b_0,b_1,\cdots,b_k)\triangleq\sum_{t=1}^{n}\left[y_i-(b_0+b_1x_{1t}+b_2x_{2t}+\cdots+b_kx_{kt})\right]^2$$

达到最小的 $\hat{b}_0,\hat{b}_1,\cdots,\hat{b}_k$ 为参数 $b_0,b_1,\cdots,b_k$ 的最小二乘估计.

可以证明，最小二乘估计也就是下列方程组的解：

$$\begin{cases}l_{11}b_1+l_{12}b_2+\cdots+l_{1k}b_k=l_{1y}\\l_{21}b_1+l_{22}b_2+\cdots+l_{2k}b_k=l_{2y}\\\cdots\cdots\cdots\cdots\cdots\\l_{k1}b_1+l_{k2}b_2+\cdots+l_{kk}b_k=l_{ky}\\b_0=\overline{y}-b_1\overline{x}_1-\cdots-b_k\overline{x}_k\end{cases}\tag{6.22}$$

其中

$$\overline{y}=\frac{1}{n}\sum y_t,\ \overline{x}_i=\frac{1}{n}\sum x_{it},\qquad i=1,2,\cdots,k$$

$$l_{ij}=l_{ji}=\sum(x_{it}-\overline{x}_i)(x_{jt}-\overline{x}_j),\qquad i,j=1,2,\cdots,k$$

$$l_{iy}=\sum(x_{it}-\overline{x}_i)(y_t-\overline{y}),\qquad i=1,2,\cdots,k$$

方程组（6.22）称为正规方程.

三、平方和分解公式与σ^2的无偏估计

跟一元的情形类似，我们有平方和分解公式

$$l_{yy}=Q+U \tag{6.23}$$

其中

$$l_{yy}=\sum(y_t-\overline{y})^2;$$

$$Q=\sum(y_t-\hat{y}_t)^2;$$

$$U=\sum(\hat{y}_t-\overline{y})^2;$$

而

$$\hat{y}_t=\hat{b}_0+\hat{b}_1x_{1t}+\hat{b}_2x_{2t}+\cdots+\hat{b}_kx_{kt},\qquad t=1,2,\cdots,n$$

称U为回归平方和，Q为剩余平方和.

可以证明

$$U=\hat{b}_1l_{1y}+\hat{b}_2l_{2y}+\cdots+\hat{b}_kl_{ky}.$$

具体计算时，用这个公式是比较方便的.

我们有

$$E[Q/(n-k-1)]=\sigma^2. \tag{6.24}$$

（实际上，可以证明Q/σ^2服从自由度为$n-k-1$的x^2分布.）记

$$\hat{\sigma}^2=Q/(n-k-1).$$

（6.24）表明，$\hat{\sigma}^2$是σ^2的无偏估计．有时$\hat{\sigma}^2$也用s^2来记.

四、相关性检验

跟一元的情形类似，Y与$x_1,x_2,\cdots,x_k$间是否存在线性相关关系的问题，在模型（6.21）的假定下，也就是一个假设检验的问题．要检验的是假设的H_0：$b_1=b_2=\cdots=b_k=0$．若经检验否定假设H_0，则认为它们之间存在线性相关关系.

具体的统计量也是类似的：

$$F=\frac{U/k}{Q/(n-k-1)}. \tag{6.25}$$

它是一元情形的推广．可以证明，在（6.21）的假定以及假设H_0成立的情况下，（6.25）给出的统计量F服从自由度为k，$n-k-1$的F分布．于是对给定的α，将由（6.25）算出的F值跟相应的临界值λ作比较．如果$F>\lambda$，则否定H_0；否则H_0是相容的.

五、偏回归平方和与因素主次的判别

以上内容纯属一元情形的推广，只是形式上复杂些而已．而本小节是多元回归问题所特有的.

先从判别因素的主次说起．在实际工作中，我们还关心Y对$x_1,x_2,\cdots,x_k$的线性回归中，哪些因素（即自变量）更重要，哪些不重要．怎样来衡量某个特定因素$x_i(i=1,2,\cdots,k)$的影响呢？我们知道，回归平方和U这个量表示了全体自变量$x_1,x_2,\cdots,x_k$对于Y的总的线性影响．为了

研究 x_k 的作用，可以这样考虑：从原来的 k 个自变量中扣除 x_k，我们知道这 $k-1$ 个自变量 $x_1,x_2,\cdots,x_{k-1}$ 对于 Y 的总的线性影响也是一个回归平方和，记作 $U_{(k)}$，我们称

$$U_i \triangleq U - U_{(i)} \qquad (i=1,2,\cdots,k) \tag{6.26}$$

为 $x_1,x_2,\cdots,x_k$ 中 x_i 的偏回归平方和. 用它来衡量 x_i 在 Y 对 $x_1,x_2,\cdots,x_k$ 的线性回归中的作用的大小.

对于 U_i 的计算，我们有下式：

$$U_i = \frac{\hat{b}_i^2}{c_{ii}} \tag{6.27}$$

其中 c_{ii} 是矩阵 $(l_{ij})_{k\times k}$ 的逆矩阵的对角线上的第 i 个元素.

最后，我们指出，从理论上说，对于假设“$H_0: b_i=0$”，可用统计量 $F_i=u_i/s^2$ 来检验. 这个统计量在 H_0 成立时服从自由度为 1，$n-k-1$ 的 F 分布. 实用上，如果根据观测值算出的 F_i 的数值大于 $\alpha=0.05$ 的临界值，称变量 x_i 是显著的；而若算得的 F_i 的数值还大于 $\alpha=0.01$ 的临界值，就称变量 x_i 是高度显著的. 当 F_i 的值很小时，应从回归方程中将 x_i 剔除.

例 4 某种水泥在凝固时放出的热量 y（卡/克）可能与下列四种化学成分有关：

x_1: $3CaO\cdot Al_2O_3$ 的成分（%），　　x_2: $3CaO\cdot SiO_2$ 的成分（%），

x_3: $4CaO\cdot Fe_2O_3$ 的成分（%），　　x_4: $2CaO\cdot SiO_3$ 的成分（%），

求出 y 与 x_1, x_2, x_3, x_4 之间的关系式（经验公式），并检验线性相关关系的显著性（$\alpha=0.05$）.

实际测得 13 组数据如下：

序号	x_1	x_2	x_3	x_4	y
1	7	26	6	60	78.5
2	1	29	15	52	74.3
3	11	56	8	20	104.3
4	11	31	8	47	87.6
5	7	52	6	33	95.9
6	11	55	9	22	109.2
7	3	71	17	6	102.7
8	1	31	22	44	72.5
9	2	54	18	22	93.1
10	21	47	4	26	115.9
11	1	40	23	34	83.8
12	11	66	9	12	113.3
13	10	68	8	12	109.4

解 （1）建立数学模型.

设 $y=b_0+b_1x_1+b_2x_2+b_3x_3+b_4x_4+\varepsilon$，

将 13 组数据代入上式，得到

$$y_i=b_0+b_1x_{i1}+b_2x_{i2}+b_3x_{i3}+b_4x_{i4}+\varepsilon_i \ (i=1, 2, \cdots, 13),$$

用矩阵表示

$$Y=Z\beta+\varepsilon,$$

其中 $Y=\begin{pmatrix} y_1 \\ y_2 \\ \vdots \\ y_{13} \end{pmatrix}=\begin{pmatrix} 78.5 \\ 74.3 \\ \vdots \\ 109.4 \end{pmatrix}$，$Z=\begin{pmatrix} 1 & x_{11} & x_{12} & x_{13} & x_{14} \\ 1 & x_{21} & x_{22} & x_{23} & x_{24} \\ \vdots & \vdots & \vdots & \vdots & \vdots \\ 1 & x_{131} & x_{132} & x_{133} & x_{134} \end{pmatrix}=\begin{pmatrix} 1 & 7 & 26 & 6 & 60 \\ 1 & 1 & 29 & 15 & 52 \\ \vdots & \vdots & \vdots & \vdots & \vdots \\ 1 & 10 & 68 & 8 & 12 \end{pmatrix}$，

$\beta=\begin{pmatrix} b_0 \\ b_1 \\ b_2 \\ b_3 \\ b_4 \end{pmatrix}$，$\varepsilon=\begin{pmatrix} \varepsilon_1 \\ \varepsilon_2 \\ \vdots \\ \varepsilon_{13} \end{pmatrix}$，$b_j(j=0, 1, 2, 3, 4)$ 是待估计的参数，

$\varepsilon_i \sim N(0,\sigma^2)$ $(i=1, 2, \cdots, 13)$ 且 $\varepsilon_i(i=1, 2, \cdots, 13)$ 相互独立.

（2）用最小二乘法估计 b_0,b_1,b_2,b_3,b_4 的估计值.

由 $\begin{pmatrix} b_0 \\ b_1 \\ b_2 \\ b_3 \\ b_4 \end{pmatrix}=(Z'Z)^{-1}Z'Y$ 得 $\begin{pmatrix} b_0 \\ b_1 \\ b_2 \\ b_3 \\ b_4 \end{pmatrix}=\begin{pmatrix} 62.405\,2 \\ 1.551\,1 \\ 0.510\,1 \\ 0.101\,9 \\ -0.144\,1 \end{pmatrix}$，

所以线性回归方程为

$$y=62.405\,2+1.551\,1x_1+0.510\,1x_2+0.101\,9x_3-0.144\,1x_4 .$$

（3）对方程进行显著性检验（$\alpha=0.05$）.

$$H_0:\ b_1=b_2=b_3=b_4=0,$$

查表 $F_{0.05}(k,n-k-1)=F_{0.05}(4,8)=3.84$，

计算统计量

$$F_0=\frac{u/k}{Q/(n-k-1)}=\frac{2\,667.9/4}{47.86/8}=111.5,$$

$\because F_0>F_\alpha$，$\therefore$ 否定 H_0，认为回归方程有意义.

本章小结

本章主要介绍了方差分析与回归分析.

方差分析的主要内容是如何利用方差来检验显著性假设，其核心内容是假设检验的方法，采用 F 统计量，假设各水平之间的差异不显著，用单边否定域来判断，其主要思想在于：同一水平下的差异是由很多微小随机误差总和作用的结果.

回归分析主要介绍了一元线性回归方程的求法及回归假设的检验，这是本节重点. 对于多元线性回归和非线性回归，会求多元线性回归方程，了解常见非线性回归的变换形式即可.

习题六

1. 三部机床 A、B、C，制造一种产品，又每部机床各统计 5 天的日产量如下：试用方差

分析法判断三部机床日产量有无显著差异（$\alpha=0.01$）.

天 \ 产量 \ 机床	A	B	C
第一天	41	65	45
第二天	48	57	51
第三天	41	54	56
第四天	57	72	48
第五天	49	64	48

2．一实验室里用四只伏特计测量电压，每只伏特计用来测量电压为 100 伏的恒定电动势各 5 次得下列结果：

序号 \ 伏特计	A	B	C	D
1	100.9	100.0	100.8	100.4
2	101.1	100.9	100.7	100.1
3	101.8	101.0	100.7	100.3
4	100.9	100.6	100.4	100.2
5	100.4	100.3	100.0	100.0

问这四只伏特计之间有无显著差别（$\alpha=0.05$）？

3．一支火箭使用四种推进器、三种燃料作射程试验，每种推进器与每种燃料配合作一次试验，得火箭射程（单位：海里）如下表：

推进器 \ 火箭射程 \ 燃料	B_1	B_2	B_3
A_1	33	32	34
A_2	33	34	36
A_3	34	34	35
A_4	35	34	35

试用双因素方差分析法检验推进器、燃料对火箭射程有无显著影响（$\alpha=0.05$）.

4．某铁路货运站统计了一段时间的零担货运量如下表：

天数 x	180	200	235	270	285	290	300
百吨数 y	36	47	64	78	85	87	90

求 y 对 x 的回归方程，并检验相关性.

5．在铜线的碳含量对电阻的效应研究中，得到如下数据：

碳含量 x（%）	0.10	0.30	0.40	0.55	0.70	0.80	0.95
电阻 y（微欧）	15	18	19	21	22.6	23.8	26

设 y 为正态变量，求 y 对 x 的线性回归方程．

6．在发动机试车前，必须找到应变放大器输出电压与叶片的应变之间的数量关系．设输出电压为 y，叶片应变为 x，得 15 对试验数据如下表：

序号	x_i	y_i
1	35.8	0.1
2	71.7	0.2
3	107.6	0.25
4	143.5	0.4
5	179.3	0.47
6	215.2	0.55
7	287	0.8
8	394.6	1.05
9	430.5	1.15
10	502.2	1.35
11	574	1.6
12	638.5	1.6
13	845.7	1.68
14	703.1	1.82
15	717.5	1.9

（1）求 y 对 x 的线性回归方程；

（2）检验线性关系的显著性（$\alpha=0.05$）；

（3）当 $x=100$ 时，求 y 的 95%的预测区间．

7．炼铝厂测得所生产的铸模用的铝的硬度 x 与抗张强度 y 数据如下：

序号	x_i	y_i
1	68	288
2	53	293
3	70	349
4	84	343
5	60	290
6	72	354
7	51	283
8	83	324
9	70	340
10	64	286

（1）求 y 对 x 的线性回归方程；

（2）检验线性关系的显著性（$\alpha=0.05$）；

（3）当 $x=65$ 时，求抗张强度 y 及 y 的95%的预测区间.

自测题六

1．简答：

（1）什么叫方差分析？

（2）什么叫随机误差？

（3）什么叫单因素试验？

（4）什么叫多因素试验？

（5）什么叫回归分析？

2．某医院用光电比色计检验尿汞时，得尿汞含量（毫克/升）与消光系数如下表：

尿汞含量 x	2	4	6	8	10
消光系数 y	64	138	205	285	360

由经验知道 $y=b_0+b_1x+\varepsilon$，试求经验回归方程，并检验 b_1 是否显著地为零（显著水平 $\alpha=0.05$）.

3．研究高磷钢的效率与出钢量和FeO的关系，测得数据如表（表中 y 表示效率，x_1 是出钢量，x_2 是FeO）：

（1）假设效率与出钢量和FeO有线性相关关系，求回归方程

$$\hat{y}=b_0+b_1x_1+b_2x_2;$$

（2）检验回归方程的显著性（取 $\alpha=0.10$）.

i	x_1	x_2	y
1	115.3	14.2	83.5
2	96.5	14.6	78.0
3	56.9	14.9	73.0
4	101.0	14.9	91.4
5	102.9	18.2	83.4
6	87.9	13.2	82.0
7	101.4	13.5	84.0
8	109.8	20.0	80.0
9	103.4	13.0	88.0
10	110.6	15.0	86.5
11	80.3	12.9	81.0
12	93.0	14.7	88.6
13	88.0	16.4	81.5
14	88.0	18.1	85.7

续表

i	x_1	x_2	y
15	108.9	15.4	81.9
16	89.5	18.3	79.1
17	104.4	13.8	89.9
18	101.9	12.2	80.6

4．粮食加工试验 5 种贮藏方法对粮食含水率是否有显著影响，在贮藏前这些粮食的含水率几乎没有差别，贮藏后含水率如下表．问不同的贮藏方法对含水率是否有明显差异？

含水率		试验批号				
		1	2	3	4	5
因素（贮藏方法）	A_1	7.3	8.3	7.6	8.4	8.3
	A_2	5.4	7.4	7.1		
	A_3	8.1	6.4	10.0		
	A_4	7.9	9.5			
	A_5	7.1				

附表

附表 1　常用分布表

类型	分布	分布列或密度函数	数学期望	方差
离散型	两点分布 B(1, p)	$P\{X=k\}=p^k q^{1-k}$ （$k=0,1;\ 0<p<1;\ p+q=1$）	p	pq
	二项分布 B(n, p)	$P\{X=k\}=\mathrm{C}_n^k p^k q^{n-k}$ （$k=0,1,\cdots,n;\ 0<p<1;\ p+q=1$）	np	npq
	泊松分布	$P\{X=k\}=\dfrac{\lambda^k}{k!}\mathrm{e}^{-\lambda}$ （$k=0,1,2,\cdots;\ \lambda>0$）	λ	λ
	几何分布	$P\{X=k\}=pq^{k-1}$ （$k=1,2,\cdots;\ 0<p<1;\ p+q=1$）	$\dfrac{1}{p}$	$\dfrac{q}{p^2}$
连续型	均匀分布	$f(x)=\begin{cases}\dfrac{1}{b-a}, & a<x<b\\ 0, & \text{其他}\end{cases}$	$\dfrac{a+b}{2}$	$\dfrac{(b-a)^2}{12}$
	指数分布	$f(x)=\begin{cases}\lambda\mathrm{e}^{-\lambda x}, & x\geqslant 0\\ 0, & x<0\end{cases}$ （$\lambda>0$）	$\dfrac{1}{\lambda}$	$\dfrac{1}{\lambda^2}$
	标准正态分布 $N(0,1)$	$f(x)=\dfrac{1}{\sqrt{2\pi}}\mathrm{e}^{-\frac{x^2}{2}}$	1	0
	正态分布 $N(\mu,\sigma^2)$	$f(x)=\dfrac{1}{\sqrt{2\pi}\sigma}\mathrm{e}^{-\frac{(x-\mu)^2}{2\sigma^2}}$ （$\mu\in\mathbf{R},\ \sigma>0$）	μ	σ^2

附表 2　泊松分布表

$$1-F(x-1)=\sum_{k=x}^{\infty}\frac{e^{-\lambda}\lambda^k}{k!}$$

x	$\lambda=0.2$	$\lambda=0.3$	$\lambda=0.4$	$\lambda=0.5$	$\lambda=0.6$
0	1.0000000	1.0000000	1.0000000	1.0000000	1.0000000
1	0.1812692	0.2591818	0.3296800	0.323469	0.451188
2	0.0175231	0.0369363	0.0615519	0.090204	0.0121901
3	0.0011485	0.0035995	0.0079263	0.014388	0.023115
4	0.0000568	0.0002658	0.0007763	0.001752	0.003358
5	0.0000023	0.0000158	0.0000612	0.000172	0.000394
6	0.0000001	0.0000008	0.0000040	0.000014	0.000039
7			0.0000002	0.000001	0.000003

x	$\lambda=0.7$	$\lambda=0.8$	$\lambda=0.9$	$\lambda=1.0$	$\lambda=1.2$
0	1.0000000	1.0000000	1.0000000	1.0000000	1.0000000
1	0.503415	0.550671	0.593430	0.632121	0.698806
2	0.155805	0.191208	0.227518	0.264241	0.337373
3	0.034142	0.047423	0.062857	0.080301	0.120513
4	0.005753	0.009080	0.013459	0.018988	0.033769
5	0.000786	0.001411	0.002344	0.003660	0.007746
6	0.000090	0.000184	0.000343	0.000594	0.001500
7	0.000009	0.000021	0.000043	0.000083	0.000251
8	0.000001	0.000002	0.000005	0.000010	0.000037
9				0.000001	0.000005
10					0.000001

x	$\lambda=1.4$	$\lambda=1.6$	$\lambda=1.8$	$\lambda=2.5$	$\lambda=3.0$
0	1.0000000	1.0000000	1.0000000	1.0000000	1.0000000
1	0.753403	0.798103	0.834701	0.917915	0.950213
2	0.408167	0.475069	0.537163	0.712703	0.800852
3	0.166502	0.216642	0.269379	0.456187	0.576810
4	0.053725	0.078813	0.108708	0.242424	0.352768
5	0.014253	0.023682	0.036407	0.108822	0.184737
6	0.003201	0.006040	0.010378	0.042021	0.083918
7	0.000622	0.001336	0.002569	0.014187	0.033509
8	0.000107	0.000260	0.000562	0.004247	0.011905
9	0.000016	0.000045	0.000110	0.001140	0.003803
10	0.000002	0.000007	0.000019	0.000277	0.001102
11		0.000001	0.000003	0.000062	0.000292
12				0.000013	0.000071
13				0.000002	0.000016
14					0.000003
15					0.000001

续表

x	$\lambda=3.5$	$\lambda=4.0$	$\lambda=4.5$	$\lambda=5.0$
0	1.0000000	1.0000000	1.0000000	1.0000000
1	0.969803	0.981684	0.988891	0.993262
2	0.864112	0.908422	0.938901	0.959572
3	0.679153	0.761897	0.826422	0.875348
4	0.463367	0.566530	0.657704	0.734974
5	0.274555	0.371163	0.467896	0.559507
6	0.142386	0.214870	0.297070	0.384039
7	0.065288	0.110674	0.168949	0.237817
8	0.026739	0.051134	0.086586	0.133372
9	0.009874	0.021363	0.040257	0.068094
10	0.003315	0.008132	0.017093	0.031828
11	0.001019	0.002840	0.006669	0.013695
12	0.000289	0.000915	0.002404	0.005453
13	0.000076	0.000274	0.000805	0.002019
14	0.000019	0.000076	0.000252	0.000698
15	0.000004	0.000020	0.000074	0.000226
16	0.000001	0.000005	0.000020	0.000069
17		0.000001	0.000005	0.000020
18			0.000001	0.000005
19				0.0000001

附表 3　标准正态分布表

$$\Phi(x)=\frac{1}{\sqrt{2\pi}}\int_{-\infty}^{x}\mathrm{e}^{-u^2/2}\,\mathrm{d}u\quad(x\geqslant 0)$$

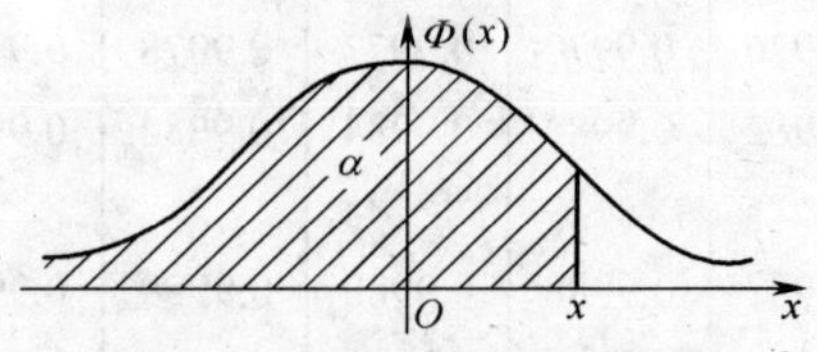

x	0	1	2	3	4	5	6	7	8	9
0.0	0.5000	0.5040	0.5080	0.5120	0.5160	0.5199	0.5239	0.5279	0.5319	0.5359
0.1	0.5398	0.5438	0.5478	0.5517	0.5557	0.5596	0.5636	0.5675	0.5714	0.5753
0.2	0.5793	0.5832	0.5871	0.5910	0.5948	0.5987	0.6026	0.6064	0.6103	0.6141
0.3	0.6179	0.6217	0.6255	0.6293	0.6331	0.6368	0.6406	0.6443	0.6480	0.6517
0.4	0.6554	0.6591	0.6628	0.6664	0.6700	0.6736	0.6772	0.6808	0.6844	0.6879
0.5	0.6915	0.6950	0.6985	0.7019	0.7054	0.7088	0.7123	0.7157	0.7190	0.7224
0.6	0.7257	0.7291	0.7324	0.7357	0.7389	0.7422	0.7454	0.7486	0.7517	0.7549
0.7	0.7580	0.7611	0.7642	0.7673	0.7703	0.7734	0.7764	0.7794	0.7823	0.7852
0.8	0.7881	0.7910	0.7939	0.7967	0.7995	0.8023	0.8051	0.8078	0.8106	0.8133
0.9	0.8159	0.8186	0.8212	0.8238	0.8264	0.8289	0.8315	0.8340	0.8365	0.8389
1.0	0.8413	0.8438	0.8461	0.8485	0.8508	0.8531	0.8554	0.8577	0.8599	0.8621
1.1	0.8643	0.8665	0.8686	0.8708	0.8729	0.8749	0.8770	0.8790	0.8810	0.8830
1.2	0.8849	0.8869	0.8888	0.8907	0.8925	0.8944	0.8962	0.6898	0.8997	0.9015
1.3	0.9032	0.9049	0.9066	0.9082	0.9099	0.9115	0.9131	0.9147	0.9162	0.9177
1.4	0.9192	0.9207	0.9222	0.9236	0.9251	0.9265	0.9278	0.9292	0.9306	0.9319
1.5	0.9332	0.9345	0.9357	0.9370	0.9382	0.9394	0.9406	0.9418	0.9430	0.9441
1.6	0.9452	0.9463	0.9474	0.9484	0.9495	0.9505	0.9515	0.9525	0.9535	0.9545
1.7	0.9554	0.9564	0.9573	0.9582	0.9591	0.9599	0.9608	0.9616	0.9625	0.9633
1.8	0.9641	0.9648	0.9656	0.9664	0.9671	0.9678	0.9686	0.9693	0.9700	0.9706
1.9	0.9713	0.9719	0.9726	0.9732	0.9738	0.9744	0.9750	0.9756	0.9762	0.9767
2.0	0.9772	0.9778	0.9783	0.9788	0.9793	0.9798	0.9803	0.9808	0.9812	0.9817
2.1	0.9821	0.9826	0.9830	0.9834	0.9838	0.9842	0.9846	0.9850	0.9854	0.9857
2.2	0.9861	0.9864	0.9868	0.9871	0.9874	0.9878	0.9881	0.9884	0.9887	0.9890
2.3	0.9893	0.9896	0.9898	0.9901	0.9904	0.9906	0.9909	0.9911	0.9913	0.9916
2.4	0.9918	0.9920	0.9922	0.9925	0.9927	0.9929	0.9931	0.9932	0.9934	0.9936

续表

x	0	1	2	3	4	5	6	7	8	9
2.5	0.9938	0.9940	0.9941	0.9943	0.9945	0.9946	0.9948	0.9949	0.9951	0.9952
2.6	0.9953	0.9955	0.9956	0.9957	0.9959	0.9960	0.9961	0.9962	0.9963	0.9964
2.7	0.9965	0.9966	0.9967	0.9968	0.9969	0.9970	0.9971	0.9972	0.9973	0.9974
2.8	0.9974	0.9975	0.9976	0.9977	0.9977	0.9978	0.9979	0.9979	0.9980	0.9981
2.9	0.9981	0.9982	0.9982	0.9983	0.9984	0.9984	0.9985	0.9985	0.9986	0.9986
3.0	0.9987	0.9987	0.9987	0.9988	0.9988	0.9989	0.9989	0.9989	0.9990	0.9990
3.1	0.9990	0.9991	0.9910	0.9991	0.9992	0.9992	0.9992	0.9992	0.9993	0.9993
3.2	0.9993	0.9993	0.9940	0.9994	0.9994	0.9994	0.9994	0.9995	0.9995	0.9995
3.3	0.9995	0.9995	0.9950	0.9996	0.9996	0.9996	0.9996	0.9996	0.9996	0.9997
3.4	0.9997	0.9997	0.9970	0.9997	0.9997	0.9997	0.9997	0.9997	0.9997	0.9998
3.6	0.9998	0.9998	0.9997	0.9999	0.9999	0.9999	0.9999	0.9999	0.9999	0.9999
3.8	0.9999	0.9999	0.9999	0.9999	0.9999	0.9999	0.9999	0.9999	0.9999	0.9999

$\Phi(4.0)=0.999968329$，$\Phi(5.0)=0.9999997133$，$\Phi(6.0)=0.9999999999$

附表4　t分布表

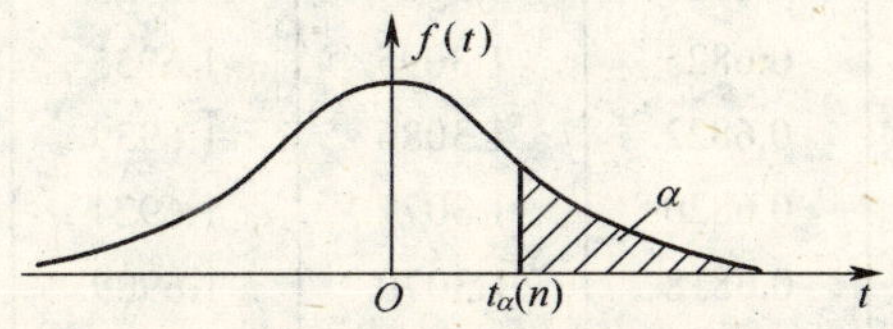

$P\{t(n)>t_\alpha(n)\}=\alpha$

n	0.25	0.10	0.05	0.025	0.01	0.005
1	1.0000	3.0777	6.3138	12.7062	31.8207	63.6574
2	0.8165	1.8856	2.9200	4.3027	6.9646	9.9248
3	0.7649	1.6377	2.3534	3.1824	4.5407	5.8409
4	0.7407	1.5332	2.1318	2.7764	3.7469	4.6041
5	0.7267	1.4759	2.0150	2.5706	3.3649	4.0322
6	0.7176	1.4398	1.9432	2.4469	3.1427	3.7074
7	0.7111	1.4149	1.8946	2.3646	2.9980	3.4995
8	0.7064	1.3968	1.8595	2.3060	2.8965	3.3554
9	0.7027	1.3830	1.8331	2.2622	2.8214	3.2498
10	0.6998	1.3722	1.8125	2.2281	2.7638	3.1693
11	0.6974	1.3634	1.7959	2.2010	2.7181	3.1058
12	0.6955	1.3562	1.7823	2.1788	2.6810	3.0545
13	0.6938	1.3502	1.7709	2.1604	2.6503	3.1023
14	0.6924	1.3450	1.7613	2.1448	2.6245	2.9768
15	0.6912	1.3406	1.7531	2.1315	2.6025	2.9467
16	0.6901	1.3368	1.7459	2.1199	2.5835	2.9208
17	0.6892	1.3334	1.7396	2.1098	2.5669	2.8982
18	0.6884	1.3304	1.7341	2.1009	2.5524	2.8784
19	0.6876	1.3277	1.7291	2.0930	2.5395	2.8609
20	0.6870	1.3253	1.7247	2.0860	2.5280	2.8453
21	0.6864	1.3232	1.7207	2.0796	2.5177	2.8314
22	0.6858	1.3212	1.7171	2.0739	2.5083	2.8188
23	0.6853	1.3195	1.7139	2.0687	2.4999	2.8073
24	0.6848	1.3178	1.7109	2.0639	2.4922	2.7969
25	0.6844	1.3163	1.7081	2.0595	2.4851	2.7874
26	0.6840	1.3150	1.7056	2.0555	2.4786	2.7787
27	0.6837	1.3137	1.7033	2.0518	2.4727	2.7707
28	0.6834	1.3125	1.7011	2.0484	2.4671	2.7633
29	0.6830	1.3114	1.6991	2.0452	2.4620	2.7564

续表

n	0.25	0.10	0.05	0.025	0.01	0.005
30	0.6828	1.3104	1.6973	2.0423	2.4573	2.7500
31	0.6825	1.3095	1.6955	2.0395	2.4528	2.7440
32	0.6822	1.3086	1.6939	2.0369	2.4487	2.7385
33	0.6820	1.3077	1.6924	2.0345	2.4448	2.7333
34	0.6818	1.3070	1.6909	2.0322	2.4411	2.7284
35	0.6816	1.3062	1.6896	2.0301	2.4377	2.7238
36	0.6814	1.3055	1.6883	2.0281	2.4345	2.7195
37	0.6812	1.3049	1.6871	2.0262	2.4314	2.7154
38	0.6810	1.3042	1.6860	2.0244	2.4286	2.7116
39	0.6808	1.3036	1.6849	2.0277	2.4258	2.7079
40	0.6807	1.3031	1.6839	2.0211	2.4233	2.7045
41	0.6805	1.3025	1.6829	2.0195	2.4208	2.7012
42	0.6804	1.3020	1.6820	2.0181	2.4185	2.6981
43	0.6802	1.3016	1.6811	2.0167	2.4163	2.6951
44	0.6801	1.3011	1.6802	2.0154	2.4141	2.6923
45	0.6800	1.3006	1.6794	2.0141	2.4121	2.6896

附表5　χ^2 分布表

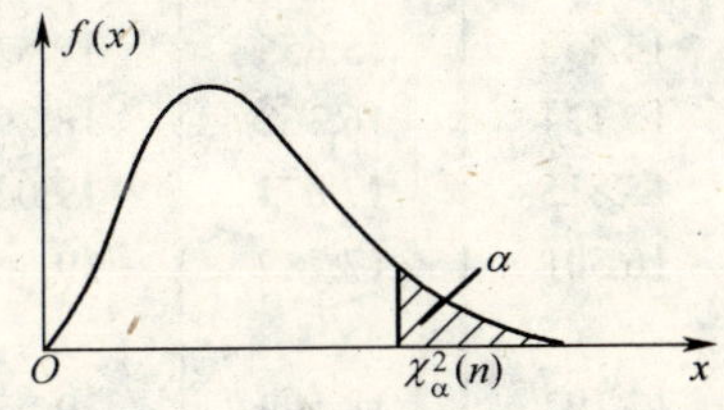

$P\{\chi^2(n) > \chi^2_\alpha(n)\} = \alpha$

n	$\alpha = 0.995$	0.99	0.975	0.95	0.90	0.75
1	—	—	0.001	0.004	0.016	0.102
2	0.010	0.020	0.051	0.103	0.211	0.575
3	0.072	0.115	0.216	0.352	0.584	1.213
4	0.207	0.297	0.484	0.711	1.064	1.923
5	0.412	0.554	0.831	1.145	1.610	2.675
6	0.676	0.872	1.237	1.635	2.204	3.455
7	0.989	1.239	1.690	2.167	2.833	4.255
8	1.344	1.646	2.180	2.733	3.490	5.071
9	1.735	2.088	2.700	3.325	4.168	5.899
10	2.156	2.558	3.247	3.940	4.865	6.737
11	2.603	3.053	3.816	4.575	5.578	7.584
12	3.074	3.571	4.404	5.226	6.304	8.438
13	3.565	4.107	5.009	5.892	7.042	9.299
14	4.075	4.660	5.629	6.571	7.790	10.165
15	4.601	5.229	6.262	7.261	8.547	11.037
16	5.142	5.812	6.908	7.962	9.312	11.912
17	5.697	6.408	7.564	8.672	10.085	12.792
18	6.265	7.015	8.231	9.390	10.865	13.675
19	6.844	7.633	8.907	10.117	11.651	14.562
20	7.434	8.260	9.591	10.851	12.443	15.452
21	8.034	8.897	10.283	11.591	13.240	16.344
22	8.643	9.542	10.982	12.338	14.042	17.240
23	9.260	10.196	11.689	13.091	14.848	18.137
24	9.886	10.856	12.401	13.848	15.659	19.037
25	10.520	11.524	13.120	14.611	16.473	19.939
26	11.160	12.198	13.844	15.379	17.292	20.843
27	11.808	12.879	14.573	16.151	18.114	21.749
28	12.461	13.565	15.308	16.928	18.939	22.657
29	13.121	14.257	16.047	17.708	19.768	23.567

续表

n	$\alpha=0.995$	0.99	0.975	0.95	0.90	0.75
30	13.787	14.954	16.791	18.493	20.599	24.478
31	14.458	15.655	17.539	19.281	21.434	25.390
32	15.134	16.362	18.291	20.072	22.271	26.304
33	15.815	17.074	19.047	20.807	23.110	27.219
34	16.501	17.789	19.806	21.664	23.952	28.136
35	17.192	18.509	20.569	22.465	24.797	29.054
36	17.887	19.233	21.336	23.269	25.613	29.973
37	18.586	19.960	22.106	24.075	26.492	30.893
38	19.289	20.691	22.878	24.884	27.343	31.815
39	19.996	21.426	23.654	25.695	28.196	32.737
40	20.707	22.164	24.433	26.509	29.051	33.660
41	21.421	22.906	25.215	27.326	29.907	34.585
42	22.138	23.650	25.999	28.144	30.765	35.510
43	22.859	24.398	26.785	28.965	31.625	36.430
44	23.584	25.143	27.575	29.787	32.487	37.363
45	24.311	25.901	28.366	30.612	33.350	38.291
n	$\alpha=0.25$	0.10	0.05	0.025	0.01	0.005
1	1.323	2.706	3.841	5.024	6.635	7.879
2	2.773	4.605	5.991	7.378	9.210	10.597
3	4.108	6.251	7.815	9.348	11.345	12.838
4	5.385	7.779	9.488	11.143	13.277	14.860
5	6.626	9.236	11.071	12.833	15.086	16.750
6	7.841	10.645	12.592	14.449	16.812	18.548
7	9.037	12.017	14.067	16.013	18.475	20.278
8	10.219	13.362	15.507	17.535	20.090	21.955
9	11.389	14.684	16.919	19.023	21.666	23.589
10	12.549	15.987	18.307	20.483	23.209	25.188
11	13.701	17.275	19.675	21.920	24.725	26.757
12	14.845	18.549	21.026	23.337	26.217	28.299
13	15.984	19.812	22.362	24.736	27.688	29.819
14	17.117	21.064	23.685	26.119	29.141	31.319
15	18.245	22.307	24.996	27.488	30.578	32.801
16	19.369	23.542	26.296	28.845	32.000	34.267
17	20.489	24.769	27.587	30.191	33.409	35.718
18	21.605	25.989	28.869	31.526	34.805	37.156
19	22.718	27.204	30.144	32.852	36.191	38.582

续表

n	$\alpha=0.25$	0.10	0.05	0.025	0.01	0.005
20	23.828	28.412	31.410	34.170	37.566	39.997
21	24.935	29.615	32.671	35.479	38.932	41.401
22	26.039	30.813	33.924	36.781	40.289	42.796
23	27.141	32.007	35.172	38.076	41.638	44.181
24	28.241	33.196	36.415	39.364	42.980	45.559
25	29.339	34.382	37.652	40.646	44.314	46.928
26	30.435	35.563	38.885	41.923	45.642	48.290
27	31.528	36.741	40.113	43.194	46.963	49.645
28	32.620	37.916	41.337	44.461	48.278	50.993
29	33.711	39.087	42.557	45.722	49.588	52.336
30	34.800	40.256	43.773	46.979	50.892	53.672
31	35.887	41.422	44.985	48.232	52.191	55.003
32	36.973	42.585	46.194	49.480	53.486	56.328
33	38.053	43.745	47.400	50.725	54.776	57.648
34	39.141	44.903	48.602	51.966	56.061	58.964
35	40.223	46.059	49.802	53.203	57.342	60.275
36	41.304	47.212	50.998	54.437	58.619	61.581
37	42.383	48.363	52.192	55.668	59.892	62.883
38	43.462	49.513	53.384	56.896	61.162	64.181
39	44.539	50.660	54.572	58.120	62.428	65.476
40	45.616	51.805	55.758	59.342	63.691	66.766
41	46.692	52.949	53.942	60.561	64.950	68.053
42	47.766	54.090	58.124	61.777	66.206	69.336
43	48.840	55.230	59.304	62.990	67.459	70.606
44	49.913	56.369	60.481	64.201	68.710	71.893
45	50.985	57.505	61.656	65.410	69.957	73.166

附表 6　F 分布表

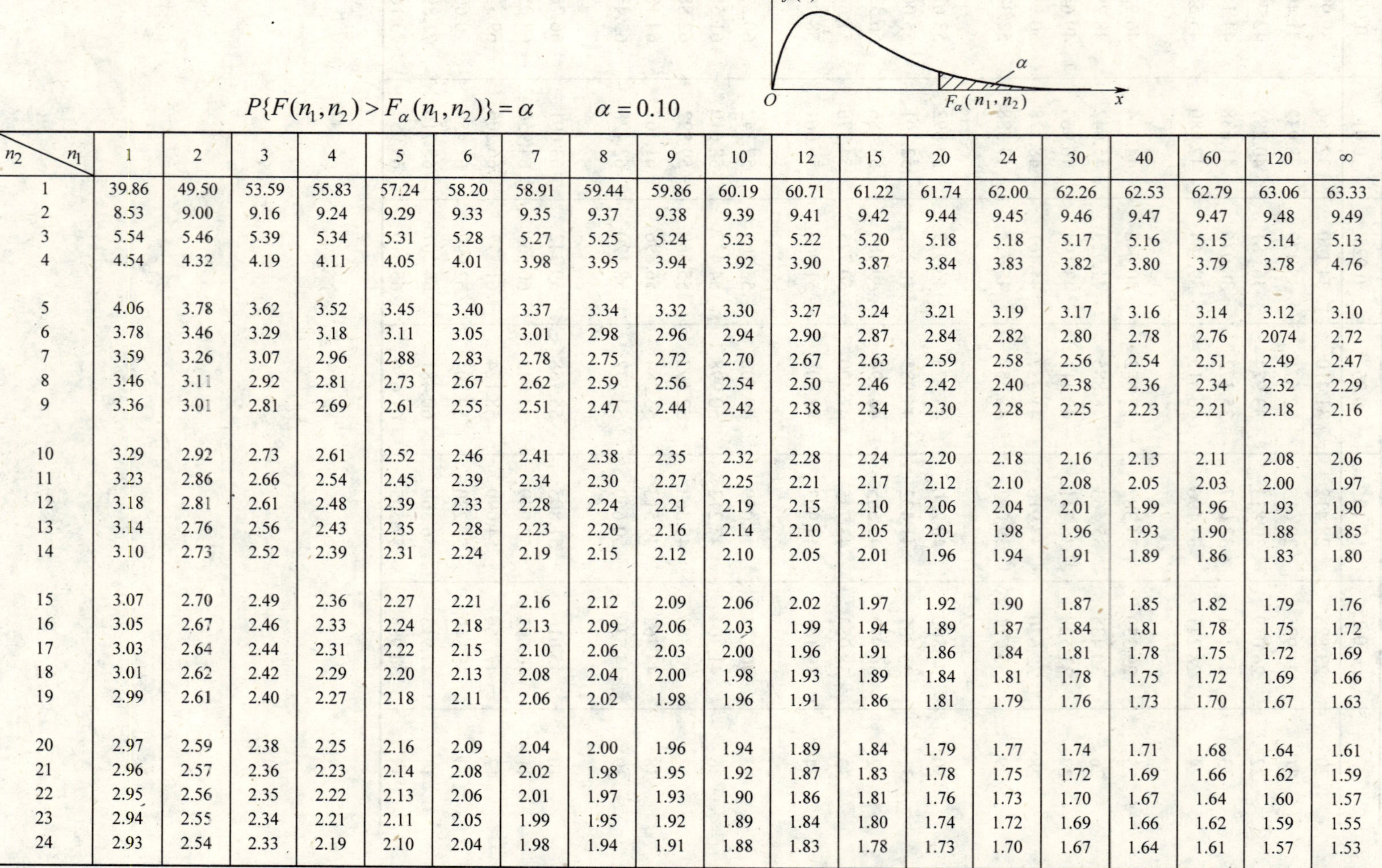

$P\{F(n_1,n_2) > F_\alpha(n_1,n_2)\} = \alpha$　　$\alpha = 0.10$

n_2 \ n_1	1	2	3	4	5	6	7	8	9	10	12	15	20	24	30	40	60	120	∞
1	39.86	49.50	53.59	55.83	57.24	58.20	58.91	59.44	59.86	60.19	60.71	61.22	61.74	62.00	62.26	62.53	62.79	63.06	63.33
2	8.53	9.00	9.16	9.24	9.29	9.33	9.35	9.37	9.38	9.39	9.41	9.42	9.44	9.45	9.46	9.47	9.47	9.48	9.49
3	5.54	5.46	5.39	5.34	5.31	5.28	5.27	5.25	5.24	5.23	5.22	5.20	5.18	5.18	5.17	5.16	5.15	5.14	5.13
4	4.54	4.32	4.19	4.11	4.05	4.01	3.98	3.95	3.94	3.92	3.90	3.87	3.84	3.83	3.82	3.80	3.79	3.78	4.76
5	4.06	3.78	3.62	3.52	3.45	3.40	3.37	3.34	3.32	3.30	3.27	3.24	3.21	3.19	3.17	3.16	3.14	3.12	3.10
6	3.78	3.46	3.29	3.18	3.11	3.05	3.01	2.98	2.96	2.94	2.90	2.87	2.84	2.82	2.80	2.78	2.76	2074	2.72
7	3.59	3.26	3.07	2.96	2.88	2.83	2.78	2.75	2.72	2.70	2.67	2.63	2.59	2.58	2.56	2.54	2.51	2.49	2.47
8	3.46	3.11	2.92	2.81	2.73	2.67	2.62	2.59	2.56	2.54	2.50	2.46	2.42	2.40	2.38	2.36	2.34	2.32	2.29
9	3.36	3.01	2.81	2.69	2.61	2.55	2.51	2.47	2.44	2.42	2.38	2.34	2.30	2.28	2.25	2.23	2.21	2.18	2.16
10	3.29	2.92	2.73	2.61	2.52	2.46	2.41	2.38	2.35	2.32	2.28	2.24	2.20	2.18	2.16	2.13	2.11	2.08	2.06
11	3.23	2.86	2.66	2.54	2.45	2.39	2.34	2.30	2.27	2.25	2.21	2.17	2.12	2.10	2.08	2.05	2.03	2.00	1.97
12	3.18	2.81	2.61	2.48	2.39	2.33	2.28	2.24	2.21	2.19	2.15	2.10	2.06	2.04	2.01	1.99	1.96	1.93	1.90
13	3.14	2.76	2.56	2.43	2.35	2.28	2.23	2.20	2.16	2.14	2.10	2.05	2.01	1.98	1.96	1.93	1.90	1.88	1.85
14	3.10	2.73	2.52	2.39	2.31	2.24	2.19	2.15	2.12	2.10	2.05	2.01	1.96	1.94	1.91	1.89	1.86	1.83	1.80
15	3.07	2.70	2.49	2.36	2.27	2.21	2.16	2.12	2.09	2.06	2.02	1.97	1.92	1.90	1.87	1.85	1.82	1.79	1.76
16	3.05	2.67	2.46	2.33	2.24	2.18	2.13	2.09	2.06	2.03	1.99	1.94	1.89	1.87	1.84	1.81	1.78	1.75	1.72
17	3.03	2.64	2.44	2.31	2.22	2.15	2.10	2.06	2.03	2.00	1.96	1.91	1.86	1.84	1.81	1.78	1.75	1.72	1.69
18	3.01	2.62	2.42	2.29	2.20	2.13	2.08	2.04	2.00	1.98	1.93	1.89	1.84	1.81	1.78	1.75	1.72	1.69	1.66
19	2.99	2.61	2.40	2.27	2.18	2.11	2.06	2.02	1.98	1.96	1.91	1.86	1.81	1.79	1.76	1.73	1.70	1.67	1.63
20	2.97	2.59	2.38	2.25	2.16	2.09	2.04	2.00	1.96	1.94	1.89	1.84	1.79	1.77	1.74	1.71	1.68	1.64	1.61
21	2.96	2.57	2.36	2.23	2.14	2.08	2.02	1.98	1.95	1.92	1.87	1.83	1.78	1.75	1.72	1.69	1.66	1.62	1.59
22	2.95	2.56	2.35	2.22	2.13	2.06	2.01	1.97	1.93	1.90	1.86	1.81	1.76	1.73	1.70	1.67	1.64	1.60	1.57
23	2.94	2.55	2.34	2.21	2.11	2.05	1.99	1.95	1.92	1.89	1.84	1.80	1.74	1.72	1.69	1.66	1.62	1.59	1.55
24	2.93	2.54	2.33	2.19	2.10	2.04	1.98	1.94	1.91	1.88	1.83	1.78	1.73	1.70	1.67	1.64	1.61	1.57	1.53

续表

n_2 \ n_1	1	2	3	4	5	6	7	8	9	10	12	15	20	24	30	40	60	120	∞
25	2.92	2.53	2.32	2.18	2.09	2.02	1.97	1.93	1.89	1.87	1.82	1.77	1.72	1.69	1.66	1.63	1.59	1.56	1.52
26	2.91	2.52	2.31	2.17	2.08	2.01	1.96	1.92	1.88	1.86	1.81	1.76	1.71	1.68	1.65	1.61	1.58	1.54	1.50
27	2.90	2.51	2.30	2.17	2.07	2.00	1.95	1.91	1.87	1.85	1.80	1.75	1.70	1.67	1.64	1.60	1.57	1.53	1.49
28	2.89	2.50	2.29	2.16	2.06	2.00	1.94	1.90	1.87	1.84	1.79	1.74	1.69	1.66	1.63	1.59	1.56	1.52	1.48
29	2.89	2.50	2.28	2.15	2.06	1.99	1.93	1.89	1.86	1.83	1.78	1.73	1.68	1.65	1.62	1.58	1.55	1.51	1.47
30	2.88	2.49	2.28	2.14	2.05	1.98	1.93	1.88	1.85	1.82	1.77	1.72	1.67	1.64	1.61	1.57	1.54	1.50	1.46
40	2.84	2.44	2.23	2.09	2.00	1.93	1.87	1.83	1.79	1.76	1.71	1.66	1.61	1.57	1.54	1.51	1.47	1.42	1.38
60	2.79	2.39	2.18	2.04	1.95	1.87	1.82	1.77	1.74	1.71	1.66	1.60	1.54	1.51	1.48	1.44	1.40	1.35	1.29
120	2.75	2.35	2.13	1.99	1.90	1.82	1.77	1.72	1.68	1.65	1.60	1.55	1.48	1.45	1.41	1.37	1.32	1.26	1.19
∞	2.71	2.30	2.08	1.94	1.85	1.77	1.72	1.67	1.63	1.60	1.55	1.49	1.42	1.38	1.34	1.30	1.24	1.17	1.00

$\alpha = 0.05$

n_2 \ n_1	1	2	3	4	5	6	7	8	9	10	12	15	20	24	30	40	60	120	∞
1	161.4	199.5	215.7	224.6	230.2	234.0	236.8	238.9	240.5	241.9	243.9	245.9	248.0	249.1	250.1	251.1	252.0	253.3	254.3
2	18.51	19.00	19.16	19.25	19.30	19.33	19.35	19.37	19.38	19.40	19.41	19.43	19.45	19.45	19.46	19.47	19.48	19.49	19.50
3	10.13	9.55	9.28	9.12	9.01	8.94	8.89	8.85	8.81	8.79	8.74	8.70	8.66	8.64	8.62	8.59	8.57	8.55	8.53
4	7.71	6.94	6.59	6.39	6.26	6.16	6.09	6.04	6.00	5.96	5.91	5.86	5.80	5.77	5.75	5.72	5.69	5.66	5.63
5	6.61	5.79	5.41	5.19	5.05	4.95	4.88	4.82	4.77	4.74	4.68	4.62	4.56	4.53	4.50	4.46	4.43	4.40	4.36
6	5.99	5.14	4.76	4.53	4.39	4.28	4.21	4.15	4.10	4.06	4.00	3.94	3.87	3.84	3.81	3.77	3.74	3.70	3.67
7	5.59	4.74	4.35	4.12	3.97	3.87	3.79	3.73	3.68	3.64	3.57	3.51	3.44	3.41	3.38	3.34	3.30	3.27	3.23
8	5.32	4.46	4.07	3.84	3.69	3.58	3.50	3.44	3.39	3.35	3.28	3.22	3.15	3.12	3.08	3.04	3.01	2.97	2.93
9	2.12	4.26	3.86	3.63	3.48	3.37	3.29	3.23	3.18	3.14	3.07	3.01	2.94	2.90	2.86	2.83	2.79	2.75	2.71
10	4.96	4.10	3.71	3.48	3.33	3.22	3.14	3.07	3.02	2.98	2.91	2.85	2.77	2.74	2.70	2.66	2.62	2.58	2.54
11	4.84	3.98	3.59	3.36	3.20	3.09	3.01	2.95	2.90	2.85	2.79	2.72	2.65	2.61	2.57	2.53	2.49	2.45	2.40
12	4.75	3.89	3.49	3.26	3.11	3.00	2.91	2.85	2.80	2.75	2.69	2.62	2.54	2.51	2.47	2.43	2.38	2.34	2.30
13	4.67	3.81	3.41	3.18	3.03	2.92	2.83	2.77	2.71	2.67	2.60	2.53	2.46	2.42	2.38	2.34	2.30	2.25	2.21
14	4.60	3.74	3.34	3.11	2.96	2.85	2.76	2.70	2.65	2.60	2.53	2.46	2.39	2.35	2.31	2.27	2.22	2.18	2.13
15	4.54	3.68	3.29	3.06	2.90	2.79	2.71	2.64	2.59	2.54	2.48	2.40	2.33	2.29	2.25	2.20	2.16	2.11	2.07
16	4.49	3.63	3.24	3.01	2.85	2.74	2.66	2.59	2.54	2.49	2.42	2.35	2.28	2.24	2.19	2.15	2.11	2.06	2.01
17	4.45	3.59	3.20	2.96	2.81	2.70	2.61	2.55	2.49	2.45	2.38	2.31	2.23	2.19	2.15	2.10	2.06	2.01	1.96
18	4.41	3.55	3.06	2.93	2.77	2.66	2.58	2.51	2.46	2.41	2.34	2.27	2.19	2.15	2.11	2.06	2.02	1.97	1.92
19	4.38	3.52	3.13	2.90	2.74	263	2.54	2.48	2.42	2.38	2.31	2.23	2.16	2.11	2.07	2.03	1.98	1.93	1.88

续表

n_2 \ n_1	1	2	3	4	5	6	7	8	9	10	12	15	20	24	30	40	60	120	∞
20	4.35	3.49	3.10	2.87	2.71	2.60	2.51	2.45	2.39	2.35	2.28	2.20	2.12	2.08	2.04	1.99	1.95	1.90	1.84
21	4.32	3.47	3.07	2.84	2.68	2.57	2.49	2.42	2.37	2.32	2.25	2.18	2.10	2.05	2.01	1.96	1.92	1.87	1.81
22	4.30	3.44	3.05	2.82	2.66	2.55	2.46	2.40	2.34	2.30	2.23	2.15	2.07	2.03	1.98	1.94	1.89	1.84	1.78
23	4.28	3.42	3.03	2.80	2.64	2.53	2.44	2.37	2.32	2.27	2.20	2.13	2.05	2.01	1.96	1.91	1.86	1.81	1.76
24	4.26	3.40	3.01	2.78	2.62	2.51	2.42	2.36	2.30	2.25	2.18	2.11	2.03	1.98	1.94	1.89	1.84	1.79	1.73
25	4.24	3.39	2.99	2.76	2.60	2.49	2.40	2.34	2.28	2.24	2.16	2.09	2.01	1.96	1.92	1.87	1.82	1.77	1.71
26	4.23	3.37	2.98	2.74	2.59	2.47	2.39	2.32	2.27	2.22	2.15	2.07	1.99	1.95	1.90	1.85	1.80	1.75	1.69
27	4.21	3.35	2.96	2.73	2.57	2.46	2.37	2.31	2.25	2.20	2.13	2.06	1.97	1.93	1.88	1.84	1.79	1.73	1.67
28	4.20	3.34	2.95	2.71	2.56	2.45	2.36	2.29	2.24	2.19	2.12	2.04	1.96	1.91	1.87	1.82	1.77	1.71	1.65
29	4.18	3.33	2.93	2.70	2.55	2.43	2.35	2.28	2.22	2.18	2.10	2.03	1.94	1.90	1.85	1.81	1.75	1.70	1.64
30	4.17	3.32	2.92	2.69	2.53	2.42	2.33+	2.27	2.21	2.16	2.09	2.01	1.93	1.89	1.84	1.79	1.74	1.68	1.62
40	4.08	3.23	2.84	2.61	2.45	2.34	2.25	2.18	2.12	2.08	2.00	1.92	1.84	1.79	1.74	1.69	1.64	1.58	1.51
60	4.00	3.15	2.76	2.53	2.37	2.25	2.17	2.10	2.04	1.99	1.92	1.84	1.75	1.70	1.65	1.59	1.53	1.47	1.39
120	3.92	3.07	2.68	2.45	2.29	2.17	2.09	2.02	1.96	1.91	1.83	1.75	1.66	1.61	1.55	1.50	1.43	1.35	1.25
∞	3.84	3.00	2.60	2.37	2.21	2.10	2.01	1.94	1.88	1.83	1.75	1.67	1.57	1.52	1.46	1.39	1.32	1.22	1.00

$\alpha = 0.025$

n_2 \ n_1	1	2	3	4	5	6	7	8	9	10	12	15	20	24	30	40	60	120	∞
1	647.8	799.5	864.2	899.6	921.8	937.1	948.2	956.7	963.3	368.6	976.7	984.9	993.1	997.2	1001	1006	1010	1014	1018
2	38.51	39.00	39.17	39.25	39.30	39.33	39.36	39.37	39.39	39.40	39.41	39.43	39.45	39.46	39.46	39.47	39.48	39.49	39.50
3	17.44	16.04	15.44	15.10	14.88	14.73	14.62	14.54	14.47	14.42	14.34	14.25	14.17	14.12	14.08	14.04	13.99	13.95	13.90
4	12.22	10.65	9.98	9.60	9.36	9.20	9.07	8.98	8.90	8.84	8.75	8.66	8.56	8.51	8.46	8.41	8.36	8.31	8.26
5	10.01	8.43	7.76	7.39	7.15	6.98	6.85	6.76	6068	6.62	6.52	6.43	6.33	6.28	6.23	6.18	6.12	6.07	6.02
6	8.81	7.26	6.60	6.23	5.99	5.82	5.70	5.60	5.52	5.46	5.37	5.27	5.17	5.12	5.07	5.01	4.96	4.90	4.85
7	8.07	6.54	5.89	5.52	5.29	5.12	4.99	4.90	4.82	4.76	4.67	4.57	4.47	4.42	4.36	4.31	4.25	4.20	4.14
8	7.57	6.06	5.42	5.05	4.82	4.65	4.53	4.43	4.36	4.30	4.20	4.10	4.00	3.95	3.89	3.84	3.78	3.73	3.67
9	7.21	5.71	5.08	4.72	4.48	4.23	4.20	4.10	4.03	3.96	3.87	3.77	3.67	3.61	3.56	3.51	3.45	3.39	3.33
10	6.94	5.46	4.83	4.47	4.24	4.07	3.95	3.85	3.78	3.72	3.62	3.52	3.42	3.37	3.31	3.26	3.20	3.14	3.08
11	6.72	5.26	4.63	4.28	4.04	3.88	3.76	3.66	3.59	3.53	3.43	3.33	3.23	3.17	3.12	3.06	3.00	2.94	2.88
12	6.55	5.10	4.47	4.12	3.89	3.73	3.61	3.51	3.44	3.37	3.28	3.18	3.07	3.02	2.96	2.91	2.85	2.79	2.72
13	6.41	4.97	4.35	4.00	3.77	3.60	3.48	3.39	3.31	3.25	3.15	3.05	2.95	2.89	2.84	2.78	2.72	2.66	2.60
14	6.30	4.86	4.24	3.89	3.66	3.50	3.38	3.29	3.21	3.15	3.05	2.95	2.84	2.79	2.73	2.67	2.61	2.55	2.49

续表

n_2 \ n_1	1	2	3	4	5	6	7	8	9	10	12	15	20	24	30	40	60	120	∞
15	6.20	4.77	4.15	3.80	3.58	3.41	3.29	3.20	3.12	3.06	2.96	2.86	2.76	2.70	2.64	2.59	2.52	2.46	2.40
16	6.12	4.69	4.08	3.73	3.50	3.34	3.22	3.12	3.05	2.99	2.89	2.79	2.68	2.63	2.57	2.51	2.45	2.38	2.2
17	6.04	4.62	4.01	3.66	3.44	3.28	3.16	3.06	2.98	2.92	2.82	2.72	2.62	2.56	2.50	2.44	2.38	2.32	2.25
18	5.98	4.56	3.95	3.61	3.38	3.22	3.10	3.01	2.93	2.87	2.77	2.67	2.56	2.50	2.44	2.38	2.32	2.26	2.19
19	5.92	4.51	3.90	3.56	3.33	3.17	3.05	2.96	2.88	2.82	2.72	2.62	2.51	2.45	2.39	2.33	2.27	2.20	2.13
20	5.87	4.46	3.86	3.51	3.29	3.13	3.01	2.91	2.84	2.77	2.68	2.57	2.46	2.41	2.35	2.29	2.22	2.16	2.09
21	5.83	4.42	3.82	3.48	3.25	3.09	2.97	2.87	2.80	2.73	2.64	2.53	2.42	2.37	2.31	2.25	2.18	2.11	2.04
22	5.79	4.38	3.78	3.44	3.22	3.05	2.93	2.84	2.76	2.70	2.60	2.50	2.39	2.33	2.27	2.21	2.14	2.08	2.00
23	5.75	4.35	3.75	3.41	3.18	3.02	2.90	2.81	2.73	2.67	2.57	2.47	2.36	2.30	2.24	2.18	2.11	2.04	1.97
24	5.72	4.32	3.72	3.38	3.15	2.99	2.87	2.78	2.70	2.64	2.54	2.44	2.33	2.27	2.21	2.15	2.08	2.01	1.94
25	5.69	4.29	3.69	3.35	3.13	2.97	2.85	2.75	2.68	2.61	2.51	2.41	2.30	2.24	2.18	2.12	2.05	1.98	1.91
26	5.66	4.27	3.67	3.33	3.10	2.94	2.82	2.73	2.65	2.59	2.49	2.39	2.28	2.22	2.16	2.09	2.03	1.95	1.88
27	5.63	4.24	3.65	3.31	3.08	2.92	2.80	2.71	2.63	2.57	2.47	2.36	2.25	2.19	2.13	2.07	2.00	1.93	1.85
28	5.61	4.22	3.63	3.29	3.06	2.90	2.78	2.69	2.61	2.55	2.45	2.34	2.23	2.17	2.11	2.05	1.98	1.91	1.83
29	5.59	4.20	3.61	3.27	3.04	2.88	2.76	2.67	2.59	2.53	2.43	2.32	2.21	2.15	2.09	2.03	1.96	1.89	1.81
30	5.57	4.18	3.59	3.25	3.03	2.87	2.75	2.65	2.57	2.51	2.41	2.31	2.20	2.14	2.07	2.01	1.94	1.87	1.79
40	5.42	4.05	3.46	3.13	2.90	2.74	2.62	2.53	2.45	2.39	2.29	2.18	2.07	2.01	1.94	1.88	1.80	1.72	1.64
60	5.29	3.93	3.34	3.01	2.79	2.63	2.51	2.41	2.33	2.27	2.17	2.06	1.94	1.88	1.82	1.74	1.67	1.58	1.48
120	5.15	3.80	3.23	2.89	2.67	2.52	2.39	2.30	2.22	2.16	2.05	1.94	1.82	1.76	1.69	1.61	1.53	1.43	1.31
∞	5.02	3.69	3.12	2.79	2.57	2.41	2.29	2.19	2.11	2.05	1.94	1.83	1.71	1.64	1.57	1.48	1.39	1.27	1.00

$\alpha = 0.01$

n_2 \ n_1	1	2	3	4	5	6	7	8	9	10	12	15	20	24	30	40	60	120	∞
1	4052	4999.5	5403	5625	5764	5859	5928	5982	6022	6056	6106	6157	6209	6235	6261	6287	6313	6339	6366
2	98.50	99.00	99.17	99.25	99.30	99.33	99.36	99.37	99.39	99.40	99.42	99.43	99.45	99.46	99.47	99.47	99.48	99.48	99.50
3	34.12	30.82	29.46	28.71	28.24	27.91	27.67	27.49	27.35	27.23	27.05	26.87	26.69	26.60	26.50	26.41	26.32	26.22	26.13
4	21.20	18.00	16.69	15.98	15.52	15.21	14.98	14.80	14.66	14.55	14.37	14.20	14.02	13.93	13.84	13.75	13.65	13.56	13.46
5	16.26	13.27	12.06	11.39	10.97	10.67	10.46	10.29	10.16	10.05	9.89	9.72	9.55	9.47	9.38	9.29	9.20	9.11	9.02
6	13.75	10.92	9.78	9.15	8.75	8.47	8.26	8.10	7.98	7.87	7.72	7.56	7.40	7.31	7.23	7.14	7.06	6.97	6.88
7	12.25	9.55	8.45	7.85	7.46	7.19	6.99	6.84	6.72	6.62	6.47	6.31	6.16	6.07	5.99	5.91	5.82	5.74	5.65
8	11.26	8.65	7.59	7.01	6.63	6.37	6.18	6.03	5.91	5.81	5.67	5.52	5.36	5.28	5.20	5.12	5.03	4.95	4.86
9	10.56	8.02	6.99	6.42	6.06	5.80	5.61	5.47	5.35	5.26	5.11	4.96	4.81	4.73	4.65	4.57	4.48	4.40	4.31

续表

n_2 \ n_1	1	2	3	4	5	6	7	8	9	10	12	15	20	24	30	40	60	120	∞
10	10.04	7.56	6.55	5.99	5.64	5.39	5.20	5.06	4.94	4.85	4.71	4.56	4.41	4.33	4.25	4.17	4.08	4.00	3.91
11	9.65	7.21	6.22	5.67	5.32	5.07	4.89	4.74	4.63	4.54	4.40	4.25	4.10	4.02	3.94	3.86	3.78	3.69	3.60
12	9.33	6.93	5.95	5.41	5.06	4.82	4.64	4.50	4.39	4.30	4.16	4.01	3.86	3.78	3.70	3.62	3.54	3.45	3.36
13	9.07	6.70	5.74	5.21	4.86	4.62	4.44	4.30	4.19	4.10	3.96	3.82	3.66	3.59	3.51	3.43	3.34	3.25	3.17
14	8.89	6.51	5.56	5.04	4.69	4.46	4.28	4.14	4.03	3.94	3.80	3.66	3.51	3.43	3.35	3.27	3.18	3.09	3.00
15	8.68	6.36	5.42	4.89	4.56	4.32	4.14	4.00	3.89	3.80	3.67	3.52	3.37	3.29	3.21	3.13	3.05	2.96	2.87
16	8.53	6.23	5.29	4.77	4.44	4.20	4.03	3.89	3.78	3.69	3.55	3.41	3.26	3.18	3.10	3.02	2.93	2.84	2.75
17	8.40	6.11	5.18	4.67	4.34	4.10	3.93	3.79	3.68	3.59	3.46	3.31	3.16	3.08	3.00	2.92	2.83	2.75	2.65
18	8.29	6.01	5.09	4.58	4.25	4.01	3.84	3.71	3.60	3.51	3.37	3.23	3.08	3.00	2.92	2.84	2.75	2.66	2.57
19	8.18	5.93	5.01	4.50	4.17	3.94	3.77	3.63	3.52	3.43	3.30	3.15	3.00	2.92	2.84	2.76	2.67	2.58	2.49
20	8.10	5.85	4.94	4.43	4.10	3.87	3.70	3.56	3.46	3.37	3.23	3.09	2.94	2.86	2.78	2.69	2.61	2.52	2.42
21	8.02	5.78	4.87	4.37	4.04	3.81	3.64	3.51	3.40	3.31	3.17	3.03	2.88	2.80	2.72	2.64	2.55	2.46	2.36
22	7.95	5.72	4.82	4.31	3.99	3.76	3.59	3.45	3.35	3.26	3.12	2.98	2.83	2.75	2.67	2.58	2.50	2.40	2.31
23	7.88	5.66	4.76	4.26	3.94	3.71	3.54	3.41	3.30	3.21	3.07	2.93	2.78	2.70	2.62	2.54	2.45	2.35	2.26
24	7.82	5.61	4.72	4.22	3.90	3.67	3.50	3.36	3.26	3.17	3.03	2.89	2.74	2.66	2.58	2.49	2.40	2.31	2.21
25	7.77	5.57	4.68	4.18	3.85	3.63	3.46	3.32	3.22	3.13	2.99	2.85	2.70	2.62	2.54	2.45	2.36	2.27	2.17
26	7.72	5.53	4.64	4.14	3.82	3.59	3.42	3.29	3.18	3.09	2.96	2.81	2.66	2.58	2.50	2.42	2.33	2.23	2.13
27	7.68	5.49	4.60	4.11	3.78	3.56	3.39	3.26	3.15	3.06	2.93	2.78	2.63	2.55	2.47	2.38	2.29	2.20	2.10
28	7.64	5.45	4.57	4.07	3.75	3.53	3.36	3.23	3.12	3.03	2.90	2.75	2.60	2.52	2.44	2.35	2.26	2.17	2.06
29	7.60	5.42	4.54	4.04	3.73	3.50	3.33	3.20	3.09	3.00	2.87	2.73	2.57	2.49	2.41	2.33	2.23	2.14	2.03
30	7.56	5.39	4.51	4.02	3.70	3.47	3.30	3.17	3.07	2.98	2.84	2.70	2.55	2.47	2.39	2.30	2.21	2.11	2.01
40	7.31	5.18	4.31	3.83	3.51	3.29	3.12	2.99	2.89	2.80	2.66	2.52	2.37	2.29	2.20	2.11	2.02	1.92	1.80
60	7.08	4.98	4.13	3.65	3.34	3.12	2.95	2.82	2.72	2.63	2.50	2.35	2.20	2.12	2.03	1.94	1.84	1.73	1.60
120	6.85	4.79	3.95	3.48	3.17	2.96	2.79	2.66	2.56	2.47	2.34	2.19	2.03	1.95	1.86	1.76	1.66	1.53	1.38
∞	6.63	4.61	3.78	3.32	3.02	2.80	2.64	2.51	2.41	2.32	2.18	2.04	1.88	1.79	1.70	1.59	1.47	1.32	1.00

$\alpha = 0.005$

n_2 \ n_1	1	2	3	4	5	6	7	8	9	10	12	15	20	24	30	40	60	120	∞
1	16211	20000	21615	22500	23056	23437	23715	23925	24091	24224	24426	24630	24836	24940	25044	25148	25253	25359	25465
2	198.5	199.0	199.2	199.2	199.3	199.3	199.4	199.4	199.4	199.4	199.4	199.4	199.4	199.5	199.5	199.5	199.5	199.5	199.5
3	55.55	49.80	47.47	46.19	45.39	44.84	44.43	44.13	43.88	43.69	43.39	43.08	42.78	42.62	42.47	42.31	42.15	41.99	41.83
4	31.33	26.28	24.26	23.15	22.46	21.97	21.62	21.35	21.14	20.97	20.70	20.44	20.17	20.03	19.89	19.75	19.61	19.47	19.32
5	22.78	18.31	16.53	15.56	14.94	14.51	14.20	13.96	13.77	13.62	13.38	13.15	12.90	12.78	12.66	12.53	12.40	12.27	12.14
6	18.63	14.54	12.92	12.03	11.46	11.07	10.79	10.57	10.39	10.25	10.03	9.81	9.59	9.47	9.36	9.24	9.12	9.00	8.88
7	16.24	12.40	10.88	10.05	9.52	9.16	8.89	8.68	8.51	8.38	8.18	7.97	7.75	7.65	7.53	7.42	7.31	7.19	7.08
8	14.69	11.04	9.60	8.81	8.30	7.95	7.69	7.50	7.34	7.21	7.01	6.81	6.61	6.50	6.40	6.29	6.18	6.06	5.95
9	13.61	10.11	8.72	7.96	7.47	7.13	6.88	6.69	6.54	6.42	6.23	6.03	5.83	5.73	5.62	5.52	5.41	5.30	5.19
10	12.83	9.43	8.08	7.34	6.87	6.54	6.30	6.12	5.97	5.85	5.66	5.47	5.27	5.17	5.07	4.97	4.86	4.75	4.64
11	12.23	8.91	7.60	6.88	6.42	6.10	5.86	5.68	5.54	5.42	5.24	5.05	4.86	4.76	4.65	4.55	4.44	4.34	4.23
12	11.75	8.51	7.23	6.52	6.07	5.76	5.52	5.35	5.20	5.09	4.91	4.72	4.53	4.43	4.33	4.23	4.12	4.01	3.90
13	11.37	8.19	6.93	6.23	5.79	5.48	5.25	5.08	4.94	4.82	4.64	4.46	4.27	4.17	4.07	3.97	3.87	3.76	3.65
14	11.06	7.92	6.68	6.00	5.56	5.26	5.03	4.86	4.72	4.60	4.43	4.25	4.06	3.96	3.86	3.76	3.66	3.55	3.44
15	10.80	7.70	6.48	5.80	5.37	5.07	4.85	4.67	4.54	4.42	4.25	4.07	3.88	3.79	3.69	3.58	3.48	3.37	3.26
16	10.58	7.51	6.30	5.64	5.21	4.91	4.69	4.52	4.38	4.27	4.10	3.92	3.73	3.64	3.54	3.44	3.33	3.22	3.11
17	10.38	7.35	6.16	5.50	5.07	4.78	4.56	4.39	4.25	4.14	3.97	3.79	3.61	3.51	3.41	3.31	3.21	3.10	2.98
18	10.22	7.21	6.03	5.37	4.96	4.66	4.44	4.28	4.14	4.03	3.86	3.68	3.50	3.40	3.30	3.20	3.10	2.99	2.87
19	10.07	7.09	5.92	5.27	4.85	4.56	4.34	4.18	4.04	3.93	3.76	3.59	3.40	3.31	3.21	3.11	3.00	2.89	2.78
20	9.94	6.99	5.82	5.17	4.76	4.47	4.26	4.09	3.96	3.85	3.68	3.50	3.32	3.22	3.12	3.02	2.92	2.81	2.69
21	9.83	6.89	5.73	5.09	4.68	4.39	4.18	4.01	3.88	3.77	3.60	3.43	3.24	3.15	3.05	2.95	2.84	2.73	2.61
22	9.73	6.81	5.65	5.02	4.61	4.32	4.11	3.94	3.81	3.70	3.54	3.36	3.18	3.08	2.98	2.88	2.77	2.66	2.55
23	9.63	6.73	5.58	4.95	4.54	4.26	4.05	3.88	3.75	3.64	3.47	3.30	3.12	3.02	2.92	2.82	2.71	2.60	2.48
24	9.55	6.66	5.52	4.89	4.49	4.20	3.99	3.83	3.69	3.59	3.42	3.25	3.06	2.97	2.87	2.77	2.66	2.55	2.43
25	9.48	6.60	5.46	4.84	4.43	4.15	3.94	3.78	3.64	3.54	3.37	3.20	3.01	2.92	2.82	2.72	2.61	2.50	2.38
26	9.41	6.54	5.41	4.79	4.38	4.10	3.89	3.73	3.60	3.49	3.33	3.15	2.97	2.87	2.77	2.67	2.56	2.45	2.33
27	9.34	6.49	5.36	4.74	4.34	4.06	3.85	3.69	3.56	3.45	3.28	3.11	2.93	2.83	2.73	2.63	2.52	2.41	2.29
28	9.28	6.44	5.32	4.70	4.30	4.02	3.81	3.65	3.52	3.41	3.25	3.07	2.89	2.79	2.69	2.59	2.48	2.37	2.25
29	9.23	6.40	5.28	4.66	4.26	3.98	3.77	3.61	3.48	3.38	3.21	3.04	2.86	2.76	2.66	2.56	2.45	2.33	2.21
30	9.18	6.35	5.24	4.62	4.23	3.95	3.74	3.58	3.45	3.34	3.18	3.01	2.82	2.73	2.63	2.52	2.42	2.30	2.18
40	8.83	6.07	4.98	4.37	3.99	3.71	3.51	3.35	3.22	3.12	2.95	2.78	2.60	2.50	2.40	2.30	2.18	2.06	1.93
60	8.49	5.79	4.73	4.14	3.76	3.49	3.29	3.13	3.01	2.90	2.74	2.57	2.39	2.29	2.19	2.08	1.96	1.83	1.69
120	8.18	5.54	4.50	3.92	3.55	3.28	3.09	2.93	2.81	2.71	2.54	2.37	2.19	2.09	1.98	1.87	1.75	1.61	1.43
∞	7.88	5.30	4.28	3.82	3.35	3.09	2.90	2.74	2.62	2.52	2.36	2.19	2.00	1.90	1.79	1.67	1.53	1.36	1.00

习题与自测题参考答案

习题一

1.（1）$\Omega=\{3, 4, 5, \cdots, 18\}$；

（2）$\Omega=\left\{\frac{0}{n}, \frac{1}{n}, \frac{2}{n}, \cdots, \frac{100}{n}\right\}$，其中 n 为小班人数；

（3）$\Omega=\{2, 3, \cdots, 10\}$；

（4）$\Omega=\{5, 6, \cdots\}$；

（5）$\Omega=\{v \mid v>0\}$．

2．$B \supset A$，$AB=A$，AB 表示“黑龙江省的哈尔滨市下雨”，$A+B$ 表示“黑龙江省下雨”．

3.（1）“至少有一次没击中”，“前两次没击中”，“恰好接连击中两次”；

（2）$A_1\overline{A}_2\overline{A}_3+\overline{A}_1A_2\overline{A}_3+\overline{A}_1\overline{A}_2A_3, \overline{A}_1(A_2+A_3)$．

4.（1）$\{5\}$；（2）$\{1, 3, 4, 5, 6, 7, 8, 9, 10\}$；（3）$A$；（4）$\overline{A}$；（5）$\{1, 6, 7, 8, 9, 10\}$．

5.（1）当 $A \subset B$ 时，$P(AB)$ 最大，其值为 $P(A)=0.6$；

（2）当 $A \cup B=\Omega$ 时，$P(A \cup B)$ 最大，则 $P(AB)$ 最小，其值为 0.4.

6.（1）该生是三年级男生，但不是运动员；

（2）全系运动员都是三年级男生；

（3）全系运动员都是三年级学生；

（4）全系女生都在三年级，且三年级学生都是女生.

7.（1）$\overline{A}\overline{B}$；（2）$\overline{AB}$ 或 $(\overline{A}+\overline{B})$；（3）$AB\overline{C}$；

（4）$C+(\overline{A}+\overline{B})$；（5）$i=1$ 时，$A+B+C$；$i=2$ 时，$AB+BC+AC$；$i=3$ 时，ABC；

（6）$i=1$ 时，$\overline{A}\overline{B}+\overline{B}\overline{C}+\overline{A}\overline{C}$；$i=2$ 时，$\overline{A}+\overline{B}+\overline{C}$；

（7）$A\overline{B}+\overline{A}B$．

8.（1）$\frac{1}{12}$；（2）$\frac{1}{20}$．9．$\frac{123}{288}$．

10.（1）$\frac{1}{C_n^2}$；（2）$\frac{C_{n-1}^3}{C_n^3}$；（3）$\frac{1-C_{n-3}^5}{C_n^5}$．

11．$\frac{182}{18278} \approx 0.01$．

12．$\frac{37}{64}$．　14．$\frac{8}{9}$．　15．0.902．

16．0.146．　17．$\frac{4}{5}$．　18.（1）考试及格的学生中不努力学习的学生仅占 1.22%;

（2）考试不及格的学生中努力学习的学生占到 50%.

自测题一

一、填空题

1．$P(A|B)=0$　　2．0.12　　3．$\dfrac{2}{7}$　　4．$\dfrac{3}{15}=0.2$，0.2　　5．0.3

二、单选题

1．D　　2．B　　3．C　　4．B　　5．C

三、计算题

1．$\dfrac{3}{7}$　$\left(P(A)=\dfrac{C_4^2+C_3^2}{C_7^2}\right)$　　2．（1）0.26　（2）0.46　（3）0.96

3．0.60 即 60%　　4．此人迟到的概率为 $\dfrac{3}{20}$；现此人迟到，他乘火车、轮船或汽车的概率分别为 $\dfrac{1}{2}$，$\dfrac{1}{18}$，$\dfrac{4}{9}$，故此人乘火车这种交通工具的可能性最大.

5．$0.039, 0.000\,6, 4\times10^{-6}, 10^{-8}$.

习题二

1．设 X 表示两次所得点数之和，利用古典概型得 $p_k=\dfrac{C_k^1}{C_6^1C_6^1}$　$(k=2, 3, \cdots, 12)$.

X	2	3	4	5	6	7	8	9	10	11	12
p_k	$\frac{1}{36}$	$\frac{2}{36}$	$\frac{3}{36}$	$\frac{4}{36}$	$\frac{5}{36}$	$\frac{6}{36}$	$\frac{7}{36}$	$\frac{8}{36}$	$\frac{9}{36}$	$\frac{10}{36}$	$\frac{11}{36}$

2．$P\{X=k\}=(1-p)^{k-1}p$.

3．$C=1$.

4．$P\{X=0\}=\dfrac{1}{3}$，$P\{X=1\}=\dfrac{2}{3}$，$F(x)=\begin{cases}0, & x<0,\\ \dfrac{1}{3}, & 0\leqslant x<1,\\ 1, & x\geqslant 1.\end{cases}$

5．（1）$P\{X=3\}=\dfrac{1}{C_5^3}=\dfrac{1}{10}$，$P\{X=4\}=\dfrac{3}{C_5^3}=\dfrac{3}{10}$，$P\{X=5\}=\dfrac{C_4^2}{C_5^3}=\dfrac{6}{10}$，

$P\{X\leqslant 4\}=P\{X=3\}+P\{X=4\}=\dfrac{1}{10}+\dfrac{3}{10}=\dfrac{4}{10}$；

（2）$P\{Y=1\}=\dfrac{C_4^2}{C_5^3}=\dfrac{6}{10}$，$P\{Y=2\}=\dfrac{3}{C_5^3}=\dfrac{3}{10}$，$P\{Y=3\}=\dfrac{1}{C_5^3}=\dfrac{1}{10}$，$P\{Y>3\}=0$.

6．$P\{X\geqslant 3\}=1-P\{X<3\}=1-P\{X=0\}-P\{X=1\}-P\{X=2\}$

$$=1-C_{500}^{0}\left(\frac{1}{500}\right)^{0}\left(\frac{499}{500}\right)^{500}-C_{500}^{1}\left(\frac{1}{500}\right)\left(\frac{499}{500}\right)^{499}-C_{500}^{2}\left(\frac{1}{500}\right)^{2}\left(\frac{499}{500}\right)^{498}\approx 0.08 .$$

7．$P=C_5^3(0.3)^3(0.7)^2+C_5^4(0.3)^4(0.7)+C_5^5(0.3)^5=0.163\,08$.

8．$\frac{2}{3}e^{-2}$ 或 $0.090\,2$.

9．$P\{1\leqslant X<3\}=\frac{1}{2}$，$P\{(X-3)^2<0.25\}=\frac{1}{2}$.

10．$\frac{2}{5}$.

11．（1）$A=\frac{1}{\pi}$；（2）$P\left\{-\frac{1}{2}<X<\frac{1}{2}\right\}=\frac{1}{3}$；

（3）$F(x)=\begin{cases}0, & x\leqslant -1,\\ \frac{1}{2}+\frac{1}{\pi}\arcsin x, & -1<x\leqslant 1,\\ 1, & x>1.\end{cases}$

12．（1）$P\{X\leqslant 2\}\approx 0.864\,7$；（2）$P\{X>3\}\approx 0.049\,7$；（3）$f(x)=\begin{cases}e^{-x}, & x\geqslant 0,\\ 0, & x<0.\end{cases}$

13．$P\{X>5\}=0.105\,6$，$P\{X<-1\}=0.040\,1$，$P\{|X-2|<3\}=0.854\,3$.

14．$c=5$.

15．$P\{X<0\}=0.2$.

16．9.68% .

17．

Y	1	2	5
p	0.30	0.45	0.25

18．

Y	$\frac{\sqrt{2}}{2}$	1
p	0.5	0.5

19．（1）$f_Y(y)=\begin{cases}\frac{1}{3}, & 1<y<4,\\ 0, & \text{其他};\end{cases}$　（2）$f_Y(y)=\begin{cases}0, & y\geqslant 0,\\ e^{y}, & y<0;\end{cases}$

（3）$f_Y(y)=\begin{cases}\frac{1}{y}, & 1<y<e,\\ 0, & \text{其他}.\end{cases}$

20．（1）$f_Y(y)=\begin{cases}\frac{1}{y\sqrt{2\pi}}e^{-\frac{(\ln y)^2}{2}}, & y>0,\\ 0, & y\leqslant 0;\end{cases}$　（2）$f_Y(y)=\begin{cases}\frac{\sqrt{2}}{\sqrt{\pi}}e^{-\frac{y^2}{2}}, & y>0,\\ 0, & y\leqslant 0;\end{cases}$

(3) $f_Y(y)=\begin{cases}\dfrac{1}{2\sqrt{\pi(y-1)}}e^{-\frac{y-1}{4}}, & y>1,\\ 0, & y\leqslant 1.\end{cases}$

自测题二

一、填空题

1．$a=\dfrac{1}{6}$，$b=\dfrac{5}{6}$，

X	-1	1	2
p_k	$\dfrac{1}{6}$	$\dfrac{1}{3}$	$\dfrac{1}{2}$

2．$k=\dfrac{1}{2}$，$P\{1<X\leqslant 2\}\approx 0.239$，$P\{X=2\}=0$，$P\{X<2\}\approx 0.632$．

3．$P\{X=5\}=\dfrac{2}{5}$，$P\{X\leqslant 2\}=\dfrac{1}{10}$．

4．$k=2$，$b=1$．

5．$P\{X=b\}=0$．

二、单选题

1．D　　2．C　　3．D　　4．A　　5．A

三、计算题

1．

X	1	2	3	4
p_k	$\dfrac{5}{8}$	$\dfrac{15}{56}$	$\dfrac{5}{56}$	$\dfrac{1}{56}$

$P\{1<X\leqslant 3\}\approx 0.357$．

2．(1) $k=\dfrac{1}{2}$；　(2) $F(x)=\begin{cases}\dfrac{1}{2}e^x, & x<0,\\ \dfrac{1}{2}+\dfrac{1}{4}x, & 0\leqslant x<2,\\ 1, & x\geqslant 2.\end{cases}$

(3) $P\{X\leqslant 1\}=0.75$，$P\{X=1\}=0$，$P\{1<X<2\}=0.25$．

3．(1) $A=\dfrac{1}{2}$，$B=\dfrac{1}{\pi}$；　(2) $f(x)=\dfrac{1}{\pi(1+x^2)}\ (-\infty<x<+\infty)$．

4．(1) $A=\dfrac{1}{8}$；

(2) $P\{0<X<1\}=0.125$，$P\{1.5<X\leqslant 2\}=0.578$，$P\{2\leqslant X\leqslant 3\}=0$．

5. （1） $A=1$；（2） $F(x)=\begin{cases} 0, & x<0, \\ \frac{1}{2}x^2, & 0 \leqslant x<1, \\ 2x-\frac{1}{2}x^2-1, & 1 \leqslant x<2, \\ 1, & x \geqslant 2. \end{cases}$

6. ≈ 0.914 .

习题三

1. 11
2. 4.5；0.45
3. $E(X)=\frac{33}{110}$
4. $E(X)=48.68$
5. 1.111 1
6. 0
7. 1；$\frac{1}{6}$
8. $a=3$，$b=0.3$
9. 0.3；1.1；1.7；9.8
10. 2；$\frac{1}{3}$
11. $\frac{\pi}{12}(a^2+ab+b^2)$
12. $300e^{-\frac{1}{4}}-200 \approx 33.64$
13. $\frac{3}{2}$；$\frac{3}{20}$；$\frac{3}{4}$.
14. 0.36
15. 0；$\frac{1}{2}$.
16. 5；16
17. 911；$-\frac{29}{3}$；$\frac{11}{9}$
18. 2
19. 1；$\frac{1}{6}$；-6；-9

自测题三

一、填空题

1. 2；$\frac{1}{2}$　2. 11；12　3. 10；8　4. 5；5　5. 1；4　6. 6

7. 1　8. 0　9. $\frac{a+b}{2}$；$\frac{(b-a)^2}{12}$　10. 36；41

二、单选题

1. B　2. A　3. C　4. C　5. C　6. B　7. B

三、计算题

1. 1.9；-3.7；10.3；6.69
2. $\frac{20}{7}$；$\frac{60}{7}$；$\frac{4}{49}$
3. 0.8；3.2
4. $\frac{2}{3}$；$\frac{1}{2}$；$\frac{1}{18}$
5. 5

习题四

1．可以.

2．（1）0.242　（2）0.783 6

3．（1）0.024 8　（2）176～224

4．0.222 21

5．224 本

自测题四

一、填空题

1．$\frac{1}{2}$　2．0.742 2　3．$\Phi(x)$　4．0.471 4

二、计算题

1．（1）0.195 4　（2）近似等于 0.91

2．0.180 2　3．0.010 2　4．14

习题五

1．$\overline{X}=21.14(\mathrm{kg})$，$S=1.2973(\mathrm{kg})$

2．$E(\overline{X})=p$，$D(\overline{X})=\frac{(1-p)p}{n}$，$E(S^2)=(1-p)p$

5．（1）$\chi^2(3)$　（2）$F(2,2)$　（3）$t(3)$　6．0.9954

7．$Z_{0.85}=1.04$，$Z_{0.01}=-Z_{0.99}=-2.33$，$t_{0.95}(8)=-t_{0.05}(8)=-1.859\,5$，$\chi^2_{0.90}(12)=6.304$，$F_{0.05}(9,6)=4.1$，$F_{0.90}(6,12)=0.344\,8$.

8．0.816 4　9．$\hat{p}=1-\overline{X}$　10．$\hat{\theta}=\frac{\overline{X}}{1-\overline{X}}$

11．$\hat{a}=\mu-\sqrt{3}\sigma$，$\hat{b}=\mu+\sqrt{3}\sigma$，其中 $\mu=\overline{X}=\frac{1}{n}\sum_{i=1}^{n}X_i$，$\sigma=\sqrt{\frac{1}{n-1}\sum_{i=1}^{n}(X_i-\overline{X})^2}$

12．$\hat{\lambda}=\frac{1}{\overline{X}}$　13．$c=\frac{1}{2}$　14．T_2 较有效

15．(144.720,149.946)

16．(1 485.7,1 514.3)，(13.8,36.5)　17．(7.4,21.1)

18．(0.002 8,0.012 2)

19．不能认为平均尺寸是 32.50 mm

20．接受原假设　21．拒绝原假设

22．接受原假设，即该溶液含水量的标准差不超过 0.04%

自测题五

一、填空题

1．无偏　2．$1-\dfrac{\alpha}{2}$　3．错误　4．高　5．$\dfrac{(n-1)S^2}{\sigma_0^2}$

二、单选题

1．C　2．A　3．B　4．B　5．A

三、计算题

1．$\overline{X}=0.508\,9$，$S^2=0.000\,118$　2．$\hat{\mu}_1,\hat{\mu}_2,\hat{\mu}_5$ 是无偏估计量　3．(14.79,15.11)

4．(9.877,10.223)　5．认为该厂生产的电阻的平均阻值为 10 欧．

习题六

1．三种机床的日产量有显著差异

2．四只伏特计之间有显著差异

3．推进器 A 对火箭射程无显著影响，燃料 B 对火箭射程有显著影响

4．$\hat{y}=-43.321+0.449x$

5．$\hat{y}=13.562+12.540x$

6．$\hat{y}=0.016+0.002\,6x$；(0.198,0.354)

7．回归方程：$\hat{y}=188.99+1.87x$；显著（7.55>5.32）；当 $x=65$ 时 $\hat{y}=310$，预报区间为 [256,365]

自测题六

1．略．

2．$\hat{y}=-11+36.95x$；b_1 显著的不为 0

3．$\hat{y}=72.12+0.177\,6x_1-0.398\,5x_2$；回归方程是显著的

4．不同的贮藏方法对含水率的影响不大

参考文献

[1] 牛莉．概率论与数理统计．北京：中国水利水电出版社，2006.

[2] 盛骤，谢式千，潘承毅编．概率论与数理统计．第三版．北京：高等教育出版社，2001.

[3] 魏宗舒等编．概率论与数理统计教程．北京：高等教育出版社，1983.

[4] 王福保等编．概率论与数理统计．上海：同济大学出版社，1988.

[5] 王升瑞等编．概率论与数理统计．徐州：中国矿业大学出版社，2005.

[6] 贺兴时，薛红编．概率论与数理统计．西安：陕西科学技术出版社，2004.

[7] 龚友运，李学银编．概率与统计．武汉：华中科技大学出版社，2004.

[8] 梅国平等编．概率论与数理统计．北京：中国商业出版社，2001.

[9] 李朝晖等编．概率论与数理统计．北京：机械工业出版社，2002.

[10] 邱敦元等编．概率论与数理统计．重庆：重庆大学出版社，2002.

[11] 牛莉等编．概率论与数理统计．长春：吉林大学出版社，2005.